Gero Gerber   Brandmeldeanlagen

de-FACHWISSEN
Die Fachbuchreihe
für Elektro- und Gebäudetechniker
in Handwerk und Industrie

Gero Gerber

Brandmeldeanlagen
Planen, Errichten, Betreiben
3., neu bearbeitete und erweiterte Auflage

Hüthig & Pflaum Verlag · München/Heidelberg

Produktbezeichnungen sowie Firmennamen und Firmenlogos werden in diesem Buch ohne Gewährleistung der freien Verwendbarkeit benutzt.
Von den im Buch zitierten Vorschriften, Richtlinien und Gesetzen haben stets nur die jeweils letzten oder die zum Zeitpunkt der Errichtung gültigen Ausgaben verbindliche Gültigkeit.
Autor und Verlag haben alle Texte und Abbildungen mit großer Sorgfalt erarbeitet bzw. überprüft. Dennoch können Fehler nicht ausgeschlossen werden. Deshalb übernehmen weder Autor noch Verlag irgendwelche Garantien für die in diesem Buch gegebenen Informationen. In keinem Fall haften Autor oder Verlag für irgendwelche direkten oder indirekten Schäden, die aus der Anwendung dieser Informationen folgen.
Maßgebend für das Anwenden der Normen sind deren Fassungen mit den neuesten Ausgabedaten, die bei der VDE-Verlag GmbH, Bismarckstraße 33, 10625 Berlin und der Beuth Verlag GmbH, Burggrafenstraße 6, 10787 Berlin erhältlich sind.

Bibliografische Information Der Deutschen Bibliothek
Die Deutsche Bibliothek verzeichnet diese Publikation in der Deutschen Nationalbibliografie; detaillierte bibliografische Daten sind im Internet über http://dnb.ddb.de abrufbar.

! Möchten Sie Ihre Meinung zu diesem Buch abgeben?
Dann schicken Sie eine E-Mail an das Lektorat
im Hüthig & Pflaum Verlag:
nina.gnaedig@huethig.de
Autor und Verlag freuen sich über Ihre Rückmeldung.

ISSN 1438-8707
ISBN 978-3-8101-0343-7

3., neu bearb. und erw. Auflage
© 2013 Hüthig & Pflaum Verlag GmbH & Co. Fachliteratur KG,
München/Heidelberg
Printed in Germany
Titelbild, Layout, Satz: Schwesinger, galeo:design
Druck: Kessler Druck + Medien, Bobingen

Vorwort

Literatur zu Brandmeldeanlagen ist auf dem deutschsprachigen Büchermarkt nach wie vor rar. Wer bisher technische Anforderungen zu einem bestimmten Thema zusammentragen wollte, musste in einer Vielzahl von Verordnungen und Regelwerken mit zahlreichen Querverweisen nachschlagen. Ich habe mich bemüht, diese Anforderungen thematisch zusammenzutragen, technische Hintergründe zu erläutern und das Ganze mit praktischen Beispielen zu illustrieren.

Bei der Brandmeldetechnik geht es um die Sicherheit von Personen und Sachwerten. Die Beschreibung normativer Anforderungen hält sich daher eng an den Text des jeweiligen Regelwerkes, weshalb auch viele Formulierungen sehr ähnlich klingen. Dies geschieht nicht aus Bequemlichkeit, sondern im Interesse einer fachlich korrekten Wiedergabe des Sachverhaltes. Die Erläuterungen und Interpretationen spiegeln die persönliche Meinung und Erfahrung des Autors wider. Wie immer gilt im Zweifelsfall die gültige Fassung der jeweiligen Verordnung oder Norm.

Normen und Richtlinien werden zur besseren Lesbarkeit im Text ohne Erscheinungsdatum genannt. Die Aussagen beziehen sich auf die zur Zeit der Manuskripterstellung gültigen Fassungen, die am Ende des Buches aufgelistet sind.

Brandmeldeanlagen sind eine lebendige Technik. Neue Anforderungen, technische Innovation und eine erfreulich große Nachfrage haben schon nach wenigen Jahren eine Überarbeitung der zweiten Auflage erfordert. Ich bedanke mich für alle Hinweise und Anregungen und würde mich auch über Rückmeldungen, Erfahrungsberichte und kritische Hinweise zur dritten Auflage freuen.

Ich danke allen Fachkollegen und Helfern, die mich bei der Erstellung des Manuskriptes unterstützten.

Es würde mich freuen, wenn Ihnen das Buch zu einem zuverlässigen und inspirierenden Helfer bei der täglichen Arbeit mit dieser interessanten Technik wird.

Gero Gerber

Inhaltsverzeichnis

1 Aufgaben von Brandmeldeanlagen 13

2 Rechtliche Grundlagen und Normen 21
   2.1 Überblick 21
   2.2 Baurecht 23
   2.3 Europäische Normen 26
   2.4 DIN- und VDE-Normen 28
   2.5 Aufschaltbedingungen der Feuerwehr 30
   2.6 VdS-Richtlinien 31
   2.7 Anforderungen an Planer und Errichter 32
   2.8 Prüfer und Sachverständige 34

3 Gerätetechnik 35
   3.1 Automatische Brandmelder 36
      3.1.1 Unterscheidungsmerkmale 36
      3.1.2 Rauchmelder 37
      3.1.2.1 Allgemeines 37
      3.1.2.2 Optische Rauchmelder 38
      3.1.2.3 Ionisationsrauchmelder 40
      3.1.2.4 Linienförmige Rauchmelder 42
      3.1.2.5 Ansaugrauchmelder 44
      3.1.2.6 Lüftungskanalmelder 47
      3.1.3 Thermische Brandmelder (Wärmemelder) 48
      3.1.3.1 Punktförmige Wärmemelder 48
      3.1.3.2 Linienförmige Wärmemelder 50
      3.1.4 Flammenmelder 56
      3.1.5 Gassensoren 57
      3.1.6 Multisensormelder 61
      3.1.7 Funkmelder 62
      3.1.8 Multifunktionsmelder 63
   3.2 Handfeuermelder 64
   3.3 Brandmelderzentrale (BMZ) 65
   3.4 Feuerwehrschlüsseldepot (FSD) und Freischaltelement (FSE) ... 66
   3.5 Feuerwehr-Bedienfeld (FBF) 68
   3.6 Feuerwehr-Anzeigetableau (FAT) 70

3.7 Feuerwehrlaufkarten und Lageplantableaus ... 72
3.8 Alarmierungseinrichtungen ... 74
    3.8.1 Übersicht ... 74
    3.8.2 Signalgeber ... 75
    3.8.3 Sprachalarmsysteme (SAS) ... 76
3.9 Eingangs- und Ausgangsmodule ... 80
3.10 Übertragungseinrichtung (ÜE) ... 81
3.11 Rauchwarnmelder für Wohnhäuser und Räume mit wohnungsähnlicher Nutzung ... 81
3.12 Mobile Brandmeldesysteme (MOBS) ... 82
3.13 Hausalarmanlagen ... 84

4 Brandmeldekonzept ... 87
4.1 Inhalt und Planungsverantwortung ... 87
4.2 Schutzziele ... 88
4.3 Konzepterstellung ... 90
    4.3.1 Grundsätzliches ... 90
    4.3.2 Schutzumfang ... 92
    4.3.3 Sicherungsbereiche und Überwachungsumfang ... 93
    4.3.4 Falschalarmvermeidung ... 95
    4.3.5 Alarmierung ... 95
    4.3.6 Steuerfunktionen ... 95
    4.3.7 Alarmorganisation ... 96
4.4 Abweichungen von Bauvorschriften und Normen ... 97
4.5 Dokumentation ... 99

5 Planung und Projektierung ... 101
5.0 Vorbemerkung ... 101
5.1 Branderkennungsgrößen und Täuschungsgrößen ... 101
5.2 Auswahl der Melder ... 103
5.3 Umgebungsbedingungen ... 104
5.4 Anordnung von Handfeuermeldern ... 107
5.5 Anordnung automatischer Melder ... 108
    5.5.1 Raumhöhe ... 108
    5.5.2 Deckenprojektierung punktförmiger Melder ... 110
    5.5.2.1 Glatte Decken ... 110
    5.5.2.2 Decken mit Unterzügen ... 119
    5.5.2.3 Perforierte Zwischendecken ... 121

Inhaltsverzeichnis

- 5.5.2.4 Die 0,6-Regel ... 123
- 5.5.2.5 Schmale Gänge und schmale Deckenfelder ... 124
- 5.5.2.6 Treppenräume ... 126
- 5.5.2.7 Melderabstände zu Wänden, Decken und Einbauten 127
- 5.5.2.8 Besondere Dachformen ... 130
- 5.5.2.9 Podeste und Gitterroste ... 131
- 5.5.3 Projektierung von linienförmigen Rauchmeldern ... 132
- 5.5.4 Projektierung von Flammenmeldern ... 134
- 5.5.5 Projektierung von Ansaugrauchmeldern ... 136
- 5.5.6 Projektierung von linienförmigen Wärmemeldern ... 138
- 5.5.7 Projektierung von Lüftungskanalmeldern ... 138
- 5.6 Branderkennung bei besonderen Umgebungsbedingungen ... 139
  - 5.6.1 EDV-Bereiche ... 140
  - 5.6.2 Elektrische und elektronische Einrichtungen ... 143
  - 5.6.3 Räume für Hoch- und Mittelspannungsanlagen, Niederspannungshauptverteiler ... 145
  - 5.6.4 Hochregallager ... 148
  - 5.6.5 Gefahrstofflager ... 154
  - 5.6.6 Tiefkühllager ... 157
  - 5.6.7 Unbeheizte Räume ... 158
  - 5.6.8 Saunen ... 160
  - 5.6.9 Türme und Schächte ... 160
  - 5.6.10 Verkehrstunnel ... 161
  - 5.6.11 Nicht zugängliche Räume ... 162
  - 5.6.12 Kabeltrassen ... 163
  - 5.6.13 Hohe Hallen ... 164
  - 5.6.14 Transportbänder, Silos und Bunker für brennbare Stoffe ... 166
  - 5.6.15 Windenergieanlagen ... 167
- 5.7 Meldebereiche und Meldergruppen ... 168
- 5.8 Falschalarmvermeidung ... 171
- 5.9 Steuerfunktionen ... 175
- 5.10 Struktur und Übertragungswege ... 183
- 5.11 Brandmelderzentrale (BMZ) ... 186
  - 5.11.1 Aufstellung und Konfiguration ... 186
  - 5.11.2 Energieversorgung ... 187
  - 5.11.3 Betriebs- und Störungsmeldungen ... 189
  - 5.11.4 Vernetzte Zentralen ... 190

5.12 Elektromagnetische Verträglichkeit (EMV),
 Blitz- und Überspannungsschutz ... 194
   5.12.1 Störquellen ... 194
   5.12.2 Räumliche Trennung ... 195
   5.12.3 Schirmung und Potentialausgleich ... 195
   5.12.4 Leitungsverlegung ... 196
   5.12.5 EMV-gerechte Stromversorgung ... 196
   5.12.6 Blitz- und Überspannungsschutz ... 197
5.13 Alarmierung und Meldung ... 203
   5.13.1 Alarmierungswege ... 203
   5.13.2 Fernalarm ... 203
   5.13.2.1 Prinzip ... 203
   5.13.2.2 Stehende Verbindung ... 206
   5.13.2.3 Bedarfsgesteuerte Verbindung ... 207
   5.13.2.4 Redundante Verbindung ... 207
   5.13.2.5 Abfragende Verbindung ... 208
   5.13.2.6 IP-Netze ... 208
   5.13.2.7 Differenzierte Alarmübertragung ... 208
   5.13.3 Internalarm ... 210
   5.13.3.1 Auswahlkriterien ... 210
   5.13.3.2 Warntongeber ... 210
   5.13.3.3 Sprachalarmsysteme (SAS) ... 211
   5.13.3.4 Alarmierung bei besonderen Umgebungs-
       bedingungen ... 217
5.14 Ausführungsunterlagen ... 221
   5.14.1 Anlagenbeschreibung ... 221
   5.14.2 Installationspläne ... 221
   5.14.3 Meldergruppenverzeichnis ... 222
   5.14.4 Liste der Anlagenteile ... 222

6 Errichtung ... 225
   6.1 Voraussetzungen, Werk- und Montageplanung ... 225
   6.2 Leitungsnetze ... 227
      6.2.1 Grundlegendes zur Installation ... 227
      6.2.2 Umgebungsbedingungen ... 227
      6.2.2.1 Äußere Wärmequellen ... 227
      6.2.2.2 Feuchtigkeit ... 228
      6.2.2.3 Chemische Belastung ... 229

		6.2.2.4	Strahlung	230

		6.2.2.4	Strahlung	230
		6.2.2.5	Mechanische Beanspruchung	230
		6.2.2.6	Tiere, Pflanzen, Schimmelbefall	231
		6.2.2.7	Elektromagnetische Einflüsse	231
	6.2.3		Funktionserhalt im Brandfall	232
	6.2.4		Schutz von Rettungswegen	247
	6.2.5		Verhinderung der Brandübertragung	251
		6.2.5.1	Gesetzliche Vorgaben	251
		6.2.5.2	Brandschotte	252
		6.2.5.3	Installationsschächte und Kanäle	254
	6.2.6		Farbkennzeichnung und Leitungsquerschnitte	255
6.3			Montage der Geräte	255
	6.3.1		Berücksichtigung der tatsächlichen Baustellensituation	255
	6.3.2		Beschriftung	256
	6.3.3		Handfeuermelder	257
	6.3.4		Punktförmige automatische Melder	258
	6.3.5		Flammenmelder	260
	6.3.6		Linienförmige Rauchmelder	260
	6.3.7		Ansaugrauchmelder	261
	6.3.8		Brandmelderzentrale und Übertragungseinrichtung	263
	6.3.9		Feuerwehrschlüsseldepot	264
	6.3.10		Feuerwehr-Bedienfeld und Feuerwehr-Anzeigetableau	264
	6.3.11		Alarmgeber	266
	6.3.12		Sprachalarmsysteme	267
6.4			Schnittstellen und Termine	270
6.5			Inbetriebnahme	273
7			**Bestandsdokumentation**	**277**
7.1			Anlagenbeschreibung	277
7.2			Bedienungsanleitung und Gerätedokumentation	278
7.3			Installationspläne	279
7.4			Schemata und Verzeichnisse	280
7.5			Steuerverknüpfungen und Programmierdaten	281
7.6			Protokolle und Bescheinigungen	282
7.7			Betriebsbuch	283
7.8			Aufbewahrung	284

8 Prüfung und Abnahme ... 285
8.1 Begriffsbestimmung ... 285
8.2 Erstprüfung durch den Errichter ... 285
8.3 Komplexer Funktionstest ... 288
8.4 Prüfung durch Sachverständige ... 291
8.5 Aufschaltung zur Feuerwehr ... 293
8.6 Haftungsfragen ... 294

9 Betrieb von Brandmeldeanlagen ... 297
9.1 Verantwortung des Betreibers ... 267
9.2 Instandhaltung ... 298
9.3 Änderungen und Erweiterungen ... 305
9.4 Probealarme ... 306
9.5 Wiederkehrende Prüfungen ... 307

Anhang ... 309
Anhang 1 Fachbegriffe ... 309
Anhang 2 Auswahl von Regelwerken ... 317
A 2.1 Gesetze, Verordnungen, Richtlinien ... 317
A 2.2 Europäische Normen (deutsche Fassung) ... 317
A 2.3 DIN-Normen ... 319
A 2.4 VDE-Bestimmungen ... 319
A 2.5 VdS-Richtlinien ... 320
Anhang 3 Arbeitshilfen ... 321
A 3.1 Brandlastberechnung für Zwischendecken und Zwischenböden ... 321
A 3.2 Übereinstimmungsbestätigung ... 324
A 3.3 Inbetriebsetzungsprotokoll (Muster) ... 325
A 3.4 Messprotokoll für SAS (Muster) ... 326
Anhang 4 Nützliche Links ... 327

Ergänzende Literatur ... 329

Stichwortverzeichnis ... 331

1 Aufgaben von Brandmeldeanlagen

Seit frühesten Zeiten ist das Feuer dem Menschen Freund und Fluch. Mit seiner Nutzung reifte die Erfahrung, dass ein sorgsamer Umgang die Flamme erhält und zügelt. Mittelalterliche Stadtgeschichten berichten von verheerenden Bränden, die ganze Straßenzüge oder Stadtteile hinwegrafften. War das Feuer einmal offen ausgebrochen, konnte es nur mit großer Mühe gestoppt werden. Im ländlichen England wurden deshalb Küchen, die häufig Opfer der Flammen waren, getrennt von den Unterkünften errichtet.

Der Brandschutz hat eine lange Geschichte. Schon immer ging es um das Erkennen, das Begrenzen und das Löschen eines Brandes. Das sind auch noch heute die wesentlichen Elemente des vorbeugenden und abwehrenden Brandschutzes.

Die nächtliche Wache am Lagerfeuer, der Nachtwächter in den Städten und die große Kirchenglocke halfen, Brände möglichst früh zu erkennen und die Bewohner zu alarmieren. Auf bäuerlichen Anwesen nutzte man zur Brandbekämpfung Feuerhaken, Eimer und das Wasser aus dem Brunnen oder einem nahen Teich. Die Brandmauer zwischen den Fachwerkhäusern der Städte war eine so durchgreifende Erfindung, dass der Begriff „Brandmaur" zu den wenigen deutschen Wörtern gehört, die als Germanismen in die russische Sprache übernommen wurden.

Wenngleich das Feuer von einer gewissen Mystik umgeben bleibt, wissen wir, dass es sich um einen chemischen Vorgang der Stoffumsetzung handelt. In einer exothermen Reaktion werden feste oder flüssige Stoffe in Gase, Dämpfe und Aerosole umgesetzt. Die freigesetzte Energie wird durch Wärmeleitung, Wärmeströmung und Wärmestrahlung an die Umgebung übertragen. Die wichtigsten Brandkenngrößen sind Rauch, Wärme und Strahlung.

Jeder Brand verläuft anders. Dennoch gibt es bei Bränden in Gebäuden viele Gemeinsamkeiten. „Natürliche Brände" entstehen lokal und breiten sich flächig oder linear aus. Die selbstständige zeitgleiche Entstehung mehrerer Brände ist in der Praxis so extrem selten, dass alle baulichen Brandschutzkonzepte diesen Fall, der praktisch nur durch Brandstiftung oder Terroranschläge eintreten kann, nicht berücksichtigen.

Die häufigsten Ursachen für nicht gezielt verursachte Brände sind
- Fahrlässigkeit,
- feuergefährliche Arbeiten,
- technische Defekte (z. B. Kurzschluss, Überlast, Reibungswärme),
- höhere Gewalt (z. B. Blitzschlag),
- Brandübertragung von außen (z. B. durch mangelhafte bauliche Abtrennung).

Brände von festen Stoffen beginnen mit einer *Pyrolysephase*. Als Pyrolyse bezeichnet man die Zersetzung von festen oder flüssigen Stoffen bei hohen Temperaturen (400 bis 700 °C) unter Sauerstoffausschluss, wobei durch die zunehmende Erwärmung bereits kleinste Partikel von wenigen Nanometern Durchmesser (sogenannte Aerosole), freigesetzt werden, aber noch keine offene Flamme entsteht. Der Pyrolysephase folgt mit Glimmen und zunehmender Rauchentwicklung die *Schwelphase*. Erst wenn genügend Energie freigesetzt wurde, reagieren die entstandenen Gase in der Umgebung mit dem Luftsauerstoff und es kommt zum offenen Feuer. Um eine Bemessungsgrundlage für bauliche Brandschutzmaßnahmen zu haben, gibt DIN 4102 eine Temperaturkurve vor, die einen typischen Brandverlauf widerspiegelt (**Bild 1.1**).

Befinden sich in der Umgebung genügend brennbare Stoffe, kann sich das Feuer ausbreiten. Die hierfür nötige Erwärmung des benachbarten Brandgutes erfolgt
- durch Wärmeleitung, das heißt durch direkte Berührung mit dem schon brennenden Stoff,

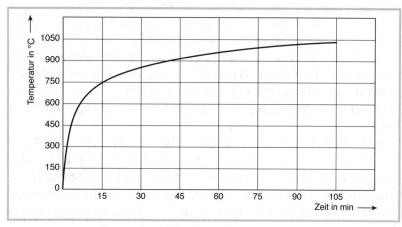

Bild 1.1 *Temperaturkurve nach DIN 4102*

- durch Konvektion, das heißt über die zirkulierende erwärmte Luft, und
- zu einem noch kleinen Anteil durch Wärmestrahlung.

Mit der Ausbreitung des Brandes steigt die Menge der gleichzeitig abgegebenen Wärmeenergie und entsprechend stark erhöht sich die gesamte Raumtemperatur. Der Anteil der Wärmestrahlung steigt quadratisch mit der Temperaturdifferenz. Bereits nach 10 min kann der Anteil der Wärmestrahlung so groß werden, dass sich Stoffe, die noch mehrere Meter vom Brandherd entfernt sind, fast explosionsartig entzünden. In der Fachsprache der Feuerwehr spricht man in diesem Fall vom *flash over* (**Bild 1.2**).

Selbst wenn man eine Brand- und Rauchgasbegrenzung durch die Geschossdecken und eine gleichmäßige flächenförmige Brandausbreitung voraussetzt, wird klar, dass der Schaden mit der Branddauer nicht linear, sondern mindestens quadratisch wächst. In der Praxis muss außerdem mit einer zunehmenden Ausbreitungsgeschwindigkeit und einer Beschädigung der benachbarten Geschosse zumindest durch Rauchgas oder Löschwasser gerechnet werden.

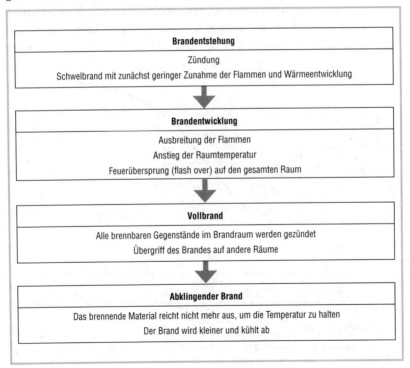

Bild 1.2 *Phasen im Brandverlauf*

Aus diesen Betrachtungen ist zu erkennen, dass die Zeit vom Beginn der Brandentstehung bis zur Alarmierung und wirksamen Brandbekämpfung die entscheidende physikalische Größe für die Rettung von Personen und für die Begrenzung von Sachschäden darstellt.

Die Zeitspanne bis zur Brandbekämpfung setzt sich zusammen aus der Zeit bis zur Branderkennung, der Dauer der Alarmierung, der Anfahrt der Rettungskräfte, der Aufklärung und der Vorbereitung der Löschtechnik. Das **Bild 1.3** zeigt schematisch die Zunahme der Schadenshöhe während dieser einzelnen Zeitabschnitte.

Die Dauer der Anfahrt der Hilfskräfte und des Aufbaus der Löschtechnik hängt von der örtlichen Feuerwehr ab und kann vom Gebäudebetreiber nicht beeinflusst werden. Einen entscheidenden Zeitgewinn bringt jedoch der Einbau einer *automatischen Brandmelderanlage* (BMA). Entstehende Brände werden auch bei Abwesenheit von Personen früh erkannt und in Sekunden gemeldet. Anwesende Personen werden alarmiert, bevor die Fluchtwege verraucht sind. Die Brandmelderzentrale kann Lüftungsanlagen abschalten, Entrauchungsanlagen starten, Feuerschutzabschlüsse schließen und die Evakuierung der Aufzüge veranlassen. Die anrückende Feuerwehr erhält gezielte Informationen über den Brandort und kann binnen kürzester

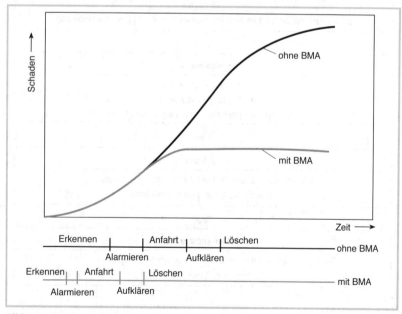

Bild 1.3 *Schadensverlauf ohne und mit Einsatz einer BMA*

Zeit mit den Löscharbeiten beginnen. Wie dem Bild 1.3 zu entnehmen ist, wird der Schaden auf einen Bruchteil des Schadens ohne Einsatz einer BMA reduziert.

Der Brandschutz eines Gebäudes stützt sich auf drei Säulen (**Bild 1.4**):

1. Der *bauliche Brandschutz* umfasst die Schaffung von Brandabschnitten, die Festlegung von Rettungswegen, Maßnahmen zur Rauchfreihaltung sowie Vorgaben zur Brennbarkeit und Feuerwiderstandsdauer von Baustoffen und Bauteilen.
2. Zum *anlagentechnischen Brandschutz* gehören alle technischen Einrichtungen, die der Vermeidung, der Erkennung und dem Löschen von Bränden, dem Rauchschutz, der sicheren Evakuierung und der Unterstützung der Feuerwehr dienen (**Bild 1.5**).
3. Der *organisatorische Brandschutz* liegt in der Verantwortung des Betreibers und umfasst die Erstellung und Beachtung der Brandschutzordnung, die Pflege und Instandhaltung der Sicherheitseinrichtungen, die Freihaltung von Fluchtwegen sowie die wiederkehrende Unterweisung der Nutzer bis hin zur Durchführung von Probealarmen.

Die Vernachlässigung einer dieser drei Säulen führt zur Instabilität der ganzen Konstruktion.

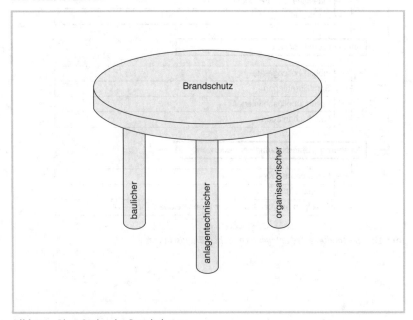

Bild 1.4 *Die 3 Säulen des Brandschutzes*

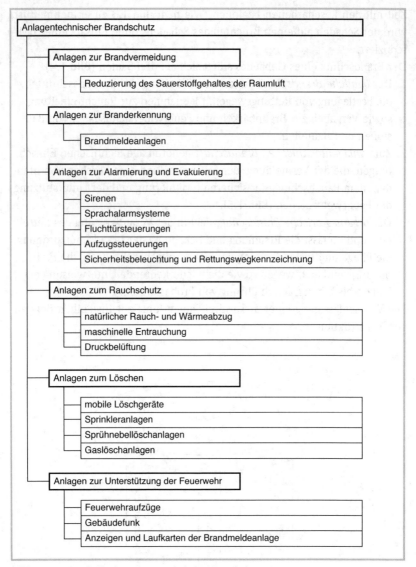

Bild 1.5 *Bestandteile des anlagentechnischen Brandschutzes*

1 Aufgaben von Brandmeldeanlagen

Die Aufgaben von Brandmeldeanlagen im anlagentechnischen Brandschutz können wie folgt zusammengefasst werden:
- frühzeitige Erkennung eines Brandes,
- Alarmierung der Hilfe leistenden Stelle,
- Alarmierung von Personen,
- Ansteuerung von Brandschutzeinrichtungen,
- Schaffung des gewaltfreien Zugangs für die Feuerwehr,
- gezielte Information der Feuerwehr über den Brandort und den Angriffsweg.

Brandmeldeanlagen können keinen Brand verhindern. Aber als zentraler Baustein im anlagentechnischen Brandschutz ermöglichen sie mit einer frühen Branderkennung die sichere Evakuierung von Personen und eine drastische Begrenzung der Sachschäden.

FACHBUCH

Damit nichts anbrennt

Herbert Schmolke
Brandschutz in elektrischen Anlagen
3. neu bearb. und erweiterte Auflage 2012.
368 Seiten, mit zahlr. Abbildungen.
Softcover mit CD-ROM. € 36,80.
ISBN 978-3-8101-0349-9

3. neu bearb. und erw. Auflage

3. Auflage

All das Fachwissen, das benötigt wird, um das Entstehen von Bränden durch Elektroanlagen zu verhindern und der Weiterleitung von Bränden bestimmungsgemäß entgegenzuwirken.

Schwerpunkte

→ Schutz bei Überstrom,

→ Kabel und Leitungen mit verbessertem Verhalten im Brandfall

→ und ganz neu: Kabel für Photovoltaikanlagen, Schutz bei Überstrom paralleler Leitungen und Besonderheiten.

Hüthig & Pflaum Verlag
Im Weiher 10
D-69121 Heidelberg
Tel.: +49 (0) 6221 489-555

Ihre Bestellmöglichkeiten

 Fax:
+49 (0) 6221 489-410

@ **E-Mail:**
buchservice@huethig.de

 http://shop.elektro.net

Hier Ihr Fachbuch direkt online bestellen!

www.elektro.net

2 Rechtliche Grundlagen und Normen

2.1 Überblick

Wohl kaum ein Fachgebiet ist von einem derart umfangreichen Normen- und Vorschriftenwerk umgeben wie die Elektrotechnik: DIN-VDE-Bestimmungen, europäische und internationale Normen (EN und IEC), Arbeitsschutzgesetz (ASG), Vorschriften der Berufsgenossenschaften und Gesetzlichen Unfallkassen (BGV und GUV), Bürgerliches Gesetzbuch (BGB), Vergabe- und Vertragsordnung für Bauleistungen (VOB), Honorarordnung für Architekten und Ingenieure (HOAI), AMEV-Richtlinien ...

Sich in all das mit Zeit und Muße tiefgründig einzuarbeiten, mag an einer juristischen Fakultät möglich sein. Der Praktiker, der zum Termin X eine fertige Planung oder eine funktionstüchtige Anlage abzuliefern hat, muss sich auf das Wesentliche beschränken und wissen, wo er bei Detailfragen nachschlagen kann.

Die vertragsrechtlichen Grundlagen, Fragen zu Verantwortlichkeiten, zu Rechten und Pflichten werden im BGB, der HOAI und – sofern vereinbart – in der VOB geregelt. Zur Erläuterung und Interpretation gibt es zahlreiche Kommentare und Rechtsprechungen.

Erstaunlicherweise besteht auch bei gestandenen Praktikern häufig Unklarheit darüber, in welchem Verhältnis die verschiedenen Regeln und Bestimmungen zueinander stehen. Für die meisten Anwendungsfälle kann die Rangordnung gemäß **Tabelle 2.1** vorausgesetzt werden.

Arbeitsschutzvorschriften, Unfallverhütungsvorschriften und elektrotechnische Regeln müssen **immer** eingehalten werden.

Von den übrigen allgemein anerkannten Regeln der Technik, also auch vielen DIN- und VDE-Normen, kann abgewichen werden, „soweit die gleiche Sicherheit auf andere Weise gewährleistet ist."

Die Anwendung spezieller Regeln muss im Werkvertrag vereinbart werden.

Wenngleich das Normen- und Regelwerk viele Bände füllt, sind es doch im Wesentlichen drei Risiken, denen begegnet werden soll:
1. Gefahr für Leib und Leben durch elektrische Durchströmung und Lichtbogen,

2. Gefahr der Entstehung und Weiterleitung von Bränden sowie der Freisetzung toxischer Gase,
3. Ausfall sicherheitstechnischer Einrichtungen.

Aus diesen drei Gefahren leiten sich drei Schutzziele ab:
1. Schutz von Menschen und Tieren vor den Gefahren des elektrischen Stroms,
2. Schutz vor der Entstehung und Ausbreitung von Bränden,
3. Zuverlässige Funktion und hohe Störfestigkeit sicherheitstechnischer Einrichtungen.

Tabelle 2.1 *Rangordnung von Vorschriften und Regelwerken*

Priorität	Vorschriften und Regeln	Erläuterung	Beispiele
1	Gesetze und staatliche Verordnungen	Arbeitsschutzvorschriften, baurechtliche Bestimmungen	Arbeitsschutzgesetz, Arbeitsstättenverordnung, Bauordnung, Leitungsanlagen-Richtlinie
2	Unfallverhütungsvorschriften	allgemeine und spezielle berufsgenossenschaftliche Vorschriften und Regeln	BGV A3*, GUV-V A3
3	Elektrotechnische Regeln	VDE-Bestimmungen, die durch Bekanntmachung im Mitteilungsblatt der Berufsgenossenschaft und Aufführung im Anhang zur BGV A3' zu Unfallverhütungsvorschriften erhoben wurden	DIN VDE 105-100
4	Allgemein anerkannte Regeln der Technik	Bestimmungen „privater" Normungsgremien	DIN- und VDE-Bestimmungen, die nicht zu den Unfallverhütungsvorschriften zählen und von der Mehrheit der Fachleute anerkannt werden
5	Spezielle technische Regeln	Diese Regeln werden von Verbänden, Unternehmen oder öffentlichen Institutionen herausgegeben. Sie basieren auf praktischen Erfahrungen und sind meist auf konkrete Anwendungen oder Schutzziele zugeschnitten	VdS-Richtlinien, die sich vornehmlich der vorbeugenden Schadenverhütung aus Sicht der Versicherer widmen AMEV-Richtlinien, deren Planungsvorgaben auf einen späteren wirtschaftlichen Betrieb, also auf niedrige Verbrauchs- und Wartungskosten in öffentlichen Einrichtungen hinwirken Werksnormen in Großbetrieben, die einen einheitlichen Qualitätsstandard, ein einheitliches Kennzeichnungssystem und eine überschaubare Ersatzteilvorhaltung zum Ziel haben

Wenn Zweifel bei der Anwendung und Interpretation von Normen bestehen, empfiehlt es sich, sorgfältig zu überlegen, welches Schutzziel angestrebt wird und mit welchen Mitteln dieses Ziel am wirkungsvollsten erreicht werden kann. Ein verantwortungsbewusster Praktiker wird sich nicht mit der buchstabengetreuen Auslegung von Normen begnügen, sondern seinen technischen Sachverstand anwenden, Probleme fachgebietsübergreifend analysieren und situationsbezogene, schutzzielorientierte Lösungen erarbeiten.

Abweichungen von Normen gehören durchaus zur betrieblichen Praxis. Sie sind schriftlich zu begründen und in die Anlagendokumentation aufzunehmen. Bewährt haben sich Aktennotizen oder Protokolle, die den Sachverhalt und die festgelegten Maßnahmen kurz und prägnant beschreiben und von allen Beteiligten (Bauherr/Betreiber, Planer/Errichter, Behörde, Sachverständiger) unterzeichnet werden. Wenn in Ausnahmefällen von staatlichen Vorschriften oder von den Unfallverhütungsvorschriften abgewichen werden soll, muss in jedem Fall die genehmigende Behörde (z. B. das Amt für Arbeitsschutz oder die untere Bauaufsicht) hinzugezogen werden.

Wenden wir nun dieses schutzzielorientierte Denken auf unser Thema an. Die Gefahren für Leib und Leben sowie der Entstehung von Bränden, die von Brandmeldeanlagen selbst ausgehen, halten sich in einem überschaubaren Rahmen. Die Anlagen arbeiten mit einer Betriebsspannung unter 25 V und mit vergleichsweise geringen Strömen. Bei Verwendung mindestens basisisolierter Leitungen und Bauteile ist eine Gefährdung von Personen und Tieren praktisch ausgeschlossen. Die Gefahr einer Brandentstehung durch die Brandmeldeanlagen selbst ist wegen der sehr geringen übertragenen Leistung minimal. Beachtet werden muss die Brandlast von Leitungen und Verlegesystemen in Fluren und Treppenhäusern.

Der inhaltliche Schwerpunkt der Normen und Regeln für die Brandmeldetechnik besteht in der Festlegung von Maßnahmen für eine hohe Wirksamkeit, der Standardisierung technischer Parameter und der Beschreibung von Installationsdetails und organisatorischer Maßnahmen für den Betrieb.

Wo finden Planer und Errichter welche Informationen?

2.2 Baurecht

In den Landes- und Sonderbauordnungen wird festgelegt, in welchen Gebäuden Brandmeldeanlagen zu errichten sind. Zusätzlich zu diesen allgemeinen Vorgaben kann die untere Bauaufsicht in der Baugenehmigung den Einbau einer Brandmeldeanlage verlangen. Brandschutzkonzepte werden in vielen Fällen zum Bestandteil der Baugenehmigung erklärt. Leider findet man hier immer wieder sehr allgemein gehaltene Forderungen wie: „Das Gebäude erhält eine Brandmeldeanlage mit automatischen und nicht automatischen Meldern". Oft wird dann noch eine Reihe von einzuhaltenden Normen aufgezählt und der eine oder andere Normentext zitiert. Diese Art von Festlegung ist wenig hilfreich. Kompetente Brandschutzgutachter hingegen formulieren konkrete Anforderungen.

Die wichtigsten Fragen, die in der Baugenehmigung oder dem Brandschutzkonzept geklärt sein müssen, sind:

- Welche Bereiche des Gebäudes sind durch automatische Brandmelder zu überwachen?
- Wie soll die interne Alarmierung von Personen erfolgen?
- Ist der Feueralarm an die Feuerwehrleitstelle zu übertragen?
- Welche Sicherheitseinrichtungen sollen von der Brandmeldeanlage angesteuert werden?

In der Baugenehmigungsphase nicht zwingend erforderlich, aber hilfreich sind Vorgaben oder Empfehlungen zur Falschalarmvermeidung sowie zur Aufstellung der Brandmelderzentrale und zur Anordnung der Bedienteile für die Feuerwehr.

Ein Planer oder Errichter von Brandmeldeanlagen kommt nicht umhin, sich mit baurechtlichen Anforderungen auseinanderzusetzen und Fachbegriffe richtig anzuwenden. In der Praxis werden Begriffe wie Feuerwiderstand und Funktionserhalt nur allzu häufig verwechselt. Für eine qualifizierte Kommunikation ist es unumgänglich, die wichtigsten Fachtermini zum baulichen Brandschutz und ihre Bedeutung zu kennen und zu verstehen:

Brandabschnitt

Brandabschnitte werden durch Brandwände begrenzt. Sie haben das Ziel, die Ausbreitung eines Brandes auf ein Gebäude oder bei ausgedehnten Gebäuden auf Teile eines Gebäudes zu beschränken. Man unterscheidet äußere Brandwände zwischen zwei Gebäuden und innere Brandwände zwischen Brandabschnitten innerhalb eines Gebäudes. Die Brandabschnittsgrenzen verlaufen in der Regel vertikal über alle Geschosse. Durch feuerbeständige Wände, z. B. von Technikräumen, werden keine eigenen Brandabschnitte gebildet. Diese stellen vielmehr eine zusätzliche Barriere für die Brandausbreitung innerhalb eines Brandabschnittes dar.

Versorgungsabschnitt

Dieser Begriff ist eine Kreation des Autors und findet sich nicht im Baurecht wieder. Wenn in diesem Buch von Versorgungsabschnitten gesprochen wird, ist damit ein Bereich mit einer Fläche < 1600 m² innerhalb eines Geschosses in einem Brandabschnitt bzw. ein abgeschlossener Treppenraum gemeint. Für diese Bereiche müssen sowohl für die Sicherheitsbeleuchtung als auch für die Alarmierungseinrichtung eigene Stromkreise gebildet werden. Im Industriebau werden oft Brandabschnitte >1600 m² gebildet. Diese müssen dann in mehrere Versorgungsabschnitte <1600 m² mit einem möglichst quadratnahen Grundriss eingeteilt werden. In der Praxis wird gelegentlich auch der nicht ganz glücklich gewählte Begriff „virtueller Brandabschnitt" verwendet.

Feuerwiderstand

Der Feuerwiderstand eines Bauteils beschreibt seine Eigenschaft, die Übertragung von Feuer und Wärme in einen benachbarten Raum für eine bestimmte Zeitdauer zu verhindern. Hersteller von Bauprodukten mit einer Feuerwiderstandsdauer müssen diese von einer Materialprüfanstalt nachweisen und die Produkte vom Deutschen Institut für Bautechnik zertifizieren lassen. Der geforderte Feuerwiderstand wird nur erreicht, wenn das Produkt nach den Vorgaben der Zulassung bzw. des Prüfzeugnisses eingebaut wurde. Der Errichter muss das mit einer Übereinstimmungserklärung bestätigen. Bei den verwendeten Abkürzungen beschreibt der erste Buchstabe die Art des Bauproduktes und die beiden folgenden Ziffern die Feuerwiderstandsdauer in Minuten. Typische Bespiele sind:

F30/F90 feuerhemmende/feuerbeständige Wände, Decken und
 Verglasungen
T30/T90 feuerhemmende/feuerbeständige Türen
G90 Verglasungen, die unter Beflammung 90 min halten, die Übertragung von Wärmestrahlung, die zu einer Entzündung im
 Nachbarraum führen kann, aber nicht wirksam verhindern.

Alternativ zu den Abkürzungen nach DIN 4102 können auch die neuen Kürzel nach EN 13501 verwendet werden. Näheres siehe Abschnitt 2.3.

Funktionserhalt im Brandfall

Dieser Begriff muss von dem Begriff Feuerwiderstand klar abgegrenzt werden. Hier geht es um die Aufrechterhaltung der Funktion von Leitungen und Verteilern von Sicherheitseinrichtungen bei Brandeinwirkung. Die Leitungen und Verteiler dürfen dabei bis zur Zerstörung beschädigt werden. Wichtig ist nur, dass die elektrische Energie oder die Signale auch unter Brandeinwirkung für die vorgesehene Zeitspanne übertragen werden. Weitere Ausführungen für die praktische Umsetzung finden sich im Abschnitt 6.2.3.

2.3 Europäische Normen

Die europäische Normenreihe EN 54 widmet sich der Gerätetechnik von Brandmeldeanlagen. Als Produktnorm bildet sie die Arbeitsgrundlage für die Hersteller der Brandmeldesysteme. Ihre Bestandteile sind:

DIN EN 54-1	Einleitung
DIN EN 54-2	Brandmelderzentralen
DIN EN 54-3	Feueralarmeinrichtungen – Akustische Signalgeber
DIN EN 54-4	Energieversorgungseinrichtungen
DIN EN 54-5	Wärmemelder – Punktförmige Melder
DIN EN 54-7	Rauchmelder – Punktförmige Melder
DIN EN 54-10	Flammenmelder
DIN EN 54-11	Handfeuermelder
DIN EN 54-12	Rauchmelder – Linienförmige Melder nach dem Durchlichtprinzip
DIN EN 54-13	Bewertung der Kompatibilität von Systembestandteilen
DIN EN 54-14*)	Leitfaden für Planung, Projektierung, Montage, Inbetriebsetzung, Betrieb und Instandhaltung
DIN EN 54-16	Sprachalarmzentralen
DIN EN 54-17	Kurzschlussisolatoren
DIN EN 54-18	Eingangs-/Ausgangsgeräte
DIN EN 54-20	Ansaugrauchmelder
DIN EN 54-21	Übertragungseinrichtungen für Brand- und Störungsmeldungen
DIN EN 54-22	Linienförmige Wärmemelder
DIN EN 54-23	Feueralarmeinrichtungen – Optische Signalgeber
DIN EN 54-24	Komponenten für Sprachalarmierungssysteme – Lautsprecher
DIN EN 54-25	Bestandteile, die Hochfrequenz-Verbindungen nutzen
DIN EN 54-26*)	Punktförmige Melder mit Kohlenmonoxidsensoren
DIN EN 54-27*)	Rauchmelder für die Überwachung von Lüftungsleitungen

2.3 Europäische Normen

DIN EN 54-28*) Nicht-rücksetzbare linienförmige Wärmemelder
DIN EN 54-30*) Mehrfachsensor-Brandmelder – Punktförmige Melder mit kombinierten CO- und Wärmesensoren
DIN EN 54-31*) Mehrfachsensor-Brandmelder – Punktförmige Melder mit kombinierten Rauch-, CO- und optionalen Wärmesensoren

Die mit *) gekennzeichneten Normen lagen bei der Erstellung des Buches als Entwurf vor. Eine umfangreiche Zusammenstellung von Normen und Regelwerken mit Angabe des Ausgabedatums ist im Anhang 2 dieses Buches zu finden.

Die europäische Normung macht auch vor dem baulichen Brandschutz nicht halt. Die Norm DIN EN 13501 legt neue Klassifizierungen für Brandschutzeigenschaften fest, die wesentlich differenzierter, aber auch schwerer lesbar sind als unsere altbekannten T30- und F90-Kürzel. Einige Beispiele zeigt die **Tabelle 2.2**. Die Bedeutung der Kürzel nach DIN EN 13501 veranschaulicht **Tabelle 2.3**.

Tabelle 2.2 *Beispiele für die Klassifizierung von Brandschutzeigenschaften nach DIN 4102 und DIN EN 13501*

Bezeichnung	Kürzel nach DIN 4102	Kürzel nach EN 13501	
Feuerbeständiger Raumabschluss (Decke oder Tür)	F90	REI 90	tragende Bauteile
		EI 90	nichttragende Innenwand
		REI 90 ETK (f)	Doppelböden
Feuerbeständige Tür ohne Rauchschutz	T90	$EI_2$90-C	
Feuerbeständige Tür mit Rauchschutz	T90-RS	$EI_2$90-CS_{200}	
Feuerbeständiges Kabelschott	S90	EI 90	
Feuerhemmender Installationsschacht	I30	EI 30 ($v_e h_o$ i $\leftrightarrow$ o)-S	
Elektrische Leitungsanlage mit Funktionserhalt 30 min	E30	P30	
Elektrische Leitungsanlage mit Funktionserhalt 90 min	E90	P90	

Tabelle 2.3 Klassifizierung von Brandschutzeigenschaften nach DIN EN 13501

Kürzel	Ursprungswort	Kriterium	Anwendungsbereich
R	Résistance	Tragfähigkeit	Beschreibung der Feuerwiderstandsfähigkeit
E	Étanchéité	Raumabschluss	
W	Watt	Radiation (Strahlung)	
I	Isolation	Wärmedämmung unter Brandeinwirkung	
M	Mechanical	Mechanische Stoßbeanspruchung auf Wände	Zusätzliches Kriterium bei Brandwänden
S	Smoke	Begrenzung der Rauchdurchlässigkeit	Rauchschutztüren
C	Closing	Selbstschließende Eigenschaft	Rauchschutztüren und Feuerschutzabschlüsse
P	Power	Aufrechterhaltung der Energieversorgung	Elektrische Kabelanlagen
..200 ..300		Angabe der Temperaturbeanspruchung	Rauchschutztüren
i → o i ← o i ↔ o	innen – außen	Richtung der Feuerwiderstandsdauer	Nichttragende Außenwände Installationsschächte
f	full	Beanspruchung durch volle Einheitstemperaturkurve	Doppelböden
a → b a ← b a ↔ b	above – below von oben – von unter	Richtung der Feuerwiderstandsdauer	Unterdecken
v_e, h_0	vertical, horizontal	Für vertikalen/horizontalen Einbau klassifiziert	Lüftungsleitungen Lüftungsklappen

2.4 DIN- und VDE-Normen

Die für Planer und Errichter wichtigsten Normen sind DIN 14675, VDE 0833-1, VDE 0833-2 und VDE 0833-4.

DIN 14675 wird vom Normenausschuss Feuerwehrwesen (FNFW) herausgegeben. Sie gliedert sich nach den Phasen für den Aufbau und den Betrieb von Brandmeldeanlagen (**Bild 2.1**).

Die normativen Forderungen zu den einzelnen Phasen werden in den folgenden Kapiteln detailliert behandelt. Verwiesen wird nachdrücklich auf die klaren Anforderungen an die fachliche Kompetenz der Planer und Errichter von BMA, die in der Fassung vom Juni 2000 erstmals in dieser Strenge formuliert wurden. Neben einem Nachweis der Fachkompetenz müssen auch die Verantwortlichkeiten für die einzelnen Phasen spätestens bei Vertragsabschluss klar festgelegt und dokumentiert sein.

2.4 DIN- und VDE-Normen

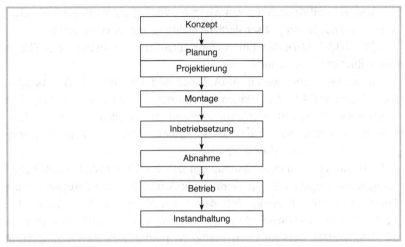

Bild 2.1 *Phasen für Aufbau und Betrieb von Brandmeldeanlagen (BMA) nach DIN 14675:2003-11*

Die verschärften Anforderungen nach DIN 14675, Ausgabe November 2003, haben in der Praxis zu Unstimmigkeiten geführt, sodass im Dezember 2006 die Änderung A1 erschien. Danach dürfen bestimmte Tätigkeiten, wie die Verlegung des Leitungsnetzes und die Montage von Meldern und Signalgeräten, auch durch nichtzertifizierte Elektrofachbetriebe im Subunternehmerverhältnis vorgenommen werden, wenn die Arbeiten unter Regie und nach Vorgabe einer BMA-Fachkraft ausgeführt werden. Des Weiteren präzisiert die Änderung A1 die Pflichten des Betreibers und Instandhalters. Erstmals werden Fristen für die Werksprüfung bzw. den Austausch von Meldern normativ festgelegt und das Thema Bestandsschutz behandelt. Im Kapitel 9 dieses Buches wird darauf näher eingegangen.

Im Anhang zu DIN 14675 wird eine Anleitung zur Gestaltung der Feuerwehrlaufkarten gegeben.

Die 2012 erschienene Neufassung der Norm fordert nun auch eine Zertifizierung für die Errichter von Sprachalarmanlagen.

VDE 0833 ist die Errichternorm für Gefahrenmeldeanlagen. Ihr Teil 1 behandelt allgemeine Anforderungen an die Zentralen, an die Energieversorgung, die Leitungsüberwachung, an Übertragungseinrichtungen, Aufstellung und Umgebungseinflüsse, an Prüfbedingungen, Betrieb und Instandhaltung.

VDE 0833-2 „Brandmeldeanlagen" ist die Norm, die Planer und Errichter am häufigsten zur Hand nehmen. Sie enthält detaillierte Festlegungen zur Auswahl und Anordnung von Meldern, zur Leitungsverlegung, Konfiguration, Verknüpfungen, Falschalarmvermeidung und Dokumentation.

VDE 0833-3 behandelt Einbruchmeldeanlagen und berührt das Thema dieses Buches nur am Rande.

Von großem Interesse für BMA-Planer und Errichter ist VDE 0833-4. Diese Norm enthält Festlegungen für Anlagen zur Sprachalarmierung. Mit dieser neuen Norm sollen Unklarheiten und Widersprüche in der bestehenden Normung beseitigt und eine klare Normenstruktur für Sprachalarmanlagen geschaffen werden (**Bild 2.2**).

In der bis dahin gültigen Systemnorm DIN EN 60849 (VDE 0828) durchdrangen die Vorgaben für die Gerätetechnik und die Anforderungen an die Anlageninstallation einander. Mit der neuen Normenstruktur erfolgt eine klare Trennung: Geräteanforderungen werden in der Produktnorm DIN EN 54-16 formuliert. Dem Anlagenerrichter steht künftig die Anwendungsnorm VDE 0833-4 zur Verfügung.

Detaillierte Ausführungen zu diesem Thema enthält der Abschnitt 5.13.3.3.

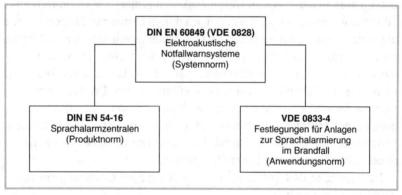

Bild 2.2 *Normen zur Sprachalarmierung*

2.5 Aufschaltbedingungen der Feuerwehr

Die Aufschaltbedingungen für den Anschluss von Brandmeldeanlagen auf die Empfangsanlage der Feuerwehr erstellt jede Kommune individuell.

Vor einigen Jahren waren die Aufschaltbedingungen noch mit technischen Details überfrachtet, die VDE 0833, DIN 14675 oder der Leitungsanlagen-Richtlinie entlehnt waren. Änderungen in diesen Richtlinien wurden nicht zeitgleich übernommen, sodass es teilweise zu widersprüchlichen Anforderungen kam.

In letzter Zeit wurden die Papiere in den meisten Kommunen grundlegend überarbeitet. DIN-Normen und VDE-Richtlinien werden in den gültigen Fassungen als Errichtungsnormen postuliert. Nur zusätzliche kommunale Besonderheiten werden gesondert aufgeführt. Das betrifft überwiegend Anforderungen an

- die Schließsysteme,
- die Aufstellung der Brandmelderzentrale und die Lage der Bedienteile für die Feuerwehr,
- die Regelungen zum gewaltfreien Gebäudezugang,
- die Gestaltung der Laufkarten,
- die Kennzeichnung nicht sichtbarer Melder,
- die Formalitäten zum Aufschaltvertrag,
- die Pflichten des Betreibers.

Die technischen Anschlussbedingungen sind bei den zuständigen Feuerwehren erhältlich. Im Anhang 4 finden Sie einen Link zu einer umfangreichen TAB-Sammlung im Internet.

2.6 VdS-Richtlinien

Die VdS Schadenverhütung GmbH beschäftigt sich als Tochterunternehmen des Gesamtverbandes der deutschen Versicherungswirtschaft (GDV) schwerpunktmäßig mit der Auswertung von Schäden und der Erarbeitung von technischen und organisatorischen Regeln zur Schadenverhütung. Im Ergebnis jahrelanger Arbeit entstand ein umfangreiches und lebendiges Regelwerk.

Die VdS-Richtlinien gehören formal nicht zu den allgemein anerkannten Regeln der Technik, da sie von einer privaten Institution ohne ein vorangehendes öffentliches Vorstellungs- und Einspruchsverfahren herausgegeben werden. Ihre Einhaltung muss individuell vertraglich vereinbart werden. Ungeachtet dessen enthalten sie zahlreiche nützliche, auf praktischer Erfahrung beruhende Hinweise und Bestimmungen und sind eine wertvolle Zusatzlektüre für Planer, Errichter und Betreiber.

Die VdS-Richtlinien müssen allerdings eingehalten werden, wenn mit dem Feuerversicherer die Errichtung einer Brandmeldeanlage mit VdS-Attest vereinbart wurde.

VdS 2095 „Richtlinien für automatische Brandmeldeanlagen, Planung und Einbau" übernimmt 1:1 den Text aus VDE 0833 Teil 2. Zusätzliche Anforderungen für „VdS-Brandmeldeanlagen" sind blau abgesetzt dargestellt.

VdS 2833 beschreibt Schutzmaßnahmen gegen Überspannungen für Gefahrenmeldeanlagen.

VdS-anerkannte Bauteile und Systeme für Brandmeldeanlagen sind in VdS 2475 aufgelistet. Diese Schrift unterliegt einer Aktualisierung in kurzen Abständen.

Dem sensiblen Thema „Ansteuerung von Feuerlöschanlagen" widmet sich VdS 2496.

VdS 2878 dient als Merkblatt für die Vernetzung alter und neuer Brandmeldeanlagen.

Besondere Anforderungen an Feuerwehrschlüsseldepots formuliert VdS 2105.

Weitere VdS-Richtlinien behandeln den Einrichtungsschutz, die Berechnung der Verbrennungswärme von Kabeln und Leitungen und geben eine Vorlage für das Betriebsbuch einer Brandmeldeanlage. Die vollständigen Bezeichnungen mit Ausgabedatum sind im Anhang 2.5 dieses Buches zusammengestellt.

2.7 Anforderungen an Planer und Errichter

Bis in die späten 1990er Jahre stieg die Zahl der Gelegenheitserrichter und auch der Gelegenheitsplaner von Brandmeldeanlagen. Für Elektroinstallationsbetriebe war die Brandmeldeanlage eine willkommene Zusatzverdienstquelle und so mancher Starkstromplaner hat „das bisschen Brandmeldezeug" gleich mit entworfen, auch wenn die Fachkenntnisse eher dürftig waren.

Diese oft unzulänglichen Anlagen blieben bei bauaufsichtlichen Prüfungen nicht unbemerkt. Der Normenausschuss Feuerwehrwesen (FNFW) im Deutschen Institut für Normung (DIN) hat dieser Entwicklung mit Inkrafttreten der Änderung A3 der DIN 14675 zum 1.12.2001 einen Riegel vorgeschoben. Seit dem 1.11.2003 sind Firmen, die Brandmeldeanlagen planen, errichten, in Betrieb nehmen und instand halten wollen, verpflichtet, ihre Fachkompetenz in einem Zertifizierungsverfahren vor einer nach DIN EN 45011 akkreditierten Stelle nachzuweisen.

2.7 Anforderungen an Planer und Errichter

Rein formal können Brandmeldeanlagen, die weder von der Bauaufsicht noch vom Feuerversicherer gefordert sind, von jeder qualifizierten Elektrofachkraft errichtet werden. Doch welcher Auftraggeber bestellt schon eine Brandmeldeanlage, die nicht den anerkannten Regeln der Technik entspricht?

Bei der DIN 14675 besteht auf Grund ihres Zustandekommens für Juristen die Vermutungswirkung, dass sie den Stand der allgemein anerkannten Regeln der Technik repräsentiert. Bei Schadensfällen kann sie von gerichtlich bestellten Sachverständigen als Grundlage der Bewertung herangezogen werden.

Für Planer bestehen bei der Erstzertifizierung folgende wesentliche Anforderungen:
- Einführung eines zertifizierten Qualitätsmanagement-Systems (QM-System)[1],
- Benennung einer hauptverantwortlichen Fachkraft (Nachweis durch schriftliche Prüfung),
- Vorhalten der aktuellen Normen, Richtlinien und ggf. Systemzertifikate.

Die Zertifizierung für Planer wird aufrechterhalten durch
- den Fortbestand des zertifizierten QM-Systems,
- Auffrischungsschulungen und
- die Aktualisierung der Normen und Richtlinien.

Fachplaner, die sich nur für die Phase 6.1 „Planung" anerkennen lassen, müssen kein zertifiziertes Qualitätsmanagement (z. B. nach DIN EN ISO 9001) vorweisen. Es genügt die Vorlage eines QM-Handbuches. Allerdings darf ein nach Phase 6.1 zertifizierter Planer nur herstellerneutrale Planungen und Ausschreibungen erstellen; produktspezifische Bewertungen der Angebote, Bauleitungsaufgaben und die Planung der Erweiterung bestehender Anlagen überschreiten bereits sein Anerkennungsgebiet.

Der Aufwand für Fachfirmen stellt sich in der Regel geringer dar. Die Anforderungen sind in DIN 14675 Anhang L aufgelistet. Die Hauptvoraussetzung bildet die in den meisten Fällen vorhandene VdS-Anerkennung als BMA-Errichterfirma. Der Nachweis der Betriebshaftpflichtversicherung und die Auflistung der vorhandenen Regelwerke sind Formalien. Die Hürde der Einführung eines QM-Systems dürften alle etablierten Facherrichter in der Zwischenzeit genommen haben.

---

[1] Für Planer genügt als Nachweis eines geeigneten QM-Systems die Vorlage eines QM-Handbuches nach DIN 14675 Anhang 11.

Das seit 2012 geforderte Zertifizierungsverfahren für Facherrichter von Sprachalarmanlagen läuft ähnlich ab. Betriebe, die bereits für Brandmeldeanlagen zertifiziert sind, können ihre Anerkennung erweitern und brauchen bereits vorliegende Unterlagen nicht ein zweites Mal einzureichen.

2.8 Prüfer und Sachverständige

Der Begriff *Sachverständiger* ist in Deutschland nicht geschützt. Es gibt jedoch verschiedene Aufgaben, die anerkannten Sachverständigen vorbehalten sind.

Bauaufsichtlich anerkannte Prüfsachverständige
Brandmeldeanlagen in Sonderbauten, wie Versammlungsstätten, Schulen und großen Verkaufsstätten, müssen nach den Technischen Prüfverordnungen der Länder vor der Inbetriebnahme, nach wesentlichen Änderungen und in wiederkehrenden Fristen durch bauaufsichtlich anerkannte Prüfsachverständige untersucht werden. Die Anerkennung als Prüfsachverständiger obliegt der obersten Bauaufsicht des Bundeslandes, in dem der Sachverständige seinen Wohnsitz hat. Der Sachverständige darf seine Tätigkeit jedoch auch in anderen Bundesländern ausüben. Bauaufsichtlich anerkannte Prüfsachverständige für Brandmeldeanlagen benötigen für ihre Prüftätigkeit keine zusätzliche Zertifizierung nach DIN 14675.

VdS-Sachverständige
Zum Fortbestand ihrer Anerkennung müssen VdS-anerkannte Errichterfirmen regelmäßig einzelne Anlagen einem VdS-Sachverständigen vorführen. Hierbei handelt es sich um qualifizierte Mitarbeiter der VdS Schadenverhütung GmbH.

Öffentlich bestellte und vereidigte (ö.b.u.v.) Sachverständige
Die ö.b.u.v. Sachverständigen kommen dann zum Einsatz, wenn etwas schief gelaufen ist. Sie werden vom Gericht oder einer Streitpartei beauftragt und sollen Vorgänge und Schäden mit ihrem Sachverstand unabhängig bewerten.

3 Gerätetechnik

Moderne Brandmeldesysteme bestehen aus mehreren miteinander kommunizierenden Funktionseinheiten. Man unterscheidet anlageneigene und externe Funktionseinheiten. Die Verknüpfung dieser Einheiten zeigt ein Diagramm in DIN EN 54-1: 2011 (**Bild 3.1**).
Das Diagramm unterscheidet 4 Funktionsgruppen:
1 Erkennung und Auslösung,
2 Steuerfunktionen,
3 lokale Funktionen und
4 abgesetzte Funktionen.
In den folgenden Abschnitten wird die aktuelle Gerätetechnik fder einzelnen Funktionseinheiten von Brandmeldeanlagen detailliert vorgestellt.

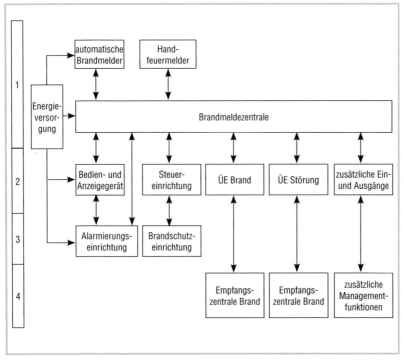

Bild 3.1 *Schematischer Aufbau einer Brandmeldeanlage*
Quelle: DIN EN 54-1:2011

3.1 Automatische Brandmelder

3.1.1 Unterscheidungsmerkmale

Die Geschichte der automatischen Branderkennung begann im Jahre 1950 mit dem Einsatz von Schmelzloten, die unter Brandeinwirkung eine elektrische Verbindung unterbrachen und eine selbsttätige Alarmierung auslösten. In der zweiten Hälfte des 20. Jahrhunderts erfuhr die Technik zur Branderkennung eine rasante Entwicklung und Verbreitung.

Der Einsatz automatischer Brandmelder ermöglicht die Erkennung von Bränden auch bei Abwesenheit von Personen. Jeder Brandmelder verwendet eine oder mehrere Erkennungsgrößen. Die am häufigsten verwendeten Erkennungsgrößen sind

- Rauchpartikel,
- Trübung der Raumluft,
- Temperatur,
- Infrarotstrahlung,
- UV-Strahlung.

Die Auswertung weiterer Erkennungsgrößen, wie auffälliger Gaskonzentrationen von Kohlenmonoxid (CO), Kohlendioxid (CO_2) und anderen typischen Rauchgasen, befindet sich noch in der Entwicklungsphase. Entsprechende Produkte sind bisher nur als Bestandteile von *Multikriterienmeldern* erhältlich.

Mit Ausnahme von Flammenmeldern, die bei bestehender Sichtverbindung das gesamte Raumvolumen überwachen, können die meisten Melder nur die Zustände bewerten, die in ihrer unmittelbaren Umgebung bestehen. Sie sind daher in dem Bereich eines Raumes anzuordnen, in dem sich die Brandkenngröße am schnellsten entwickelt.

Außer nach den Erkennungsgrößen unterscheiden sich die automatischen Brandmelder nach der Form des unmittelbar überwachten Bereiches:

- Punktförmige Melder werten die physikalischen Größen im Innern einer kleinen Messkammer aus, die – bezogen auf das Raumvolumen – als „Punkt" betrachtet werden kann.
- Linienförmige Melder beobachten physikalische Zustände entlang einer Strecke, die – wie beim linienförmigen Rauchmelder (siehe Abschnitt 3.1.2.4) – schnurgerade oder – wie beim Wärmedraht (siehe Abschnitt 3.1.3.2) – gebogen und verwinkelt sein kann.

3.1.2 Rauchmelder

3.1.2.1 Allgemeines

Rauch stellt im Brandfall die größte Gefahr für Personen dar. Das darin enthaltene geruch- und farblose Kohlenmonoxid (CO) wirkt selbst bei einem relativ geringen Anteil stark toxisch. Aber auch geruchsintensive Bestandteile des Brandrauchs verringern nicht seine Gefährlichkeit, insbesondere nicht für schlafende Menschen. Im Schlaf besitzt der Mensch nur einen eingeschränkten Geruchssinn. Selbst wenn der Betroffene aufwacht, bevor er völlig bewusstlos geworden ist, hat das Rauchgas in der Regel bereits eine lebensgefährliche CO-Konzentration erreicht.

Da die meisten Brände vor einer großen Wärmeabgabe mit einer Schwelphase mit Rauchentwicklung beginnen, hat der Rauchmelder gegenüber einem thermischen Brandmelder (siehe Abschnitt 3.1.3) einen klaren Zeitvorteil.

Im Interesse des Personenschutzes sind gemäß VDE 0833-2 Rauchmelder bevorzugt einzusetzen.

Rauchmelder können nicht in Räumen eingesetzt werden, in denen betriebsbedingt mit Falschalarmen gerechnet werden muss. Hierzu zählen
- Küchen,
- Gasträume (in denen [noch] geraucht werden darf),
- Anlieferzonen,
- Fahrgassen von Staplern oder Fahrzeugen mit Verbrennungsmotoren,
- Garagen,
- Bereiche mit technologisch bedingter Staub-, Dampf- oder Rauchentwicklung,
- Bereiche unter ungedämmten Metall- und Glasdecken.

Rauchmelder reagieren nicht auf Gase, sondern auf kleine und kleinste Partikel. Hierzu zählen neben Verbrennungsprodukten auch normaler Staub und Aerosole. Der Staub wird nach der Korngröße in 4 Gruppen unterteilt:

Staubtyp	Einstufung	Korngrößen in µm	Bemerkung
A1	Ultra fine	0 ... 10	
A2	Fine	0 ... 80	
A3	Medium	0 ... 80	Mit geringem Anteil von 0 ... 5 µm
A4	Coarse	0 ... 180	

Staub hat die Eigenschaft, je nach Größe und Dichte mehr oder weniger schnell abzusinken. Sehr kleine Rußpartikel (< 1 µm) können über Monate in der Luft bleiben und mit dem Wind über hunderte Kilometer transportiert werden.

Aerosole sind feste oder flüssige Kleinstpartikel, die einzeln nicht wahrnehmbar sind. Ab einer Konzentration von etwa 1 Mio. Partikel je cm^3 spricht man von Smog. Die Partikelgröße liegt zwischen 0,5 nm und mehreren 10 µm.

Rauchmelder können von Hause aus nicht unterscheiden, ob die Partikel durch einen Brand oder umgebungsbedingt aufgetreten sind. Das **Bild 3.2** zeigt einige typische Störgrößen mit Zuordnung der Korngröße.

Erhöhte Konzentrationen von Staub und Aerosolen stellen immer eine potentielle Täuschungsgröße für Rauchmelder dar und können dazu führen, dass sich Rauchmelder in diesen Bereichen nicht oder nur in Kombination mit anderen Detektionsverfahren einsetzen lassen.

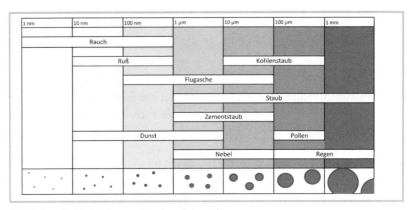

Bild 3.2 *Partikelgrößen von Staub und Aerosolen*

3.1.2.2 Optische Rauchmelder

Kaum ein anderer Brandmelder wird so häufig eingesetzt wie der optische Rauchmelder.

Wir unterscheiden zwei Erkennungsarten:
1. das Durchlichtprinzip und
2. das Streulichtprinzip.

Das *Durchlichtprinzip* beruht auf einer direkten Sichtverbindung zwischen Lichtquelle und Empfänger. Beim Eindringen von Rauch in die Messkammer wird der Lichtstrom geschwächt. Beim Unterschreiten des Schwellenwertes wird Alarm gemeldet. Diese Erkennungsart setzt man bei punktförmigen Rauchmeldern kaum noch ein, sie hat aber bei linienförmigen Rauchmel-

dern (siehe Abschnitt 3.1.2.4) eine interessante und wirkungsvolle neue Anwendung gefunden.
Bei den punktförmigen Rauchmeldern hat sich das *Streulichtprinzip* weitgehend durchgesetzt.

Funktionsprinzip

In einer Messkammer mit nicht reflektierenden Oberflächen sind eine Leuchtdiode und ein Fotoelement ohne direkte Sichtverbindung angeordnet. Im Ruhezustand gelangt so gut wie kein Licht an das Fotoelement (**Bild 3.3a**). Beim Eindringen von Rauch in die Messkammer wird das Licht an den hellen Rauchpartikeln reflektiert. Ein Teil des gestreuten Lichtes erreicht das Fotoelement und führt beim Überschreiten des Schwellenwertes zur Alarmierung (**Bild 3.3b**).

Leider reagieren optische Rauchmelder (**Bilder 3.3c** und **3.3d**) auch auf Täuschungsgrößen wie Wasserdampf. Um die Falschalarmanfälligkeit zu reduzieren, werden neuerdings Rauchmelder angeboten, die das gestreute Licht aus zwei verschiedenen Winkeln messen. Durch die getrennte Auswertung des vorwärts- und des rückwärtsgestreuten Lichtes können Täuschungsgrößen sicher ausgeblendet und mit der dadurch möglichen Erhöhung der Empfindlichkeit sowohl helle als auch dunkle Aerosole besser erkannt werden.

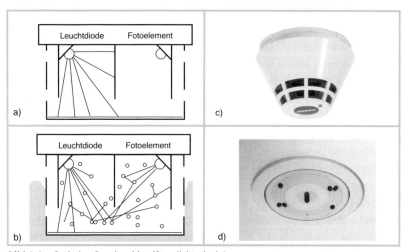

Bild 3.3 *Optischer Rauchmelder (Streulichtprinzip)*
a) im Ruhezustand (schematisch); b) im Alarmzustand (schematisch);
c) Rauchmelder von Novar/ESSER; d) deckenbündiger Rauchmelder
von BOSCH Sicherheitssysteme

Optische Rauchmelder haben Probleme mit der Erkennung sehr kleiner Partikel. Das liegt vor allem an den Streueigenschaften des verwendeten langwelligen Infrarotlichtes.

Mit der massenhaften Herstellung preiswerter und zuverlässiger blauer Leuchtdioden wird es künftig möglich, Rauchmelder mit kurzwelligem blauen Licht herzustellen, die eine deutlich bessere Erkennung sehr kleiner Partikel zulassen.

Einsatzgebiete und technische Grenzen
Das Streulichtprinzip eignet sich zur Erkennung von Bränden mit heller sichtbarer Rauchentwicklung, wie sie für Kunststoffprodukte typisch ist, nicht jedoch für offene Holzfeuer (sehr kleine Rauchpartikel) und Brände ohne Rauchentwicklung (z. B. reiner Alkohol). Optische Rauchmelder stellen im Industrie- und Gewerbebau, in öffentlichen Einrichtungen, Bürohäusern und im Wohnbereich die am häufigsten verwendete Melderart dar.

Sie erkennen dichten Rauch auch bei hohen Windgeschwindigkeiten und dürfen nach VDE 0833 Teil 2 bis zu 20 m/s verwendet werden. In Anlagen, die nach VdS 2095 errichtet werden, dürfen Rauchmelder jedoch nur bis zu Windgeschwindigkeiten von 5 m/s eingesetzt werden. Dies resultiert aus der praktischen Erfahrung, dass der Rauch in der Brandentstehungsphase durch schnelle Luftbewegungen so stark verdünnt wird, dass die Ansprechschwelle des Melders nicht erreicht wird.

3.1.2.3 Ionisationsrauchmelder
Ionisationsrauchmelder analysieren ebenso wie optische Melder die Kenngröße „Rauch". Sie eignen sich zur Erkennung von Aerosolen mit kleiner Partikelgröße, unabhängig von deren Farbe.

Funktionsprinzip
Ionisationsrauchmelder nutzen den Effekt der Ionisierung der Luft durch radioaktive Alphastrahlung. In der Nähe eines schwach radioaktiven Präparates kommt es in der Messkammer zur Aufspaltung der elektrisch neutralen Luftmoleküle in positive und negative Ionen. Die Luft wird elektrisch leitfähig. Beim Anlegen einer Gleichspannung an zwei gegenüberliegende Elektroden wandern die Ionen zu den entgegengesetzt geladenen Elektroden. Es fließt ein bipolarer Ionenstrom. Dieser sehr kleine Gleichstrom von ca. 100 pA (= 10^{-10} A) wird über den Eingang eines Strommessverstärkers geführt und ausgewertet (**Bild 3.4 a**).

3.1 Automatische Brandmelder

Wenn Verbrennungsprodukte (Rauchaerosole) in die Messkammer eindringen, lagert sich ein Teil der Ionen an die viel schwereren Verbrennungsteilchen an. Der Ionenstrom wird geschwächt. Bei Unterschreitung eines Grenzwertes kommt es zur Alarmmeldung (**Bild 3.4 b**).

Ionisationsrauchmelder mit zwei Kammern (**Bild 3.5**) kommen kaum noch zum Einsatz und werden hier nur der Vollständigkeit halber erwähnt. Neben der Messkammer wird eine baugleiche, aber luftdicht verschlossene Vergleichskammer angeordnet. Für die Strommessung sind beide Kammern in Reihe geschaltet. Die Auswertung erfolgt, indem die Teilspannungen der Messkammer und der Vergleichskammer verglichen werden. Im Ruhezustand sind beide Spannungen annähernd gleich groß. Dringen Rauchpartikel in die Messkammer ein, verändert sich, bedingt durch die Verringerung der freien Ladungsträger, der Innenwiderstand und damit die Teilspannung an der Messkammer. Beim Überschreiten des Schwellenwertes erfolgt die Alarmierung.

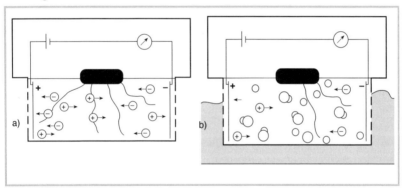

Bild 3.4 *Ionisationsrauchmelder*
a) im Ruhezustand (schematisch); b) im Alarmzustand (schematisch)

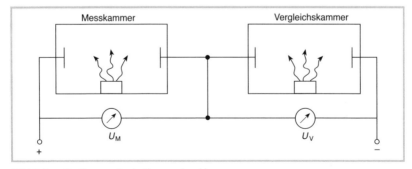

Bild 3.5 *Zweikammer-Ionisationsrauchmelder*

Einsatzgebiete und technische Grenzen

Ionisationsrauchmelder eignen sich zur Erkennung von sichtbaren und unsichtbaren Rauchgasen mit kleiner Partikelgröße. Brände, die mit einer Schwelphase beginnen, werden schlechter erkannt, da hier überwiegend große und helle Rauchpartikel entstehen, die vom Ionisationsrauchmelder schlecht erfasst werden.

Der Ionisationsrauchmelder ist für Räume mit höheren Luftgeschwindigkeiten nicht geeignet. Bei Windgeschwindigkeiten über 5 m/s werden zu viele Ionen aus dem Melder geblasen, bevor sie die Elektrode erreichen. Es kann sich kein stabiler Ruhestrom einstellen. Die Ansprechschwelle wird instabil.

Eine weitere Einschränkung besteht in der schlechten Erkennung elektrisch nicht neutraler Aerosole, wie sie beispielsweise bei der PVC-Verbrennung entstehen.

Bei Temperaturen unter $-20\,°C$ besteht Vereisungsgefahr.

Strahlenschutz

Obwohl die in den Meldern eingesetzten Präparate nur sehr schwach radioaktiv sind, unterliegen Ionisationsrauchmelder der Strahlenschutzverordnung.

Die gewerbliche Verwendung ist bei Einhaltung der technischen und organisatorischen Auflagen anzeige- und genehmigungsfrei.

Ionisationsrauchmelder müssen diebstahl- und brandsicher gelagert werden. Bei der Montage an öffentlichen und leicht zugänglichen Orten sind Entnahmesicherungen anzubringen. Eine leichte Zugänglichkeit besteht bereits dann, wenn der Melder mit Hilfe vorhandener Tische und Stühle erreicht werden kann.

Reparatur- und Wartungsarbeiten an Ionisationsrauchmeldern dürfen nicht vom Nutzer, sondern nur vom Errichter- oder Wartungsbetrieb vorgenommen werden.

3.1.2.4 Linienförmige Rauchmelder

Funktionsprinzip

Die Melder bestehen aus einem Sender und einem Empfänger mit Auswerteeinheit (**Bild 3.6a**), die an den gegenüberliegenden Seiten eines Raumes angebracht werden. Das vom Sender ausgestrahlte Infrarotlicht wird vom Empfänger auf Intensität überprüft. Bei aufsteigendem Rauch reduziert sich die Intensität des Lichtsignals und der Melder löst bei einem vorher eingestellten Schwellenwert den Alarm aus (**Bild 3.6b**). Moderne Geräte kompensieren die Schmutz- und Staubablagerungen durch die Nachführung des Schwellenwertes in begrenztem Maße eigenständig.

Der Abstand zwischen Sender und Empfänger bzw. zwischen kombiniertem Sender/Empfänger und Reflektor (**Bild 3.6c**) darf bis zu 100 m betragen. In Räumen mit einer Höhe über 12 m kann ein Gerät eine Fläche bis zu 1400 m^2 überwachen (siehe auch VDE 0833-2 Tabelle 5).

Werden Sender und Empfänger an derselben Wand installiert, muss der Lichtstrahl auf einen Reflektor an der gegenüberliegenden Wand zielen.

Einsatzgebiete

Linienförmige Rauchmelder eignen sich besonders zur Überwachung von großen Hallen, hohen Räumen sowie von Kabel- und Rohrleitungskanälen. Sie sind eine gute Alternative zu an Raumdecken montierten Einzelmeldern, wenn diese dort für Wartung und Instandsetzung schwer zugänglich

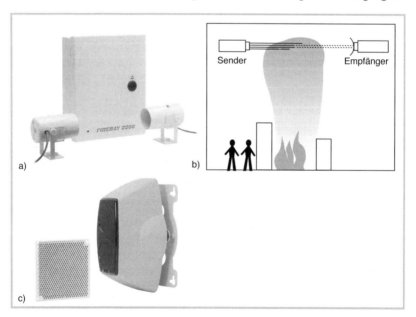

Bild 3.6 *Linienförmige Rauchmelder*
  a) links: Sender, Mitte: Auswerteeinheit, rechts: Empfänger;
  b) im Alarmzustand (schematisch);
  c) links: Reflektor; rechts: kombinierter Sender und Empfänger
  Werkfotos Novar/ESSER

wären oder die Decken aus Gründen des Denkmalschutzes bzw. der Architektur nicht „verunstaltet" werden sollen.

Sie können bei hohen Räumen in mehreren Ebenen angeordnet werden. Der Empfänger darf nicht direktem Sonnenlicht oder anderen starken Licht- oder Wärmequellen ausgesetzt sein. Der Lichtstrahl darf auch nicht durch betriebliche Vorgänge (z. B. Kranfahrten und Materialtransporte) unterbrochen werden.

Falschalarme oder Störungen können außerdem auftreten, wenn der Sender an schwingenden oder sich verformenden Bauteilen montiert ist. So führt zum Beispiel die Verwindung eines Stahlträgers, an dem sich der Sender befindet, um optisch kaum wahrnehmbare 0,1° zur Ablenkung eines 100 m langen Infrarotstrahls um 17 cm. Die nicht sprunghafte, sondern allmähliche Ablenkung des Lichtstrahls wird am Empfänger als Intensitätsverringerung interpretiert und führt damit zum Falschalarm.

3.1.2.5 Ansaugrauchmelder

Die Idee ist so genial wie einfach: Wenn am Überwachungsort kein Brandmelder installiert werden kann, muss die zu überwachende Luft zum Melder transportiert werden. Ansaugrauchmelder (**Bild 3.7a**) bestehen aus Rohren mit kleinen Ansaugöffnungen (**Bild 3.7b**) vor der Messkammer und einer Auswerteeinheit (**Bild 3.7c**). Ein Ventilator zieht die Luft aus den Ansaugrohren und bläst sie durch die Messkammer wieder in den Raum.

Das Innenleben der Messkammer besteht im einfachsten Fall aus einem gewöhnlichen Streulichtmelder. Hochwertige Systeme messen die Schwächung eines Laserstrahls infolge der Lufttrübung in der Messkammer. Noch höhere Genauigkeiten werden mit einer Spektralanalyse des Lichtstrahls in der Messkammer erreicht. Zum Schutz der Messkammer vor Staub, Flusen und Feuchtigkeit können Filter und Kondenswasserabscheider im Ansaugrohr montiert werden.

Wegen des komplexen Aufbaus wird anstelle des in VDE 0833-2 verwendeten Begriffes Ansaugrauchmelder auch der Ausdruck Rauchansaugsystem benutzt. Beide Begriffe beschreiben das gleiche Gerät. In der Praxis ist „RAS" eine gängige Abkürzung für Rauchansaugsysteme.

Ansaugrauchmelder teilt man entsprechend ihrer Sensibilität in 3 Klassen ein (**Tabelle 3.1**).

Die Auswertung des Rauchgehaltes der Luft basiert auf der Messung der Laserlichtschwächung. Die dabei verwendete Einheit % obsc/m steht für prozentuale Lichtschwächung (engl. obscuration) je Meter. 0 % obcs/m

3.1 Automatische Brandmelder 45

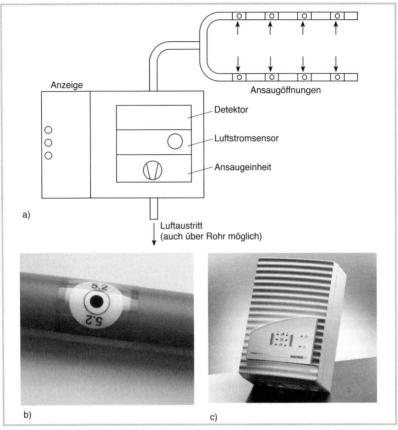

Bild 3.7 *Ansaugrauchmelder*
a) Schema; b) Ansaugöffnung; c) Auswerteeinheit
Werkfotos Wagner

Tabelle 3.1 *Klassifizierung von Ansaugrauchmeldern*

Klasse	Beschreibung	Funktion	Einsatzbeispiele
A	sehr hohe Empfindlichkeit	sehr frühe Erkennung durch Nachweis von sehr stark verdünntem Rauch	Reinräume, Klimaanlagen von Rechenzentren
B	erhöhte Empfindlichkeit	frühe Erkennung bei Anordnung in der Nähe der zu überwachenden Objekte	Überwachung wertvoller elektronischer Geräte oder Datenspeicher
C	übliche Empfindlichkeit	normale Erkennung wie ein punktförmiger Rauchmelder	normale Räume und Bereiche, als Alternative zu punktförmigen Meldern

entsprechen absolut sauberer, rauchfreier Luft. Je höher die Rauchdichte, desto stärker wird die Sichtweite eingeschränkt. Herkömmliche punktförmige Rauchmelder sprechen bei etwa 3,5 % obsc/m an. Die Ansprechschwelle hochsensibler Ansaugrauchmelder liegt bei etwa 0,0025 % obsc/m. Der Einsatz derart feinfühliger Systeme setzt natürlich eine saubere Umgebung voraus. Selbst leichte Luftverschmutzungen müssen vermieden werden. Mitunter kann ein frisch aufgelegtes Deodorant beim Betreten des überwachten EDV-Raumes bereits zu einem Alarm führen.

Der Volumenstrom wird ständig überwacht. Der Verschluss von Ansaugöffnungen oder ein Leck im Ansaugrohr werden als Störung erkannt.

Jede Ansaugöffnung im Rohrnetz wird wie ein optischer Rauchmelder geplant. Da eine Meldergruppe maximal 32 automatische Melder enthalten darf (siehe Abschnitt 5.7) und die Überwachungsfläche eines punktförmigen Rauchmelders in Räumen bis 6 m Höhe und mit einer Deckenneigung <20° nach Tabelle 2 in VDE 0833-2 60m² beträgt, können bei Räumen bis 6 m Höhe mit einem Ansaugrauchmelder theoretisch Flächen von

$$32 \cdot 60\,m^2 = 1920\,m^2$$

überwacht werden. Normativ zulässig sind Überwachungsfläche bis 1600 m². In der Praxis fallen die Überwachungsflächen durch Brandabschnittsgrenzen und Raumtrennwände meist deutlich kleiner aus.

Ein bekannter deutscher Hersteller bietet bei der Überwachung von bis zu fünf Räumen die Möglichkeit einer Einzelraumerkennung. Hierzu wird nach dem Erreichen des Alarmwertes das Ansaugrohr freigeblasen und die Zeit bis zum erneuten Erreichen des Alarmzustandes gemessen.

Für das Ansaugrohr kann handelsübliches PVC-Rohr verwendet werden. Anschlüsse, Bögen, T-Stücke und Endkappen werden verklebt. Bei der Verlegung in Zwischendecken lässt sich der Ansaugpunkt mit dünnen Schläuchen anschließen und somit sehr unauffällig ins Deckenbild integrieren. Architekten und Denkmalschützer sind sehr dankbar für diese versteckte Installationsart.

Eine gleichmäßige Überwachung wird nur erreicht, wenn durch alle Ansaugöffnungen ein annähernd gleicher Volumenstrom angesaugt wird. Dies ermöglichen durch unterschiedlich große Durchmesser der Ansaugöffnungen. Projektierung und Montage müssen daher äußerst gewissenhaft durchgeführt werden.

Typische Rohrkonfigurationen werden im Abschnitt 5.5.5 dargestellt. Ansaugrauchmelder finden trotz der vergleichsweise hohen Kosten immer breitere Anwendung

- in EDV- und Technikräumen mit hoher Wertekonzentration, insbesondere, wenn wegen vorhandener Umluftkühlgeräte eine Brandfrüherkennung mit punktförmigen Meldern nicht möglich ist;
- in schwer zugänglichen Räumen, wie Zwischenböden und Zwischendecken;
- bei architektonisch anspruchsvollen Gestaltungen;
- in Museen und denkmalgeschützten Bereichen;
- in Transformatorenboxen und elektrischen Betriebsräumen mit offenen Schaltanlagen;
- in Aufzugeschächten (vertikale Installation zulässig).

Neben den gestalterischen Vorteilen ist es vor allem die einstellbare hohe Empfindlichkeit, die für den Einsatz von Ansaugrauchmeldern spricht. Gerade in EDV-Räumen können entstehende Brände schon in der Pyrolysephase erkannt und ihre Ausweitung durch Abschalten defekter Baugruppen verhindert werden. Da bei hochempfindlichen Systemen bereits Aerosole detektiert werden, die mit Auge und Nase noch nicht wahrnehmbar sind, empfiehlt es sich, die Überwachung in kleine, leicht prüfbare Bereiche zu gliedern.

Eine hochinteressante Weiterentwicklung sind Ansaugrauchmelder, die nicht nur die Lufttrübung, sondern auch die Konzentration von typischen Brandgasen auswerten. Der Schwerpunkt der Forschung liegt auf der Erkennung von Brandgasen des Typs 1. Diese Brandgase werden bereits in einer sehr frühen Brandentstehungsphase freigesetzt. Zu ihnen gehören flüchtige Kohlenwasserstoffe, Carbonsäuren und Aldehyde.

Punktförmige Mehrkriterienmelder mit Gassensoren nach EN54-31 reagieren auf Brandgase vom Typ 2, die durch die Verbrennung organischer Stoffe bei höheren Temperaturen entstehen. Hierzu zählen u.a. CO, CO_2, NH_3, NO_x.

Durch die differenzierte Auswertung der Signale und einen Signalmustervergleich können Täuschungsgrößen wirksam separiert werden. Der große Vorteil von Ansaugrauchmeldern mit Gasdetektion wird darin bestehen, dass Brände extrem früh erkannt und Schäden sehr klein gehalten werden können.

3.1.2.6 Lüftungskanalmelder

Lüftungsanlagen stellen im Brandfall eine nicht zu unterschätzende Gefahr dar. Über die oft geschoss- und raumübergreifenden Anlagen können giftige Rauchgase mit hoher Geschwindigkeit und in großen Mengen im Gebäude verteilt werden.

Bei Brandmeldeanlagen der Kategorie 1 (Vollschutz) müssen daher die Zu- und Abluftanlagen auf Brandkenngrößen überwacht werden. Die direkte Montage von punktförmigen Meldern in den Lüftungskanälen ist auf Grund der hohen Strömungsgeschwindigkeiten und der erschwerten Zugänglichkeit technisch nicht sinnvoll.

In der Praxis bestehen Lüftungskanalmelder (**Bild 3.8**) aus dem in einem geschlossenen Gehäuse angeordneten Melder und der Luftzuführung. Die Messkammer, in der sich der punktförmige Melder befindet, wird von außen an den Lüftungskanal montiert. Die Luftzuführung zum Melder erfolgt über ein schlankes Rohr, das quer zur Strömungsrichtung in der Mitte des Kanals angebracht wird. In dem Rohr befinden sich Schlitze oder Bohrungen, die eine dosierte Luftzufuhr zum Melder gewährleisten (**Bild 3.9**).

Für die Lüftungskanalmelder lassen sich optische Rauchmelder oder Multisensormelder, z.B. mit Streulichterkennung, Ionisationsmelder und Thermoelemente einsetzen. Wenn mit erhöhter Luftverschmutzung zu rechnen ist, können in der Luftzuführung Grobpartikelfilter installiert werden.

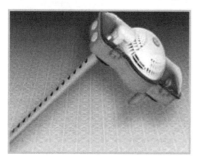
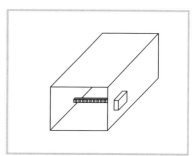

Bild 3.8 *Lüftungskanalmelder Werkfoto Fa. Schrack*

Bild 3.9 *Lüftungskanalmelder Prinzipdarstellung*

3.1.3 Thermische Brandmelder (Wärmemelder)

3.1.3.1 Punktförmige Wärmemelder

Die einfachste und vermutlich älteste Methode der automatischen Branderkennung ist die Überwachung der Raumtemperatur. Im Jahr 1902 meldete der Engländer *George Darby* einen Wärmemelder mit einem Schmelzlot aus Butter zum Patent an. Bei erhöhter Temperatur schmolz die Butter und der Kontakt zwischen zwei Leitern war hergestellt. Brandmelder mit einem Schmelzlot konnten nur einmal auslösen und waren nicht zerstörungsfrei prüfbar.

3.1 Automatische Brandmelder

Bei heute üblichen Bauformen ist ein temperaturempfindlicher Widerstand mit einer Auswerteeinheit verknüpft (**Bild 3.10**), die beim Überschreiten einer bestimmten Temperatur Alarm auslöst. Die Alarmtemperatur muss über der höchsten Temperatur liegen, die durch natürliche und betriebsbedingte Einwirkungen im Jahresverlauf auftreten kann.

Die bis 2001 angewandte Einteilung der Wärmemelder in die Klassen 1 bis 3, die alle eine maximale Anwendungstemperatur von 50 °C hatten und sich lediglich in der maximalen statischen Ansprechtemperatur unterschieden, wurde mit der Europanorm EN 54-5: 2001-03 geändert. Das Spektrum reicht nun von Klasse A bis G (zum Teil mit Unternummerierung, **Tabelle 3.2**).

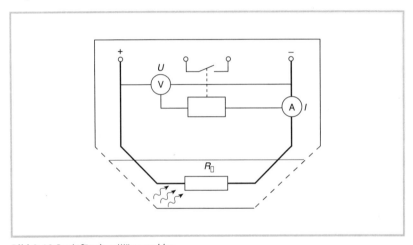

Bild 3.10 *Punktförmiger Wärmemelder*

Tabelle 3.2 *Klassifizierung von Wärmemeldern nach EN 54-5:2001-03*

Klasse	Anwendungstemperatur in °C		Statische Ansprechtemperatur in °C	
	typisch	maximal	minimal	maximal
A1	25	50	54	65
A2	25	50	54	70
B	40	65	69	85
C	55	80	84	100
D	70	95	99	115
E	85	110	114	130
F	100	125	129	145
G	115	140	144	160

Die typische Anwendungstemperatur liegt 29 Kelvin und die maximale Anwendungstemperatur 4 Kelvin unter der minimalen statischen Ansprechtemperatur.

Bei Ansprechtemperaturen von über 50 °C kann man natürlich nicht mehr von Brandfrüherkennung sprechen. Um die Erkennungszeit zu verkürzen, wurden *Thermodifferentialmelder* entwickelt, die bereits vor Erreichen der minimalen Ansprechtemperatur in der Klasse A1 auf schnelle Temperaturanstiege reagieren. Melder der neuesten Generation werten den Temperaturanstieg in Abhängigkeit von der Umgebungstemperatur aus. So kann es z. B. bei einem Temperaturanstieg von 30 K/min bereits bei 32 °C zur Alarmauslösung kommen.

Mit dem *Klassenindex* können die Hersteller zusätzliche Angaben zur Ansprechart des Melders übermitteln:
- Klassenindex S (Thermomaximummelder): Diese Melder sprechen selbst bei großer Temperaturanstiegsgeschwindigkeit nicht unterhalb der minimalen Ansprechschwelle an.
- Klassenindex R (Thermodifferentialmelder): Diese Melder haben eine Differentialcharakteristik und werten schnelle Temperaturanstiege auch dann als Alarm, wenn der Anstieg noch weit unter der typischen Anwendungstemperatur beginnt.

Die Überwachungsfläche eines thermischen Melders beträgt rund ein Drittel der Überwachungsfläche eines Rauchmelders. Die zulässige Raumhöhe hängt von der Klassifizierung des Melders ab und endet bei 7,5 m.

Trotz einer späteren Branderkennung und eines höheren Geräteaufwands haben Wärmemelder gegenüber den Rauchmeldern ihre Existenzberechtigung in Räumen mit schwierigen Umgebungsbedingungen, wie tiefen Temperaturen oder betriebsbedingter Staub-, Rauch- oder Dampfentstehung.

3.1.3.2 Linienförmige Wärmemelder

Linienförmige Wärmemelder zählen trotz ihrer zunehmenden Verbreitung noch immer zu den Sondermeldern, was sich daran zeigt, dass für diesen Meldertyp erst vor kurzem spezielle Normen erarbeitet wurden.

Sie eignen sich zur Überwachung von großen Flächen und Distanzen, schwer zugänglichen Bereichen und Räumen mit kritischen Umgebungsbedingungen, in denen Wärme eine geeignete Brandkenngröße ist. Typische Einsatzgebiete sind
- Tiefgaragen und Parkhäuser,
- Eisenbahn- und Straßentunnel,

3.1 Automatische Brandmelder

- Lager für brennbare Flüssigkeiten,
- Lackieranlagen,
- Transport- und Installationskanäle,
- Zwischendecken und Doppelböden,
- Kabeltrassen, Gas- und Fernwärmeleitungen,
- Räume mit extremen Temperaturen.

Man unterscheidet linienförmige Wärmemelder mit kurzer Reichweite (bis 500 m) und mit langer Reichweite (ab 500 m). Bei langreichweitigen Meldern muss eine Zonenbildung zur Lokalisierung des Brandherdes entlang der Sensorleitung möglich sein.

Ein weiteres klassifizierendes Merkmal ist die Unterscheidung nach integrierenden Systemen und Mehrpunktmeldern.

Mehrpunktmelder haben diskrete Temperaturmesspunkte oder -abschnitte und erlauben eine Lokalisierung des Brandes.

Integrierende Systeme werten die Temperaturverteilung entlang der gesamten Sensorleitung aus. Eine Lokalisierung des Brandherdes entlang des Sensorkabels ist nicht möglich. Ausgewertet wird das Integral der Temperaturveränderung über die gesamte Leitungslänge.

Beispiel:
Ein Auswertesystem wird bei einer Normaltemperatur von 20 °C so konfiguriert, dass bei einer Temperatur von 95 °C auf mindestens 5 m Sensorlänge ein Alarm ausgelöst wird. Die Alarmschwelle liegt somit bei 5 m · (95 °C − 20 °C) = 375 K·m (Kelvin-Meter).

Eine moderate Temperaturerhöhung auf 30 °C auf 50 m Länge (= 500 K·m) löst also bereits einen Alarm aus. Eine deutlich stärkere Erwärmung auf 55 °C in einem Deckenfeld mit 10 m Sensorlänge (350 K·m) führt dagegen zu keiner Alarmierung.

Integrierende Systeme sind für die Überwachung mehrerer Räume oder Anlagen nicht geeignet.

Allen linienförmigen Wärmemeldern gemeinsam ist die räumliche Trennung zwischen der langen Sensorleitung und der Auswerteeinheit. Die Auswerteeinheit befindet sich an gut zugänglicher Stelle in einem Raum mit akzeptablen Umgebungsbedingungen. Hier können Störungen und Alarme simuliert werden. Die Auswerteeinheit wird als Linien- oder Buselement in die Meldeleitung der BMA eingebunden. Die Sensoren bestehen aus elektrischen Leitern, gasgefüllten Rohren oder optischen Leitern. Folgende Melderprinzipien kommen zum Einsatz:

Widerstandsüberwachung

Die zurzeit größte Verbreitung haben Systeme, bei denen der Widerstandsdraht aus mindestens zwei elektrisch leitenden Adern mit einer wärmeempfindlichen Isolierung besteht. Am Ende der Leitung werden die Adern mit einem definierten Abschlusswiderstand beschaltet. Die elektrische Isolierung der Adern weist einen negativen Temperaturkoeffizienten auf. Er nimmt bei Temperaturerhöhung ab. Als äußerer Mantel dient ein temperaturbeständiger feuerhemmender Kunststoff. Das ist wichtig, damit im Brandfall der Signalzustand „kritische Temperaturerhöhung" mindestens so lange erhalten bleibt, bis die Feuermeldung an die BMZ abgesetzt wurde. Bei einem zu schnellen Abbrand (Kurzschluss oder Unterbrechung) des Sensorkabels würde die Auswerteeinheit nur eine Störung, aber kein Feuer melden.

In der Inbetriebnahmephase wird die Auswerteeinheit auf den längen- und umgebungsabhängigen Normalwiderstand kalibriert. Der Widerstand darf im Rahmen der ortsüblichen Temperaturschwankungen variieren, ohne dass es zu einer Alarmmeldung kommt. Durch die integrierende Messung werden sowohl starke Überhitzungen kurzer Sensorlängen als auch geringe Temperaturerhöhungen längerer Abschnitte erkannt und gemeldet. Bei Verwendung der Vierdrahttechnik kann neben der Maximaltemperatur auch die Geschwindigkeit des Temperaturanstiegs überwacht werden.

Die Sensorleitung wird mäanderförmig an der Decke des zu überwachenden Raumes montiert (**Bild 3.11**). Diese Installationsart ermöglicht eine Überwachung großer zusammenhängender Flächen und langer Gänge. Die maximale Sensorlänge der marktüblichen Systeme liegt bei 300 m. Die

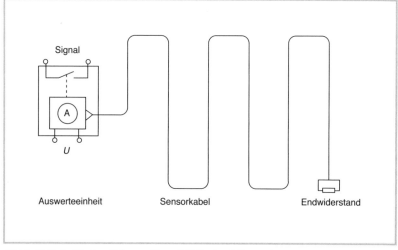

Bild 3.11 *Linienförmiger Wärmemelder mit Widerstandsüberwachung*

zulässige Überwachungshöhe beträgt 9 m bei Meldern der Klasse A1 und 7,5 m bei Meldern der Klasse A2. Bei der Überwachung von Kabel- und Rohrtrassen kann die Sensorleitung auch unmittelbar (mit wärmeleitfähigem Kontakt) an den zu überwachenden Leitungen verlegt werden. Typische Einsatzgebiete sind enge Schächte und Kanäle, Förderbänder, Parkhäuser und Tiefgaragen sowie schwer zugängliche Zwischendecken. Bei der Verwendung von Sensorleitungen mit Nylonüberzug oder Stahlgeflechten können die Melder in rauer und aggressiver Umgebung, z. B. auf Mülldeponien und bei Schwimmdach-Tanks in der Petrochemie, eingesetzt werden.

Kurzschlussüberwachung
Bei einer anderen Variante der Widerstandsmessung besteht die Isolierung zwischen den verdrillten Adern aus einem hitzeempfindlichen polymeren Kunststoff, der oberhalb einer definierten Temperatur schmilzt und zum Kurzschluss der verdrillten Adern führt. Der Kurzschluss führt zu einer abrupten Reduzierung des Leitungswiderstandes und wird als Feueralarm erkannt und weitergemeldet. Wegen der nicht integrierenden Messung kann die Überschreitung der Maximaltemperatur auch an sehr kleinen Abschnitten erkannt werden. Durch Messung des Restwiderstandes ist eine grobe Lokalisierung des Brandortes möglich. Je kleiner der Restwiderstand ist, desto näher liegt der Kurzschluss an der Auswerteeinheit. Eine Überwachung des Temperaturanstiegs ist nicht möglich. Das Hauptproblem dieser Methode besteht aber darin, dass Leitungsstörungen (Kurzschlüsse) nicht von einem Brand unterschieden werden können. Damit entspricht dieses Melderprinzip nicht der EN 54.

Leitungen mit integrierten Temperatursensoren
Ähnlich wie bei weihnachtlichen Lichterketten werden auf einer ummantelten Flachbandleitung in Abständen von mehreren Metern Temperatursensoren angebracht. Die Messwerte der Sensoren werden von der Auswerteeinheit einzeln abgefragt. Mit Hilfe der Software können die Sensoren einzeln, in Gruppen oder in Mehrsensorenabhängigkeit ausgewertet werden. Durch die exakte Zuordnung der Temperaturerhöhung zu einem Sensor ist die Lokalisierung des Brandes mit einer hohen Genauigkeit möglich.

Die maximale Leitungslänge hängt vor allem vom Abstand der Sensoren ab. Derzeit verfügbare Systeme erreichen mit über 300 Sensoren in Abständen von 8 m Systemlängen bis 2500 m.

Druckänderung von Gasen

Gase dehnen sich bei Temperaturerhöhung aus. Wenn sie sich in einem geschlossenen Gefäßsystem befinden, steigt der Druck. Für die Brandüberwachung werden dünne, gasgefüllte Rohre an der Decke des Überwachungsbereiches installiert (**Bild 3.12**). Ein elektronischer Drucksensor misst den Absolutdruck im Fühlerrohr. Eine parametrierbare Auswerteeinheit wertet die Druckmessung aus und meldet bei kritischen Änderungen Alarm. Wegen der integrierenden Messung haben leichte Erwärmungen langer Strecken die gleiche Auswirkung wie die starke Erhitzung kleiner Teilstücke. Die Erkennung eines Fehlers durch Rohrbruch (starker schneller Druckabfall) ist möglich. Wesentlich aufwändiger, aber möglich ist die Überwachung und Erkennung kleiner Leckagen (z. B. durch Haarrisse), die nur zu einem schleichenden Druckabfall führen.

Die mögliche Sensorlänge verfügbarer Systeme liegt bei 150 m.

Faseroptische Sensoren

Die Wirkungsweise dieser technisch aufwändigen Systeme beruht auf einem Laserstrahl, der in einen langen Lichtwellenleiter eingespeist wird. Das eingekoppelte Laserlicht wird an Stellen mit mikroskopisch kleinen Dichteschwankungen gestreut. Ein kleiner Teil des Streulichtes kehrt zur Quelle zurück und wird dort spektral ausgewertet (**Bild 3.13**).

Diese quantenmechanischen Vorgänge nennt man *Raman-Effekt*.

Bei Wärmeeinwirkung auf das Quarzglas des Lichtwellenleiters (LWL) werden Gitterschwingungen erzeugt, die zu Wechselwirkungen zwischen den Lichtteilchen (Photonen) und den Elektronen der Quarzglasmolekü-

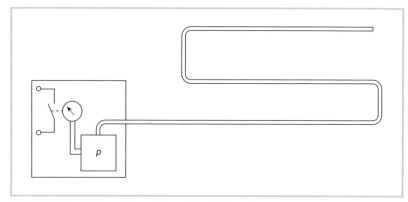

Bild 3.12 *Linienförmiger Wärmemelder mit Drucküberwachung*

le führen. Das zurückgestreute Laserlicht enthält neben der gesendeten Wellenlänge Komponenten mit größeren und kleineren Wellenlängen. Mit einer aufwändigen Spektralanalyse und Signaltransformation können Temperaturerhöhungen sowie deren Anstiegsgeschwindigkeit erkannt und lokalisiert werden.

Gegenwärtig werden Systeme mit einer Überwachungslänge bis 8000 m eingesetzt. Ortsauflösungen bis zu 1 m sind technisch möglich.

Das LWL-Sensorkabel ist immun gegen elektromagnetische Störfelder und weitgehend unempfindlich gegenüber mechanischen Einflüssen, atmosphärischen Bedingungen, hohem Druck und aggressiven Chemikalien.

Die kostenintensive Technik eignet sich besonders für Industrieanlagen und Verkehrsprojekte. Einsatzbeispiele sind Straßentunnel und Bandförderanlagen im Kohlebergbau.

Tabelle 3.3 gibt einen Überblick über die wichtigsten technischen Parameter und die bevorzugten Einsatzgebiete der einzelnen Melderarten.

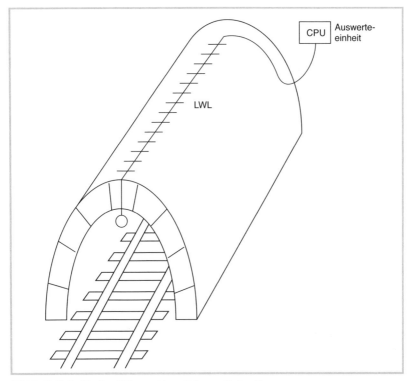

Bild 3.13 *Linienförmiger Wärmemelder mit faseroptischen Sensoren*

Tabelle 3.3 *Einsatzgebiete linienförmiger Wärmemelder*

Eigenschaften und empfohlene Einsatzgebiete	Widerstandsmessung mit 2 Adern	Widerstandsmessung mit 4 Adern	Kurzschlussmessung	Diskrete Temperaturfühler	Druckmessung in Gasröhren	Faseroptische Sensoren
Maximalmeldung	x	x	x	x	x	x
Differentialmeldung		x		x	x	x
Lokalisierung möglich				x	x	x
Mehrere Meldebereiche			(x)	x		x
Reichweite in m	300	300	300	2500	150	8000
Tiefgaragen und Parkhäuser	(x)	x	((x))	x	x	
Eisenbahn- und Straßentunnel						x
Lager für brennbare Flüssigkeiten		x		x		x
Lackieranlagen	(x)	x	((x))	x	x	
Transport- und Installationskanäle	(x)	x	((x))	x	(x)	
Zwischendecken und Doppelböden	(x)	x	((x))	x	(x)	
Kabeltrassen	(x)	x	((x))	x	(x)	
Gas- und Fernwärmeleitungen	(x)	x	((x))	x	(x)	(x)
Räume mit extremen Temperaturen	(x)	x	((x))	x	x	

x geeignet; (x) eingeschränkt geeignet; ((x)) nicht normenkonform, keine Selbstüberwachung

3.1.4 Flammenmelder

Ein Flammenmelder (**Bild 3.14**) erkennt die typischen Lichtemissionen einer Flamme im Spektrum Infrarot bis Ultraviolett. Die typische Flackerfrequenz von Flammen liegt zwischen 1 und 15 Hz. Die Flackerfrequenz wird über eine Bewertungszeit als Alarmkriterium ausgewertet, um Falschalarme durch natürliches Licht oder künstliche Beleuchtung auszuschließen.

Täuschungsgrößen, die dennoch zu Falschalarmen führen können, sind Spiegelungen durch rotierende Maschinenteile oder Flüssigkeitsoberflächen. Zur Vermeidung von Falschalarmen werden mehrere Melder in Zweimelder- oder Zweigruppenabhängigkeit (siehe Abschnitt 5.7) in verschiedenen Blickwinkeln auf denselben Überwachungsbereich gerichtet oder es werden

3.1 Automatische Brandmelder

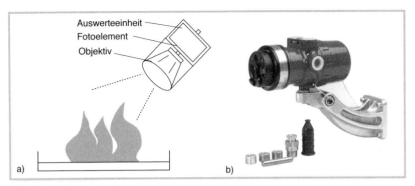

Bild 3.14 *Flammenmelder*
a) Schema; b) Flammenmelder von Novar/ESSER

Flammenmelder mit kombinierten Infrarot- und UV-Sensoren eingesetzt. Bei einer Anordnung in der Raumecke kann ein Flammenmelder der Klasse 1 ein würfelförmiges Volumen mit einer Kantenlänge von 26 m überwachen, was einer Überwachungsfläche von ca. 500 m² entspricht.

Zwischen Melder und möglichen Brandorten muss eine direkte Sichtverbindung bestehen. Der Melder eignet sich für Anwendungen, bei denen schon bei Brandausbruch mit einer offenen Flamme gerechnet werden kann. Flammenmelder mit beheizter Optik und Abtauautomatik können im Außenbereich und bei Temperaturen bis −40 °C eingesetzt werden. Typische Einsatzgebiete für Flammenmelder sind

- Lager für brennbare Flüssigkeiten,
- Munitionsdepots,
- Flugzeughallen,
- Turbinen,
- Anlagen der Petrochemie.

In explosionsgefährdeter Umgebung dürfen nur explosionsgeschützte Flammenmelder eingesetzt werden (siehe Abschnitt 5.6.5).

3.1.5 Gassensoren

Statistische Erhebungen zeigen, dass 95 % der Todesopfer bei Bränden erstickt sind. Die Ursache liegt fast immer an der Konzentration des Kohlenmonoxids (CO) in der Atemluft und den biochemischen Eigenschaften des menschlichen Blutes. Die roten Blutkörperchen des Menschen, die für die Aufnahme und den Transport von Sauerstoff verantwortlich sind, verbinden sich zwar gut mit den Sauerstoffmolekülen (O_2), aber noch 200 bis 300-mal besser mit den Kohlenmonoxidmolekülen. Dadurch gelangt schon bei einem scheinbar geringen CO-Gehalt von 0,5 % in der Atemluft kaum noch Sauerstoff in die Blutbahn. Die Unterversorgung mit Sauerstoff führt zu Schwindelgefühl, Bewusstlosigkeit und schnellem Tod.

Reine Gasmelder werden in der Brandmeldetechnik bisher nicht angeboten. Es gibt aber Kombimelder, die Sensoren für Gas, Rauch und/oder Wärme enthalten.

Gassensoren sind zuverlässige Bestandteile von Sicherheitskonzepten in der Industrie und in Kraftwerken. In Tiefgaragen überwachen sie den Kohlenmonoxidgehalt der Raumluft und steuern die Lüftungsanlagen sowie die Alarmierungseinrichtungen.

Die Detektion von Bränden beruht auf der selektiven Erfassung von verschiedenen Gaskomponenten. In der Pyrolyse- und Schwelbrandphase entstehen teiloxidierte Produkte, wie Kohlenmonoxid, gesättigte und ungesättigte Kohlenwasserstoffe, Alkohole und organische Säuren. Während des Brandes entstehen zusätzlich die Oxide der Atome des brennenden Stoffes. Das sind vor allem Kohlenmonoxid (CO), Kohlendioxid (CO_2) und Wasserdampf (H_2O). Bei hohen Brandtemperaturen von Stoffen und Flüssigkeiten mit Stickstoffanteilen werden Stickoxide (NO_x) und Ammoniak (NH_3) freigesetzt. Versuche haben gezeigt, dass die Konzentration der Brandgase im Raum von unten nach oben steigt und die Melder demzufolge an der Decke angeordnet werden müssen. Die Gasmoleküle gelangen per Diffusion zum Gassensor. Durch geeignete Filter kann das Eindringen von Staub und Wasser verhindert werden. Andere Täuschungsgrößen, wie gelegentlich vorkommende Hintergrundgase aus technologischen Prozessen oder Kraftfahrzeugabgase, können durch eine programmierbare Signalverarbeitung ausgeblendet werden.

In der Pyrolysephase vermischen sich Gase schneller mit der Raumluft als Rauchpartikel. Die sichere Erkennung typischer Kombinationen von Verbrennungsgasen bringt daher einen beachtlichen Zeitvorteil gegenüber herkömmlichen Rauchmeldern. Die Hauptprobleme bei Gassensoren bestehen derzeit in der Exemplarstreuung sowie in Drift- und Alterungserscheinungen. Die Hersteller geben für heute verfügbare Gassensoren eine Lebensdauer von 4 bis 5 Jahren an.

Gassensoren lassen sich nach den physikalisch-chemischen Eigenschaften der verwendeten Materialien einteilen. Die bekanntesten Erkennungsprinzipien sind

- Änderung des Stromflusses durch eine elektrochemische Zelle,
- Änderung der Leitfähigkeit von Metalloxiden,
- Änderung der Wärmeleitfähigkeit,
- Änderung der Kapazität von Kondensatoren,
- Änderung der Absorption von Infrarotstrahlung.

Der *Metalloxidsensor* erfüllt aufgrund seiner hohen Lebensdauer von 10 bis 15 Jahren, der geringen Temperaturabhängigkeit, verbunden mit einer hohen Empfindlichkeit, und der niedrigen Anschaffungskosten am besten die Voraussetzungen für einen breiten Einsatz in der Brandfrüherkennung. Der Metalloxidsensor reagiert nicht nur auf das Leitgas, sondern ist auch querempfindlich. Seine ungenügende Selektivität kann durch die Zusammenschaltung mehrerer Sensoren kompensiert werden.

Wir unterscheiden drei Bauformen (**Bild 3.15**).

Die Metalloxidsensoren arbeiten bei Betriebstemperaturen zwischen 200 und 500 °C. Mit einer Messschaltung wird der Sensorwiderstand R bzw. der Leitwert G erfasst. Das Funktionsprinzip beruht auf der Änderung der Leitfähigkeit der Metalloxidhalbleiter bei Anwesenheit von Gasen.

Bei getrennter Erfassung der Konzentration verschiedener Gase können ähnlich wie bei Multikriterienmeldern (siehe Abschnitt 3.1.6) Brandkenngrößen-Muster gebildet und mit vorher eingelesenen Daten verglichen werden (**Bild 3.16**).

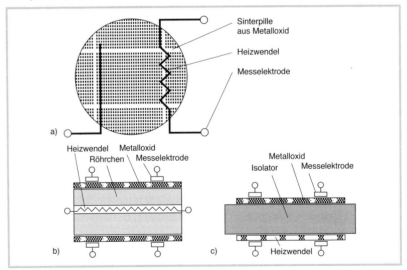

Bild 3.15 *Bauformen von Metalloxid-Gassensoren*
a) Pillenform; b) Röhrchenform; c) Dünnschichtform

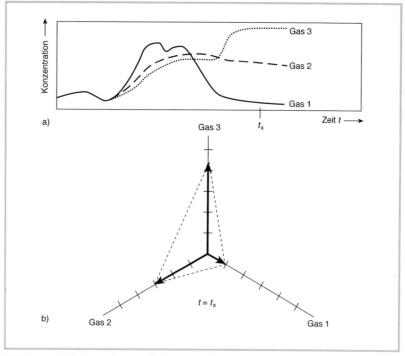

Bild 3.16 *Vektordarstellung von Gaskonzentrationen*
a) Eingangssignale; b) Vektordarstellung zum Zeitpunkt t_x

Da die größte Gefahr von dem farb- und geruchlosen Kohlenmonoxid (CO) ausgeht, das bei nahezu allen Verbrennungsprozessen entsteht, wurden für CO-Melder mit der EN54-26 erste normative Vorgaben erarbeitet. Kohlenmonoxid ist auch in der normalen Raumluft in geringen Mengen präsent. Durch Abgase bei Verbrennungsprozessen (Öfen, Verbrennungsmotoren etc.) kommt es kurzzeitig zu erhöhten Konzentrationen des Gases. Um Falschalarme weitgehend zu vermeiden müssen CO-Melder in Abhängigkeit von der Konzentration und der Zeit reagieren (**Bild 3.17**).

Zum Nachweis der Wirksamkeit von CO-Meldern gibt es ein genormtes Testverfahren, bei dem ein Baumwollhandtuch mit einem Heizdraht erhitzt und verschwelt wird. Alternativ kann die Prüfung in der Gasmesskammer ohne Testfeuer durchgeführt werden.

Gassensoren ermöglichen die Überwachung von Bereichen, in denen aufgrund von Staub, Betauung und starken Temperaturschwankungen Rauch- und Wärmemelder nicht wirkungsvoll eingesetzt werden können. Wenn es

3.1 Automatische Brandmelder 61

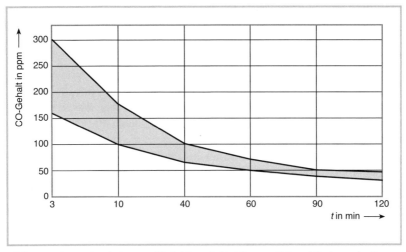

Bild 3.17 *Ansprechverhalten von CO-Meldern als Funktion von Zeit und Gaskonzentration*

gelingt, langlebige Geräte mit hoher Erkennungsgenauigkeit und geringem Energieverbrauch preiswert herzustellen, können künftig auch reine Gasmelder eine führende Rolle in der Brandfrüherkennung einnehmen.

Zurzeit stellen Gassensoren eine Nischenanwendung für Einsatzfälle dar, bei denen mit störenden Aerosolen gerechnet wird und bei denen die Auslösezeiten für Wärmemelder zu groß sind. Eine wesentlich breitere Anwendung finden sie bereits als Bestandteile von Multisensormeldern.

3.1.6 Multisensormelder

Multisensormelder sind Brandmelder, die mit mehreren Sensoren arbeiten. Zur Erkennung kann ein Melder beispielsweise die Sensorik eines optischen Rauchmelders und die eines thermischen Melders in einem Gerät vereinen. Mit Hilfe einer Elektronik werden die Ereignisse gewichtet und ausgewertet. Durch die Kombination mehrerer Erkennungsgrößen und die Möglichkeit der programmierbaren Bewertung der einzelnen Bestandteile sind Multisensormelder unempfindlicher gegenüber Täuschungsgrößen.

Auf dem Markt verfügbar sind Melder-Kombinationen wie
- optisch – thermisch,
- optisch – optisch,
- optisch – ionisierend – thermisch,
- optisch – thermisch – gassensorisch.

Nach Angaben der Hersteller zeigen die Verkaufszahlen der Multisensormelder in den letzten fünf Jahren gegenüber den einfachen Rauch- und Wärmemeldern einen konstanten Anstieg.

3.1.7 Funkmelder

Funkmelder stellen keine eigene Kategorie hinsichtlich des Branderkennungsprinzips dar, sondern unterscheiden sich lediglich hinsichtlich der Anbindung an das Brandmeldesystem.

Drahtlose Kommunikation beschränkt sich längst nicht mehr auf Sprechfunkverbindungen. Digitaler Datenverkehr über Mobiltelefone, Wireless-LAN, Infrarot und Bluetooth gehören zum technischen Alltag. Auch für die Brandmeldetechnik bestehen interessante Einsatzmöglichkeiten, z. B. bei nachträglichem Einbau von Brandmeldern an denkmalgeschützten Decken und in Bereichen, wo eine sichtbare Verkabelung nicht erwünscht und eine verdeckte Leitungsverlegung nicht möglich ist.

In Wohnungen und in einzelnen, von der Bauaufsicht oder der Versicherung geforderten Anlagen werden Funkmelder auf der Grundlage von Genehmigungen im Einzelfall bereits eingesetzt.

Die im Februar 2009 erschienene Ausgabe von EN 54-25 beschreibt die Anforderungen an die Systeme und Einzelkomponenten. Ziel ist es, bei einem Anschluss von Funkmeldern die gleiche Sicherheit und Zuverlässigkeit zu erreichen wie bei fest angeschlossenen Meldern. Dazu müssen u. a. folgende Anforderungen erfüllt werden:

- Verlust der Funkverbindung muss erkannt und angezeigt werden,
- Einzelidentifizierung der Sender,
- sicheres Übertragungsprotokoll,
- Immunität gegen Interferenz.

Die Übertragungsfrequenz muss in Abhängigkeit von örtlichen Störfrequenzen eingestellt werden können. Die mögliche Entfernung zwischen Sender und Empfänger hängt ähnlich wie bei einem Schnurlos-Telefon stark von den schirmenden Eigenschaften des Baukörpers ab. Im Freifeld sind nach Angabe der Hersteller bis zu 300 m möglich. Innerhalb von Gebäuden sind bereits 30 m eine kritische Entfernung. Anordnungen mit größeren Abständen müssen im Vorfeld getestet werden.

Als Energiequelle ist eine nicht wiederaufladbare Primärzelle mit einer Betriebszeit von mindestens 36 Monaten zu verwenden. Vor Ausfall der Energieversorgung muss ein Fehlersignal gesendet werden. Der Alarmzustand muss auch dann über mindestens 30 min gemeldet werden.

Derzeit sind zwei Bauarten auf dem Markt verfügbar. Bei der einen wird der Sender/Empfänger direkt in den Melder integriert, was einem kompakten äußeren Erscheinungsbild zugute kommt. Bei der anderen wird das Funkmodul zwischen Standardsockel und Standardmelder montiert. Letzteres hat den Vorteil, dass mit einem Funkmodultyp alle Meldertypen betrieben werden können.

Um eine hohe Störsicherheit zu erreichen, müssen die Geräte zwischen mehreren Übertragungskanälen automatisch umschalten können. Die typischen Trägerfrequenzen sind 434 MHz und 868 MHz. Die elektromagnetische Störfestigkeit muss im Frequenzbereich 890...960 MHz bei Feldstärken bis 30 mV/m nachgewiesen werden. In industriellen Umgebungen, insbesondere bei großen Antrieben mit Frequenzumformern und Induktionsöfen mit gepulsten Hochstromheizungen können deutlich höhere Störpegel auftreten, was den Einsatz von Funkmeldern ausschließt.

Weitere Störgrößen, die zu ungewollten Dämpfungen führen und die Funkverbindung beeinträchtigen können, sind:
- großflächige Metallverkleidungen (auch Spiegel),
- bewegte Türen und Tore aus Metall,
- Förderanlagen oder Fahrzeuge.

Da die Störungen häufig erst im laufenden Betrieb auftreten, müssen bereits in der Planungsphase alle späteren Betriebs- und Umgebungsbedingungen berücksichtigt werden.

Eine weitere Möglichkeit zur Erhöhung der Verfügbarkeit besteht darin, statt der klassischen Punkt-zu-Punkt-Verbindungen Netze mit alternativen Übertragungswegen aufzubauen, die dann allerdings ausgeklügelte Steuer- und Abfrage-Algorithmen benötigen.

3.1.8 Multifunktionsmelder

Ein Multifunktionsmelder übernimmt neben seiner eigentlichen Aufgabe – dem Erkennen von Bränden – zusätzlich die Funktion von Alarmierungsgeräten. Dies kann eine integrierte Blitzleuchte, eine Sockelsirene oder auch ein digitaler Sprachalarmgeber sein.

Diese Geräte werden am Ringbus betrieben und können daher ohne zusätzlichen Verkabelungsaufwand nachinstalliert oder versetzt werden.

3.2 Handfeuermelder

Zu den sensibelsten „Brandsensoren" gehört nach wie vor der Mensch. Damit Personen, die sich im Gebäude aufhalten und einen Brand bemerken, schnell und effektiv Hilfe rufen und andere Personen warnen können, sind an gut sichtbaren und frei zugänglichen Stellen Handfeuermelder (**Bild** 3.18) zu installieren. Mit der vorgeschriebenen Einbauhöhe von (1,4 ± 0,2) m lassen sich die Melder gut erkennbar neben Türen über Lichtschaltern anordnen. In den meisten Fällen empfiehlt sich eine Anordnung der Handfeuermelder in den Zugängen zu zentralen Fluchtwegen und an den Ausgängen ins Freie.

Bei vorhandener Sicherheitsbeleuchtung muss die Notbeleuchtungsstärke am Melder gemäß EN 1838 mindestens 5 lx betragen.

In besonders gefährdeten Bereichen sind die Abstände zwischen den Meldern auf 40 m zu begrenzen. Der Weg zum nächsten Melder darf dabei 30 m nicht überschreiten.

Melder, die zu keiner Alarmierung führen, müssen eindeutig gekennzeichnet werden. Gründe hierfür können sein:
- keine Aufschaltung zur Feuerwehr,
- defekter Melder,
- Meldergruppe außer Betrieb.

Für Handfeuermelder in öffentlichen, schlecht einsehbaren Bereichen und in rauer Umgebung sind Metallgehäuse zu bevorzugen.

Die Gehäuse der Drucktaster werden in verschiedenen Farben angeboten. Die Farbe Rot ist den Handfeuermeldern vorbehalten. Die Verwendung der anderen Farben muss mit dem Betreiber und der Brandschutzbehörde abgestimmt werden. Typische Farbzuordnungen sind:

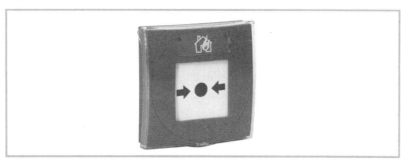

Bild 3.18 *Handfeuermelder*
Werkfoto Novar/ESSER

Blau für Hausalarmanlagen,
Grau oder Orange für Entrauchungsventilatoren,
Rauch- und Wärmeabzüge,
Gelb für Löschanlagen.

Um die Funktion des Handfeuermelders auch ausländischen Gästen, kleineren Kindern und Analphabeten zu verdeutlichen, ist anstelle der herkömmlichen Aufschrift „Feuerwehr" ein Piktogramm mit einem brennenden Haus zu verwenden.

3.3 Brandmelderzentrale (BMZ)

Die Brandmelderzentrale (**Bild 3.19**) ist gleichsam „Herz und Hirn" der Brandmeldeanlage. Ihr obliegen die Energieversorgung, die Überwachung der Primärleitungen, die zyklische Abfrage aller Melderzustände, die Auswertung und die logische Verknüpfung der Störungs- und Alarmzustände. Bei Alarm muss sie das Feuerwehrschlüsseldepot, die Übertragungseinrichtung, die Blitzleuchten, die Sirenen und diverse Brandschutzeinrichtungen ansteuern. Sie enthält die Schnittstelle zwischen Rechner und Mensch. Angesichts einer so komplexen Funktion ist es verständlich, dass auch seitens der Normen hohe Anforderungen an die Zuverlässigkeit einer Brandmelderzentrale gestellt werden.

Kleinere Zentralen sind vom Hersteller vorkonfektioniert. Bei größeren Anlagen können die Komponenten nach Bedarf frei zusammengestellt werden. Die wichtigsten Bestandteile der BMZ sind:

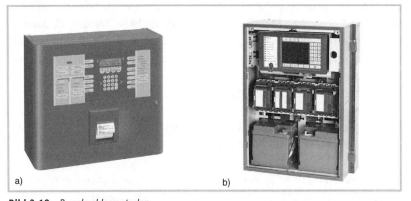

Bild 3.19 *Brandmelderzentralen*
a) Integral C1 von Hekatron; b) FPA-5000 von BOSCH Sicherheitssysteme

- Gehäuse mit Display und Tastatur,
- Signalverarbeitungseinheit (Motherboard, CPU),
- Ringbusmodule,
- Energieversorgung,
- Relaisausgangskarten.

Brandmeldeanlagen (BMA) arbeiten mit Betriebsspannungen von 24 oder 12 V DC. Die Betriebsspannung wird über eine anlageneigene Ersatzstromversorgung, bestehend aus Akkumulatoren und Ladegerät, gestützt. Die Energieversorgung muss EN 54-4 entsprechen.

Nach der Art der Melderleitungen unterscheidet man Zentralen mit Grenzwerttechnik und Anlagen mit Ringbustechnik.

Bei der *Grenzwerttechnik* werden die Melder linienförmig im Stich verkabelt. Am Ende der Linie befindet sich ein Widerstand. Die Branderkennung beruht auf der Überwachung des Widerstandes. Beim Überschreiten eines Schwellenwertes wird Alarm ausgelöst. Eine Linie entspricht einer Meldergruppe. Pro Linie können maximal 32 automatische oder 10 Handfeuermelder angeschlossen werden. Im Alarmfall kann, außer bei Anlagen mit adressierten Meldern, nur die auslösende Linie, nicht aber der auslösende Melder erkannt werden. BMA mit Grenzwerttechnik werden nur noch in geringem Umfang für sehr kleine und einfache Anlagen eingesetzt.

Bei den Anlagen mit *Ringbustechnik* werden die Melder und andere Komponenten ringförmig verkabelt. Stichförmige Abzweige mit bis zu 10 Handfeuermeldern oder mit bis zu 32 automatischen Meldern sind möglich. Die Ringe, auch Schleifen oder Loop genannt, bieten den großen Vorteil, dass beim ersten Fehler auf der Leitung (Unterbrechung oder Kurzschluss) der Ring automatisch geöffnet wird und die intakten Abschnitte im Stich weiter funktionieren. Handfeuermelder, automatische Melder, Buskoppler und inzwischen auch Alarmgeber können in beliebiger Reihenfolge montiert werden. Jeder Busteilnehmer erhält eine Adresse. Die Bildung von Meldergruppen erfolgt softwareseitig. Je Loop lassen sich maximal 128 adressierte Teilnehmer anschließen.

3.4 Feuerwehrschlüsseldepot (FSD) und Freischaltelement (FSE)

Zu den außenliegenden Bestandteilen einer Brandmeldeanlage gehören das Feuerwehrschlüsseldepot, die Blitzleuchte und das sogenannte Freischaltelement. Die Aufgabe dieser Teile besteht darin, die Feuerwehr zur Brand-

3.4 Feuerwehrschlüsseldepot (FSD) und Freischaltelement (FSE)

melderzentrale zu führen und ihr schnellen Zutritt zum Gebäude zu verschaffen.

Mit Ausnahme einiger schottischer Inseln und sehr abgelegener ländlicher Gegenden hat es sich in Europa eingebürgert, Gebäude bei Abwesenheit der Bewohner oder Beschäftigten zu verschließen. Da Brände und Falschalarme aber auch dann entstehen, wenn niemand aufschließen kann, werden in nicht ständig besetzten Gebäuden mit Brandmeldeanlagen die Generalschlüssel in Tresoren hinterlegt, die von außen zugänglich sind. Diese sogenannten *Feuerwehrschlüsseldepots* (FSD) werden in drei Klassen eingeteilt (**Tabelle 3.4**).

In großen Objekten setzt man vorwiegend Feuerwehrschlüsseldepots der Klasse 3 ein.

Die äußere Abdeckung des Feuerwehrschlüsseldepots entriegelt bei Feueralarm automatisch. Die innere Klappe kann nur mit dem Einheitsschlüssel der Feuerwehr geöffnet werden.

Mitunter werden Brände von Personen gemeldet, ohne dass die BMA ausgelöst hat. Um trotzdem einen gewaltfreien Zutritt zu ermöglichen, kann die Feuerwehr mit ihrem Einheitsschlüssel über das *Freischaltelement* von außen einen künstlichen Alarm auslösen, der nach Übertragung an die Leitstelle zur Entriegelung des FSD führt. Durch die offizielle Registrierung des Alarms in der Leitstelle wird ein heimlicher unlauterer Zutritt zum Gebäude ausgeschlossen.

Ob ein oder mehrere Schlüssel hinterlegt werden, ist mit der Brandschutzdienststelle abzustimmen. Für den praktischen Einsatz bevorzugt die Feuerwehr einen Generalschlüssel für das gesamte Objekt. In kleingliedrig vermieteten Objekten bedarf es meist langwieriger Überzeugungsarbeit, um den Mietern verständlich zu machen, dass der Generalschlüssel nur der Feuerwehr zugänglich ist und jede Entnahme aus dem Schlüsseltresor dokumentiert wird. Alternativ besteht die Möglichkeit, im Feuerwehrschlüssel-

Tabelle 3.4 *Klassifizierung von Feuerwehrschlüsseldepots nach DIN 14675:2003-11*

Klasse	Bezeichnung	Risiko	Verwahrung von	Anbindung an die BMA	Sabotageüberwachung
1	FSD 1	gering	Objektschlüssel für Einzelschließungen	nein	nein
2	FSD 2	mittel	Objektschlüssel für Einzelschließungen	ja	nein
3	FSD 3	hoch	Generalschlüssel, Schlüssel für Schalteinrichtungen	ja	ja

depot nur einen Schlüssel zu hinterlegen, der den Zugang zur Bedienstelle der Brandmeldeanlage und zu einem weiteren Schlüsselschrank ermöglicht. Auf den Feuerwehrlaufkarten werden die Schlüssel genannt, die zum Zutritt in den jeweiligen Bereich erforderlich sind (siehe Bild 3.22).

Eine komfortable Alternative sind Schlüsselschränke, die mit der Brandmeldeanlage verknüpft sind und mit Leuchtdioden anzeigen, welche Schlüssel für den Einsatz benötigt werden.

Die Planung des Schlüsselkonzeptes bedarf der Abstimmung mit vielen Beteiligten. Der bauleitende Architekt oder Unternehmer ist gut beraten, dieses Thema bereits viele Wochen vor der Fertigstellung beim Auftraggeber anzusprechen.

Da der Zugriff auf das Feuerwehrschlüsseldepot gleichzeitig einen ungehinderten Zugang zum Gebäude bedeutet, bestehen erhöhte Anforderungen an den Schutz vor Missbrauch. Die entsprechenden Vorgaben kommen von Seiten der Sachversicherer und sind in VdS 2105 formuliert.

Das primäre Ziel besteht darin, die Funktion des Feuerwehrschlüsseldepots bei allen Umwelteinflüssen und Wetterlagen sicherzustellen. Zu den Hauptproblemen zählen Feuchtigkeit, Frost und Verschmutzung.

Das zweite Schutzziel besteht in der Sabotagesicherung. Neben einer mechanisch stabilen Ausführung und Verankerung dürfen auch die elektrischen Komponenten von außen nicht beeinflussbar sein. Die Außentür und das Vorhandensein des Schlüssels müssen überwacht, das unbefugte Öffnen muss erkannt und gemeldet werden. Mehrere Schlüssel müssen untrennbar miteinander verbunden sein.

Schlüsseldepots, deren Türen nicht vor Regen und Schnee geschützt sind, können im Winter einfrieren. In diesen Fällen ist die integrierte Türheizung anzuschließen. Die Heizung muss nicht ersatzstromversorgt werden und darf sich temperaturabhängig zuschalten.

3.5 Feuerwehr-Bedienfeld (FBF)

Die Bedienfelder von Brandmelderzentralen unterschieden sich früher von Hersteller zu Hersteller. Sie veränderten sich mit jeder Gerätegeneration. Für den Feuerwehrmann im Einsatzstress ist es nicht zumutbar, sich über viele kleine Knöpfe durch die Funktionen der Anlage zu hangeln. Deshalb hat der Normenausschuss FNFW AA72.1 „Brandmelde- und Feueralarmanlagen" mit DIN 14661 die Vorgabe für ein einheitliches Feuerwehr-Bedienfeld erarbeitet. Dieses Bedienfeld wird als externes Gerät entweder neben

3.5 Feuerwehr-Bedienfeld (FBF)

der Brandmelderzentrale oder an einem vereinbarten Punkt in der Nähe eines Gebäudezugangs montiert. Der Einbau in die Brandmelderzentrale ist möglich. Das Bedienfeld hat nunmehr bei allen Herstellern das gleiche Aussehen und die gleichen Bedien- und Anzeigefunktionen (**Bild 3.20**).

Das kieselgraue (RAL 7032) Gehäuse hat eine genormte Bedien- und Anzeigefläche mit den Abmessungen $B \times H = 120$ mm x 150 mm.

Die Taster und Anzeigen befinden sich hinter dem Glasausschnitt des verschließbaren Gehäusedeckels. Dort kann der Betreiber alle Informationen ablesen. Zugriff zur Bedienung hat nur die Feuerwehr.

Das Gerät verfügt über folgende Anzeigen:
- Bedienfeld in Betrieb,
- Übertragungseinrichtung (ÜE) ausgelöst,
- Löschanlage ausgelöst.

Über Leuchttaster können folgende Funktionen gesteuert und angezeigt werden:

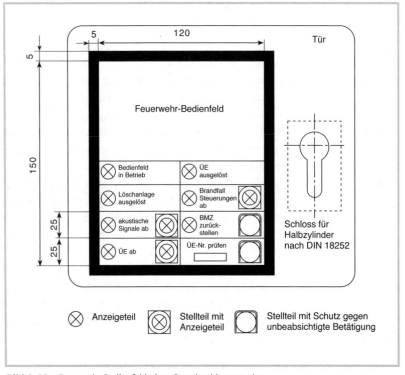

Bild 3.20 *Feuerwehr-Bedienfeld einer Brandmelderzentrale*

- Akustische Signale ab (Abschaltung des gesamten Internalarms[2]),
- Brandfallsteuerung ab (Abschaltung aller Steuerfunktionen[3]),
- Übertragungseinrichtung ab (Abschaltung der automatischen Meldung an die Leitstelle[3]).

Die Taste „BMZ rückstellen" ist mit einem Klappdeckel gegen unbeabsichtigtes Betätigen geschützt. Diese Funktion wird erst nach Abschluss der Brandbekämpfung bzw. nach vollständiger Aufklärung von Falschalarmen betätigt.

Mit der Rückstellung der Brandmelderzentrale (BMZ) erfolgt auch die Rückstellung der Übertragungseinrichtung. Zwei verschiedene Verfahren können zur Anwendung kommen:

- Die Rückstellung kann an der BMZ oder am FBF erfolgen.
- Für die Rückstellung ist eine zusätzliche Bedienung an der Übertragungseinrichtung selbst nötig.

3.6 Feuerwehr-Anzeigetableau (FAT)

Mit dem Feuerwehr-Bedienfeld erhalten die Einsatzkräfte nur ein Minimum an Informationen und Bedienmöglichkeiten. Die Information, welche Meldergruppe ausgelöst hat, muss an der Zentrale abgelesen werden. Auch hier entsteht, wenngleich in abgemilderter Form, das Problem, dass die Darstellung und die Bedienoberfläche bei jedem Hersteller anders aussehen.

Der erste und der letzte Brand werden an der Brandmelderzentrale in der Regel direkt angezeigt. Doch spätestens beim Abrufen weiterer Meldungen beginnt die Suche nach der richtigen Taste.

Um diese Schwierigkeiten zu umgehen, werden Feuerwehr-Anzeigetableaus mit genormter (DIN 14662) einheitlicher Gestaltung installiert. Die für die Brandaufklärung nötigen Informationen können so auch ohne spezielle Kenntnisse des Brandmeldesystems und ohne Hilfestellung des Betreibers abgerufen werden.

Das Feuerwehr-Anzeigetableau wird ebenso wie das Feuerwehr-Bedienfeld in einem verschließbaren, kieselgrauen Gehäuse mit einer verglasten Bedien- und Anzeigefläche von $B \times H = 120$ mm $\times$ 150 mm ausgeführt (**Bild 3.21**). Der Einbau in andere Komponenten der Brandmeldeanlage, z. B. in die Front eines 19-Zoll-Schrankes, ist möglich.

---

2 Der Räumungsalarm für Gaslöschanlagen darf nicht abgeschaltet werden.
3 zum Beispiel bei Revision, Wartung oder Abnahmeprüfung

3.6 Feuerwehr-Anzeigetableau (FAT)

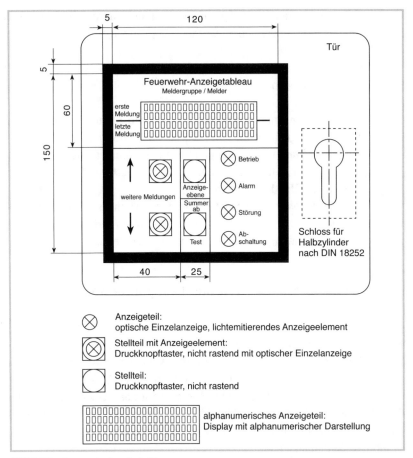

Bild 3.21 *Feuerwehr-Anzeigetableau*

Im oberen Teil befindet sich das Klartextdisplay, welches beim Eintreffen der Feuerwehr den ersten und den letzten Brand mit Meldergruppe, Meldernummer und kurzer Zielbezeichnung anzeigt. Über die links angeordneten Pfeiltasten kann in der Meldungsliste auf- und abwärts geblättert werden. Im rechten Teil befinden sich folgende Betriebs- und Störungsmeldungen:

    Betrieb: grünes Dauerlicht,
    Alarm: rotes Dauer- oder Blinklicht,
    Störung: gelbes Dauer- oder Blinklicht,
    Abschaltung: gelbes Dauer- oder Blinklicht.

Über den Taster „Anzeigeebene" kann zwischen den Alarm-, Störungs- und Abschaltmeldungen umgeschaltet werden. Die Anzeigen haben folgende Priorität:
1: Alarmmeldungen,
2: Störungsmeldungen,
3: Abschaltungen.

Das FAT verfügt über einen integrierten akustischen Alarmgeber, der einen intermittierenden Signalton mit einer Stärke von mindesten 60 dB (A) aussendet, wenn ein Brandmeldezustand an der Brandmelderzentrale vorliegt. Das Signal kann über den Taster „Summer ab" quittiert werden, kehrt aber bei jedem neu einlaufenden Alarm wieder.

Die Verbindung zwischen der BMZ und dem FAT muss mit Funktionserhalt im Brandfall (E30) und redundant in getrennten Leitungen und vorzugsweise auf getrennten Leitungswegen ausgeführt werden.

3.7 Feuerwehrlaufkarten und Lageplantableaus

Nachdem die Feuerwehr an der Brandmelderzentrale oder dem Feuerwehr-Anzeigetableau den oder die Melder erkannt hat, die zum Feueralarm geführt haben, benötigt sie eine effektive Hilfestellung zum Auffinden der betreffenden Räume. Schon während der Anfahrt zum Objekt kann sich der Einsatzleiter anhand der Feuerwehrpläne einen groben Überblick über die Örtlichkeiten und besonderen Gefahren verschaffen. Für die schnelle Lokalisierung des Brandherdes bestehen zwei Möglichkeiten:
- ein Lageplantableau oder
- die Feuerwehrlaufkarten.

Ein *Lageplantableau* zeigt auf schematischen Grundrissen die Struktur des Gebäudes. Durch Leuchtdioden werden die Bereiche mit Brandalarm angezeigt. Die Tableaus eignen sich als alleinige Orientierungshilfe nur in einfach strukturierten und übersichtlichen Objekten, z. B. in eingeschossigen Märkten oder Lagerhallen. Bei mehrgeschossigen Gebäuden und kleingliedriger Raumaufteilung dient das Lageplantableau nur zur groben Vororientierung. Hier sind zusätzlich oder ausschließlich *Feuerwehrlaufkarten* (**Bild 3.22**) einzusetzen. DIN 14675 fordert immer Feuerwehrlaufkarten und legt deren Gestaltung normativ fest.

Die Vorderseite der Laufkarte enthält Angaben zu Meldergruppe, Gebäude, Geschoss, Raum, Melderanzahl und Melderart sowie einen Grundriss-

3.7 Feuerwehrlaufkarten und Lageplantableaus 73

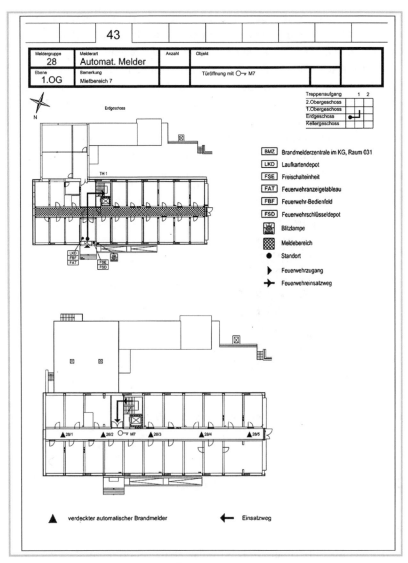

Bild 3.22 *Feuerwehrlaufkarte mit Schlüsselhinweisen*

auszug, der den Angriffsweg von der Zentrale bzw. dem Feuerwehr-Bedienfeld zu dem betroffenen Gebäudeabschnitt ausweist. Im Feld Bemerkungen können Hinweise auf eine versteckte Melderanordnung, besondere Gefährdungen oder zu verwendende Schlüssel eingetragen werden. Die Rückseite zeigt einen detaillierten Grundrissauszug des Bereiches oder Geschosses, in dem ein Brand gemeldet wurde. In dem Grundriss sind alle Melder der Gruppe und der Angriffsweg der Feuerwehr eingetragen.

Die Laufkarten sind griffbereit neben der Brandmelderzentrale bzw. neben Feuerwehr-Bedienfeld und Feuerwehr-Anzeigetableau in einem gesicherten Depot aufzubewahren (**Bild 3.23**). Das Depot erhält ein Hinweisschild „FEUERWEHR-LAUFKARTEN".

Kann ein unberechtigter Zugriff nicht ausgeschlossen werden, ist das Depot zu verschließen. Die Öffnung muss mit dem im Feuerwehrschlüsseldepot hinterlegten Generalschlüssel möglich sein.

Bild 3.23 *Feuerwehr-Informations- und Bediensystem (FIBS)*

3.8 Alarmierungseinrichtungen

3.8.1 Übersicht

Neben der Meldung an die Hilfe leistende Stelle gehört die Alarmierung von Personen zu den wichtigsten Aufgaben einer Brandmeldeanlage (BMA). Der Internalarm kann über Sirenen und Warntongeber, die Bestandteil der BMA sind, elektroakustische Anlagen (ELA) oder spezielle Sprachalarmsysteme (SAS) (siehe Abschnitt 5.13.3.3) erfolgen.

Alternativ besteht die Möglichkeit, die Alarme über vorhandene Fernmeldeeinrichtungen wie Telefonanlagen, Pager oder Schwesternrufanlagen zu übertragen. Die Art der Alarmierung muss den baurechtlichen Anforderungen entsprechen und ist im Brandmeldekonzept (siehe Kapitel 4) festzulegen.

3.8.2 Signalgeber

In Gebäuden mit geringem bis mäßigem Umgebungsschallpegel werden überwiegend *akustische Signalgeber* (**Bild 3.24**) eingesetzt. Die Geräte arbeiten mit der Spannung der Brandmelderzentrale (24 oder 12 V DC). Über mehrpolige Minischalter kann zwischen verschiedenen Alarmtönen gewählt werden. Trotz der zahlreichen Möglichkeiten ist vorzugsweise das einheitliche Gefahrensignal nach DIN 33404 Teil 3 zu verwenden. Dieses besteht aus einem monophonen, im 1-Hz-Rhythmus zwischen 500 und 1200 Hz an- und abschwellenden Signalton.

Das Ausweichen auf andere Signalformen kann erforderlich werden, wenn Verwechslungsgefahr mit ähnlich klingenden Betriebssignalen besteht. Der Schalldruckpegel hängt von der Betriebsspannung und der gewählten Signalform ab und liegt im Abstand von 1 m üblicherweise zwischen 90 und 115 dB(A).

Für größere Schallleistungen können Wechselstromhupen oder -sirenen eingesetzt werden. Bei deren Verwendung als alleiniges Alarmierungsmittel muss eine 230-V-Ersatzstromversorgung vorhanden sein.

Wird die akustische Alarmierung durch Umgebungslärm beeinträchtigt, stehen zusätzliche *optische Signalgeber* (**Bild 3.25**) zur Verfügung. Die Oberteile sind in den Farben Weiß, Rot, Gelb oder Grün lieferbar. Ih-

Bild 3.24 *Warntonsirene*
Werkfoto Novar/ESSER

Bild 3.25 *Blitzleuchte*
Werkfoto Novar/ESSER

re Farbe muss sich auf jeden Fall von anderen betrieblichen Signalgebern unterscheiden. Neben der richtigen Farbwahl ist die Anbringung eines gut lesbaren Schildes „Brandalarm" empfehlenswert. Optische und akustische Signalgeber können in einem Gerät kombiniert werden. Neben gleichspannungsversorgten Blitzleuchten werden auch 230-V-Rundumkennleuchten verwendet.

Eine noch relativ junge Technik ist die Versorgung der Alarmgeber über den *multifunktionalen Primärbus*. Die Unterschiede in der Leitungsverlegung werden im Kapitel 6 erläutert. Bei diesen adressierbaren Alarmgebern ist es im Alarmfall möglich, die Alarmsignale und die selektive Zuschaltung zu synchronisieren. Herkömmliche Signalgeber senden die gleiche Tonfolge, aber mit versetzten Startzeiten. Personen, die sich im Einflussbereich mehrerer Sirenen befinden, hören einen mitunter kaum definierbaren Geräuschebrei. Die synchronisierte Aussendung der Alarmtöne führt zu einer deutlich verbesserten Verständlichkeit. Die Verwendung digitaler Sprachspeicher ermöglicht es inzwischen sogar, kurze Ansagen über Sprachalarmgeber auszusenden, die sich äußerlich nicht von anderen Warntongebern unterscheiden und vor allem keine vorgeschaltete elektroakustische Anlage benötigen.

3.8.3 Sprachalarmsysteme (SAS)

Bereits seit langem ist bekannt, dass vor allem in Gebäuden mit Menschenansammlungen im Gefahrenfall Sprachdurchsagen mit konkreten Handlungsanweisungen wesentlich wirkungsvoller sind als die Ausstrahlung eines schrillen Alarmtones. Folgerichtig fordern die Sonderbauordnungen z. B. für Verkaufsstätten den Einbau von „Alarmierungseinrichtungen, mit denen Anweisungen übertragen werden können".

Die Praxis hat gezeigt, dass handelsübliche elektroakustische Anlagen (ELA), wie sie zur Übertragung von Musik, Werbe- und Betriebsdurchsagen verwendet werden, im Gefahrenfall nicht ausreichend zuverlässig arbeiten. Typische Ursachen für das Versagen im Ernstfall waren
- eine fehlende Ersatzstromversorgung,
- kein Funktionserhalt im Brandfall,
- kein Erkennen von Störungen durch fehlende Eigenüberwachung,
- fehlende Wartung und zu lange Instandsetzungsfristen.

Hersteller und Errichter haben versucht, die Hauptfehlerquellen durch individuelle Lösungen einzugrenzen.

3.8 Alarmierungseinrichtungen

Mit der Einführung der EN 60849 (VDE 0828) im Mai 1999 und der VDE 0833-4 im September 2007 wurden erstmals genormte Anforderungsprofile für Anlagen zur Sprachalarmierung erstellt.

Bild 3.26 zeigt die Audio-Signalketten eines Sprachalarmsystems. Die gestrichelten Linien kennzeichnen Funktionen, die das System zusätzlich übernehmen kann, die im Gefahrenfall aber nicht benötigt werden.

Als automatische Schallquellen dienen ausschließlich überwachte digitale Sprachspeicher.

Um der Feuerwehr und dem Betreiber die Möglichkeit individueller Durchsagen zu geben, werden Sprechstellen mit Bereichsauswahl und einfache Notfallmikrofone installiert. Das Notfallmikrofon erfordert keine Vorkenntnisse in der Bedienung (Taste drücken und sprechen), ist aber nur für Sammeldurchsagen geeignet. Für abschnittsbezogene Durchsagen müssen an der Tisch- oder Wandsprechstelle Rufbereiche durch Tastendruck vorgewählt werden.

Um die Signale mit „Kraft" in die Leitungen und zu den Lautsprechern zu „pumpen", werden Verstärker benötigt. Aufgrund der großen Leitungslängen erfolgt die Übertragung mit 100 V. Die hohe Spannung wird am Lautsprecher wieder heruntertransformiert.

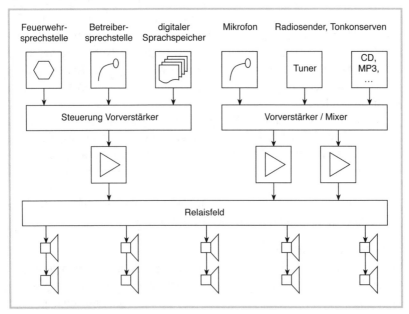

Bild 3.26 *Audiosignalkette*

Die Bauart der Lautsprecher selbst hängt von der Raumgestaltung ab. Im Innenbereich werden in den meisten Fällen Einbau- oder Anbaulautsprecher mit Leistungen von 1,5 oder 3 oder 6 W verwendet. In feuchten Außenbereichen und in Industrieanlagen kommen Druckkammerlautsprecher zum Einsatz.

Weitere klassische ELA-Komponenten, wie Sprechstellen, Musikeinspielgeräte und Uhren mit Pausensignalen, können ergänzt werden, dürfen aber die sichere Funktion des Notfallwarnsystems nicht beeinträchtigen. Diese Komponenten brauchen nicht an die Ersatzstromversorgung angeschlossen zu werden.

Energieversorgung des SAS
Die Stromversorgung erzeugt aus der Netzspannung die Betriebsspannung der Anlage. Die Ersatzstromversorgung besteht aus einem Akkumulatorensatz mit Ladegerät und dient der Stromversorgung bei Netzausfall. SAS haben auch im Ruhezustand einen deutlich höheren Stromverbrauch als BMA. Die Überbrückungszeit bei Netzausfall beträgt nach VDE 0828 nur 24 h. Übernimmt das SAS die Internalarmierung einer Brandmeldeanlage, müssen – ebenso wie bei der BMA – 72 bzw. 30 h erreicht werden. Die jeweilige Zeitdauer ist abhängig von der erforderlichen Zeit der Störungserkennung und der Zeitdauer bis zur Instandsetzung (siehe hierzu Abschnitt 5.11.2). Um bei Netzausfall Energie zu sparen, kann die Anlage in einen Ruhezustand mit eingeschränkter Funktion gehen (keine Musikübertragung, keine betrieblichen Durchsagen, keine Linienüberwachung). Bei Anliegen eines Notfallsignals muss die Anlage innerhalb von 10 s hochfahren und einen Alarm aussenden.

Ein weiterer Ansatz für die Energieeinsparung bei Sprachalarmzentralen besteht im Einsatz von Klasse-D-Verstärkern. Hierbei handelt es sich nicht um Digitalverstärker, sondern um analoge Verstärker, die analoge Eingangssignale in Rechtecksignale umwandeln, diese pulsweitenmoduliert verstärken und in analoge Signale zurückverwandeln. Das Verfahren ist sehr energieeffizient und hilft dabei, die Abwärme der Anlagen und die erforderliche Akkugröße für die Sicherheitsstromversorgung zu reduzieren.

Selbstüberwachung von SAS
Die Sprachalarmzentrale (SAZ) muss alle für die Alarmausstrahlung erforderlichen Komponenten von der Schallquelle bis zu den Lautsprechern selbsttätig überwachen. Durch LEDs oder Klartextanzeigen müssen angezeigt werden:

3.8 Alarmierungseinrichtungen

- Netzausfall,
- Ausfall der Ersatzstromversorgung oder des Ladegerätes,
- Ausfall der Steuerung (Mikroprozessor),
- Ausfall des Mikrofons oder des Sprachspeichers,
- Ausfall eines kritischen Signalpfades,
- Ausfall eines Verstärkers oder Reserveverstärkers,
- Ausfall eines Lautsprecherkreises (Unterbrechung oder Kurzschluss),
- Ausfall der Verbindung zu dezentralen Anlagenteilen.

Um Störungen zügig beheben zu können, muss zumindest die Sammelstörungsmeldung an eine zentrale Stelle gemeldet werden. Als Vorzugsvariante bietet sich eine ständig besetzte und unterwiesene Leitstelle an, wie sie von vielen Wachunternehmen betrieben wird. Aber auch ein Störungsmeldetableau beim Pförtner oder die Meldung zu einem regelmäßig kontrollierten Gebäudeleitrechner ist wirkungsvoller als eine einsam blinkende LED in einem dunklen und selten besuchten Technikraum. Am Bedienplatz müssen mindestens folgende Anzeigen vorhanden sein:

- Betriebsbereitschaft des Systems,
- Betriebsbereitschaft der Stromversorgungen,
- Störungen (mindestens als Sammelstörung),
- ausgewählte Lautsprecherbereiche.

Für die Hersteller der Komponenten gelten inzwischen europäische Normen wie EN54-4 für die Energieversorgung, EN 54-16 für die Sprachalarmzentralen und EN54-24 für die Lautsprecher.

SAS dürfen trotz Eigenüberwachung nicht beim ersten Fehler ausfallen. Daher wird nicht nur die Stromversorgung redundant aufgebaut, sondern es muss auch immer ein Reserveverstärker einsatzbereit sein und automatisch die Funktion eines „verletzten Kollegen" übernehmen können. Die Überwachung und Steuerung der zentralen Komponenten und Lautsprecherlinien erfolgt wie im Computer mit Mikroprozessoren.

Die Anforderungen an die Zuverlässigkeit sind nicht in jedem Gebäude gleich hoch. Um diesem Umstand gerecht zu werden, definiert VDE 0833-4 drei *Sicherheitsstufen*. Die Einstufung hängt von der Größe und der Nutzung des Gebäudes ab und muss bereits mit der Erstellung des Brandmeldekonzeptes (siehe Abschnitt 4.3.5) festgeschrieben werden.

Je höher die Sicherheitsstufe ist, desto mehr Störungen dürfen nicht zum Ausfall der Anlage führen. **Tabelle 3.5** zeigt die Fehler, die nicht zu einem Ausfall der Anlage führen dürfen, und die zulässigen Auswirkungen eines Fehlers.

Tabelle 3.5 *Sicherheitsstufen von SAS*

Störung	Sicherheitsstufe I	Sicherheitsstufe II	Sicherheitsstufe III
Unterbrechung, Kurzschluss o. ä. in einem Übertragungsweg	x	x	x
Ausfall eines Verstärkers		x	x
Fehler im Gesamtsystem			x
Zulässige Auswirkung	Totalausfall in einem Alarmierungsbereich eines Geschosses	Reduzierung des Schallpegels um max. 3 dB	Reduzierung der Sprachverständlichkeit bis $STI = 0{,}45$ bzw. $CIS = 0{,}65$

x Störungen, die nicht zum Ausfall des SAS führen dürfen

Die Begrenzung des Fehlers auf einen Alarmierungsbereich in der Sicherheitsstufe I wird erreicht, indem für jeden Alarmierungsbereich (maximal ein Geschoss innerhalb eines Brandabschnittes $< 1600\,\text{m}^2$) eine eigene rückwirkungsfreie Zuleitung installiert wird.

Die akustischen Anforderungen in den Sicherheitsstufen II und III werden erreicht, indem im Alarmierungsbereich zwei getrennte Stromkreise aufgebaut und die Lautsprecher diesen abwechselnd zugeordnet werden (A/B-Verkabelung). Überschlägig gilt, dass die Halbierung der Lautsprecherleistung zu einer Reduzierung des Schallpegels um 3 dB führt.

Um in der Sicherheitsstufe III jeden beliebigen Fehler zu kompensieren, müssen alle Komponenten der SAZ mindestens zweifach vorhanden sein. Das wird durch den Einbau von zwei sich gegenseitig überwachenden SAZ oder einer vollredundanten SAZ erreicht. Redundante SAZ müssen durch eine akkreditierte Stelle geprüft und anerkannt werden.

Ein neuer Ansatz für die Erhöhung der Anlagenverfügbarkeit besteht in der Installation von 100-V-Lautsprecherringen. Ähnlich wie bei Ringbusleitungen in der Brandmeldetechnik wird dann jeder Lautsprecher mit einem Trennelement versehen, so dass bei Kurzschluss oder Unterbrechung einer Leitung alle Lautsprecher im Stich weiter betrieben werden können. In kleineren Räumen würde dann auch in der Sicherheitsstufe 2 ein einzelner Lautsprecher genügen.

3.9 Eingangs- und Ausgangsmodule

Die Brandmeldeanlage kann externe Signale verarbeiten und Steuerbefehle und Informationen an fremde Anlagen übergeben. In der Regel werden dabei keine analogen Werte oder gar Datentelegramme ausgetauscht, sondern nur einfache Ja/Nein-Zustände abgefragt.

Die Signalübergabe kann direkt in der Brandmelderzentrale oder bei Anlagen mit Ringbustechnik über Koppler, die sich irgendwo auf dem multifunktionalen Primärring befinden, erfolgen. *Buskoppler* sind elektronische Geräte mit einer oder mehreren Adressen. Sie können serielle Datentelegramme auf dem Zweidraht-Bus in Schaltbefehle umwandeln oder eingehende Signale (Ja/Nein) über den Bus an die Zentrale senden. Je nach Hersteller des Brandmeldesystems gibt es verschiedene bedarfsgerechte Kombinationen hinsichtlich der Anzahl an Ein- und Ausgängen. Buskoppler können über die Busspannung versorgt werden oder eigene Stromversorgungen benötigen. Das trifft dann zu, wenn ausgangsseitig größere Leistungen über Relais geschaltet werden. Busversorgte Koppler haben oft Halbleiter-Schaltausgänge mit geringer Schaltleistung und ohne echte Potentialtrennung.

Typische Signaleingänge sind Feueralarmmeldungen von Löschanlagen. Signalausgänge können z. B. die Ansteuerbefehle für Brandschutzeinrichtungen (Entrauchungsanlagen, Aufzüge, Feuerschutzabschlüsse, ...) sein. Die Ansteuerung muss in jedem Fall rückwirkungsfrei erfolgen. Bereits in der Planungsphase ist festzulegen, ob die Übertragungswege zu überwachen sind.

3.10 Übertragungseinrichtung (ÜE)

Die Übertragungseinrichtung hat die Aufgabe, den Alarmzustand der Brandmeldeanlage auf vorbestimmten Übertragungswegen an die Hilfe leistende Stelle zu melden. Technische Möglichkeiten werden im Abschnitt 5.13 behandelt.

3.11 Rauchwarnmelder für Wohnhäuser und Räume mit wohnungsähnlicher Nutzung

Rauchwarnmelder nach DIN 14676 sind nicht für den Betrieb an Brandmeldeanlagen vorgesehen und gehören formal nicht zum Thema dieses Buches. Aufgrund ihrer zunehmenden Verbreitung und der erforderlichen Abgrenzung zu Brandmeldeanlagen werden sie hier kurz behandelt.

Vorweg müssen wir allen „sparsamen" Bauherren, Generalunternehmern und Errichtern eine Hoffnung nehmen: Rauchwarnmelder sind – auch in voller Ausbaustufe mit Vernetzung, externer Stromversorgung und Alarmweiterschaltung – kein Ersatz für baurechtlich geforderte oder im Versicherungsvertrag vereinbarte Brandmeldeanlagen.

Ihr Einsatzgebiet sind Wohnungen, Wohnhäuser, kleine Beherbergungsbetriebe, Büro- und Gewerbeeinheiten, insbesondere dann, wenn schlafende Personen vor Rauchgasen und Bränden gewarnt werden sollen. Da die Alarme in der Regel nicht weitergeleitet werden, dienen Rauchwarnmelder primär dem Personenschutz. Bei Abwesenheit von Personen bieten sie keine Verbesserung des Sachschutzes.

Einige Bundesländer schreiben den Einbau von Rauchwarnmeldern in ihren Landesbauordnungen vor. Diese Forderung gilt dann für Neubauten oder Umnutzungen, nicht jedoch für Wohnungen im Bestand.

Rauchwarnmelder können einzeln, vernetzt oder an einer Gefahrenwarnanlage nach VDE V 0826 betrieben werden. Das kennzeichnende Merkmal besteht darin, dass sich die Bauteile für die Branderkennung und für die Alarmierung in einem gemeinsamen Gehäuse befinden.

Die Stromversorgung kann autark mit integrierten Batterien oder über eine redundante externe Stromversorgung erfolgen.

Die Anordnung an der Decke muss so erfolgen, dass der Rauch den Melder ungehindert erreichen kann. Die Anforderungen an die Projektierung von Rauchmeldern in Brandmelderzentralen können sinngemäß angewendet werden. DIN 14676 gibt Projektierungsbeispiele für typische Einsatzfälle.

3.12 Mobile Brandmeldesysteme (MOBS)

Mobile Brandmeldesysteme bestehen aus mobilen tragbaren Komponenten, die über Funkverbindungen kommunizieren (**Bild 3.27**). Mit ihrer rustikalfunktionalen Bauweise bringen sie kein Architektenherz zum Schlagen. Doch das ist auch nicht ihre Aufgabe.

MOBS dienen als temporäre Lösung, wenn die Brandüberwachung nur befristet gebraucht wird. Sie überwachen Gebäude und brandgefährdete Bereiche

- bei Umbauarbeiten, wenn stationäre BMA oder Löschanlagen vorübergehend nicht zur Verfügung stehen,

3.12 Mobile Brandmeldesysteme (MOBS) 83

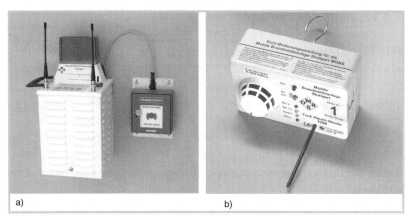

Bild 3.27 *Mobile BMA*
a) Zentrale mit Handfeuermelder; b) Funkrauchmelder
Werkfoto Heim GmbH, Wildberg

- in Neubauten während der Fertigstellung des hochwertigen Innenausbaus, wenn die stationäre BMA noch nicht betriebsbereit ist,
- nach brandgefährlichen Arbeiten (Schweißarbeiten, Heißisolierungen) an Stelle der klassischen Brandwache,
- bei Großveranstaltungen in fliegenden Bauten oder Industriehallen,
- als Kompensation von Brandschutzmängeln bis zu deren Behebung.

Der technische Aufbau ist einfach und flexibel. Mit Haken oder einfachen Befestigungen werden batteriebetriebene Rauchmelder an der Decke aufgehängt. Bei Rauchdetektion erfolgt die Meldung über eine überwachte Funkverbindung an einen Empfänger mit optisch/akustischer Anzeige. Neben Funkrauchmeldern können auch Handfeuermelder, Gas- und Wassermelder angeschlossen werden. Der Alarm wird über Telefonwählgeräte oder Betriebsfunk an den Wachdienst weitergeleitet. Voraussetzung für eine unkomplizierte Installation und den zuverlässigen Betrieb sind leistungsstarke Funkkomponenten mit großer Reichweite.

Für mobile Brandmeldesysteme existieren keine Normen. Durch ihre robuste Bauweise, die Verwendung von genormten Komponenten (Melder nach EN 54) und die integrierte Eigenüberwachung bieten sie eine preiswerte und zuverlässige Alternative zur personell aufwändigen Brandwache.

3.13 Hausalarmanlagen

Kaum ein Thema in der Brandmeldetechnik sorgt für so viel Unsicherheit wie der Begriff Hausalarmanlage. Hausalarmanlagen werden dann installiert, wenn baurechtlich eine Alarmierungseinrichtung, aber keine Brandmeldeanlage mit Aufschaltung zur Feuerwehr gefordert ist. Typische Beispiele sind Schulgebäude, Kindertagesstätten oder Verwaltungsgebäude.

Steht das Wort Alarmierungseinrichtung in den Bauauflagen, erhält der Elektroplaner oft den Auftrag, mal eben eine Hausalarmanlage zu projektieren. Damit ist die technische Spezifikation in den meisten Fällen abgeschlossen.

Was ist aber nun eine Hausalarmanlage und welche technischen Anforderungen sind zu beachten? So viel vorweg: Eine Hausalarmanlage ist keine Brandmeldeanlage, da ihr das wichtigste Merkmal einer BMA, die Weitermeldung des Brandes an eine hilfeleistende Stelle, fehlt!

Der Begriff Hausalarmanlage ist weder im Baurecht noch im VDE-Normenwerk definiert. Im einfachsten Fall könnte man im Gebäude mehrere große Klingeln oder Signalgeber verteilen, diese über einen einfachen Klingeltransformator mit Spannung versorgen, über einen zentral angeordneten Schalter betätigen und das Ganze zur Hausalarmanlage deklarieren.

Der BHE als Bundesverband der Hersteller und Errichterfirmen von Sicherheitssystemen hat vor vielen Jahren diese Lücke erkannt und eine Richtlinie für Hausalarmanlagen erstellt. Diese lehnt sich stark an die Errichtungsnorm für Brandmeldeanlagen DIN VDE 0833-2 an, was den sicher nicht ungewollten Nebeneffekt hat, dass Geräte der Brandmeldetechnik in großem Umfang für Alarmierungseinrichtungen zum Einsatz kommen.

Doch Vorsicht, die BHE-Richtlinie ist keine allgemein anerkannte Regel der Technik und schon gar nicht eine baurechtlich eingeführte Baubestimmung. Erhält ein Planer oder Errichter den Auftrag zur Planung oder Installation einer „Hausalarmanlage", muss er zunächst die baurechtlichen Anforderungen kennen und dann die technische Spezifikation in jedem einzelnen Punkt mit dem Bauherrn abstimmen. Die Anwendung der BHE-Richtlinie ist nur eine Möglichkeit.

Betrachten wir ein Beispiel:

Das Ingenieurbüro für Elektrotechnik Gustav Gründlich erhält den Auftrag zur Planung der Elektroanlage und Alarmierungseinrichtung in einem Erweiterungsbau in einem Schulkomplex.

Die Schulbaurichtlinie seines Bundeslandes fordert eine Alarmierungseinrichtung, die in allen Räumen wahrgenommen und an einer zentralen, jederzeit zugänglichen Stelle betätigt werden kann. Der Brandschutznachweis, der Bestandteil der Baugenehmigung ist, fordert zusätzlich zur Kompensation baulicher Abweichungen die Anordnung von Handauslösestellen an allen Notausgängen und allen Zugängen zu den Treppenräumen sowie automatische Brandmelder in den Treppenräumen, Fluren und Technikräumen. Der Auftraggeber möchte darüber hinaus eine Überwachung der Küche und des Werkraumes mit automatischen Meldern.

Da es sich um eine baurechtlich geforderte Sicherheitseinrichtung handelt, müssen die Anforderungen an den Funktionserhalt im Brandfall gemäß Leitungsanlagenrichtlinie beachtet werden.

Die genannten Punkte sind das Pflichtprogramm für Herrn Gründlich. Alles andere kann mit dem Auftraggeber frei vereinbart werden. Weder die VDE 0833-2 noch die BHE-Richtlinie müssen beachtet werden. Da die Aufgabe der Anlage nur in der schnellen Information der Personen im Gebäude und nicht in der Unterstützung der Feuerwehr bei der Ortung des Brandes besteht, können beispielsweise Handfeuermelder und automatische Melder oder automatische Melder verschiedener Etagen in einer Gruppe zusammengefasst werden. Ebenso können Fragen wie die Art der Signalgeber, Steuerfunktionen, Anzeigen und Laufkarten frei vereinbart werden.

Diese „große Freiheit" in den Gestaltungsmöglichkeiten verführt manche Fachleute dazu, übertrieben aufwändige Anlagen zu planen und zu installieren. Auf der anderen Seite des Spektrums werden aus Kostengründen Alarmanlagen errichtet, die ihren Namen kaum verdienen.

Eine vernünftige Vereinheitlichung der Anforderungen in Form einer VDE-Norm für Hausalarmanlagen oder besser, für baurechtlich geforderte Alarmierungseinrichtungen wird dringend benötigt.

Regelmäßig de lesen
→ lohnt sich!

de – das offizielle Organ des ZVEH

Ihre Vorteile als Abonnent

→ Experten beantworten Ihre Praxisfragen – informieren Sie sich auch in der Praxisproblem-Datenbank und Community

→ Zugriff auf das **de**-Archiv von 1999 bis heute

→ Sonderhefte wie z.B. 4 Ausgaben **pv-praxis.de**

Jetzt Abo abschließen + Prämie sichern

Hüthig & Pflaum Verlag
Im Weiher 10
D-69121 Heidelberg
Tel.: +49 (0) 6221 489-555

Ihre Bestellmöglichkeiten

 Fax:
+49 (0) 6123 9238-244

 E-Mail:
aboservice@huethig.de

 www.elektro.net

Hier Ihr Abo direkt online bestellen!

elektro.net
DAS PORTAL DER FACHZEITSCHRIFT de

4 Brandmeldekonzept

4.1 Inhalt und Planungsverantwortung

Das Brandmeldekonzept ersetzt nicht die Projektierung. Es formuliert die Aufgabenstellung und dient als Grundlage für die Projektierung. Das Konzept muss die Anforderungen aus behördlichen Auflagen, dem Brandschutzkonzept und dem Versicherungsvertrag sowie die Wünsche des Auftraggebers zusammenfassen und die Maßnahmen zum Erreichen der Schutzziele beschreiben. Das Konzept ist vor Beginn der Planung mit dem Auftraggeber abzustimmen. Gegebenenfalls müssen die aufsichtsführende Behörde, der Brandschutzingenieur und der Versicherer einbezogen werden. Die Ergebnisse sind zu dokumentieren.

DIN 14675 verlangt eine klare Festlegung der Planungsverantwortung.

Die Verantwortung für das Konzept der Brandmeldeanlage sowie für die Vollständigkeit und Genauigkeit der Dokumentation liegt beim Auftraggeber. Dieser kann eine Fachfirma beauftragen. Bei der Beauftragung eines Planungsbüros muss im beiderseitigen Interesse eindeutig geklärt sein, ob der Planungsauftrag „nur" die Konzepterstellung oder auch die komplette Projektierung umfasst.

Mischformen, die aus verbalen Beschreibungen, Normenzitaten und Plänen mit nach dem Streuobstprinzip verteilten Meldern bestehen, stellen noch kein baureifes Planungsergebnis dar. Schwammig formulierte Ausschreibungen verleiten die Bieter zu Minimalinterpretationen bei den Angeboten. Den Zuschlag erhält dann derjenige, der am meisten weglässt. Auch der Versuch einzelner Ingenieurbüros, so viel wie irgend möglich in Richtung „Werkplanung" zu delegieren, muss als Zeichen fachlicher Defizite gewertet werden und entspricht nicht der Verantwortung als Planer nach DIN 14675.

Gehört die Planung nicht zum Leistungsumfang des Errichters, müssen in der sogenannten Werkplanung nur noch die Vorgaben der Ausführungsplanung produktspezifisch umgesetzt, letzte Maßfestlegungen getroffen und eventuelle kleine Änderungen, die sich aus Einrichtungen oder neuen Nutzungen ergeben, eingearbeitet werden.

4.2 Schutzziele

In den Landesbauordnungen werden die Schutzziele wie folgt definiert[4]:
„Bauliche Anlagen müssen so beschaffen sein, dass der Entstehung eines Brandes und der Ausbreitung von Feuer und Rauch vorgebeugt wird und bei einem Brand die Rettung von Menschen und Tieren sowie wirksame Löscharbeiten durchgeführt werden können. Diese Schutzziele sind entsprechend ihrer Wertigkeit zu ordnen, z. B.
- *Schutz von Personen,*
- *Schutz von Einrichtungen und Sachgütern mit besonderer Bedeutung,*
- *Schutz von hochrangigen Kunstwerken oder Denkmalobjekten,*
- *Schutz der Umwelt".*

Die Schutzziele hängen im konkreten Fall von der Art und Nutzung des Gebäudes ab. Während in Versammlungsstätten wie Theatern und Kinos der Personenschutz Priorität hat und der Einsatz einer Brandmeldeanlage durch die Bauordnung vorgeschrieben ist, wird das Schutzziel in einem Rechenzentrum dem Erhalt der Gerätetechnik und der gespeicherten Daten gelten. Der Entscheidung über den Einsatz einer Brandmeldeanlage liegt hier kein öffentliches Interesse, sondern das private Sicherheitsbedürfnis des Betreibers zugrunde.

Für bestimmte Gebäude bestehen in den Bundesländern Sonderbauordnungen, die den Einsatz von Brandmeldeanlagen und/oder Alarmierungseinrichtungen vorschreiben. Hierzu zählen
- Versammlungsstätten,
- Verkaufs- und Ausstellungsräume ab 2000 m^2,
- Beherbergungsstätten,
- Krankenhäuser,
- Hochhäuser,
- Mittel- und Großgaragen,
- Schulen.

In anderen Gebäuden mit öffentlicher Nutzung kann der Einsatz einer Brandmeldeanlage im Einzelfall mit der Baugenehmigung oder im Ergebnis einer Gefahrenverhütungsschau baurechtlich gefordert werden. Typische Beispiele sind
- Hochschulen und Universitäten,
- Verkehrsbauten (z. B. Flughäfen, Bahnhöfe, Tunnel),

---

4 Zitat aus DIN 14675:2012-04 Anhang F.3

4.2 Schutzziele

- Industrie- und Gewerbebauten mit besonderer Personen- oder Umweltgefährdung.

Darüber hinaus kann sich jeder Betreiber für die Installation einer Brandmeldeanlage zum Schutz der Sach- und Vermögenswerte entscheiden. Derartige Anlagen findet man in

- Museen und Bibliotheken,
- Rechenzentren,
- historischen Gebäuden,
- Industrie- und Gewerbebauten.

Bevor wir uns in die Details der Planung vertiefen, müssen wir also klären, welches Ziel mit der Errichtung der Brandmeldeanlage verfolgt wird und ob der Forderung nach Einbau einer Brandmeldeanlage

- eine baubehördliche Auflage,
- eine Klausel im Versicherungsvertrag oder ausschließlich
- das private Schutzbedürfnis des Betreibers

zugrunde liegt.

Während bei baurechtlichen Auflagen der Personenschutz im Vordergrund steht, sind Forderungen des Versicherers oder des Betreibers meist auf den Schutz von Sach- und Vermögenswerten orientiert. Der Sachschutz kann das gesamte Objekt umfassen oder sich auf besonders werthaltige Bereiche oder die Einrichtung einzelner Räume (z. B. EDV-Anlagen) beschränken.

Mit dem Einbau einer Brandmeldeanlage müssen gemäß DIN 14675 mindestens die folgenden operativen Schutzziele erreicht werden:

- Entdeckung von Bränden in der Entstehungsphase,
- schnelle Information und Alarmierung der betroffenen Menschen,
- automatische Ansteuerung von Brandschutz- und Betriebseinrichtungen,
- schnelle Alarmierung der Feuerwehr und/oder anderer Hilfe leistender Stellen,
- eindeutiges Lokalisieren des Gefahrenbereichs und dessen Anzeige.

4.3 Konzepterstellung

4.3.1 Grundsätzliches

Das Brandschutzkonzept eines Gebäudes basiert auf der Gefährdungsanalyse, in der die Bauweise und Nutzung, die vorhandenen Brandlasten und die Gefährdung von Personen und Sachwerten untersucht werden. Ausgehend von der baulichen Brand- und Rauchbegrenzung und der Verfügbarkeit der Hilfe leistenden Stellen werden die Maßnahmen des vorbeugenden und abwehrenden Brandschutzes beschrieben, mit denen das Schutzziel auf wirtschaftliche Weise erreicht werden kann.

Das Brandmeldekonzept gehört zum anlagentechnischen Brandschutz und bildet einen zentralen Baustein im Brandschutzkonzept des Gebäudes.

Ausgehend von den Schutzzielen werden die einzelnen Bereiche nach den bestehenden Gefährdungen gruppiert und der Überwachungsumfang wird festgelegt.

Personen, die sich in einem brennenden Gebäude aufhalten, sind immer gefährdet. Neben den Flammen oder herabfallenden Teilen sind es vor allem die Rauchgase, die zu schweren oder tödlichen Verletzungen führen. Die Gefahr steigt, wenn sich viele, ortsunkundige oder hilfsbedürftige Personen im Gebäude aufhalten, die Gebäude groß oder hoch und die Fluchtwege lang und unübersichtlich sind. Zu den baulichen Maßnahmen, die eine sichere Evakuierung ermöglichen, gehören die Bildung von Brandabschnitten und der Bau von mehreren sicheren und übersichtlichen Fluchtwegen. Durch die Installation einer Sicherheitsbeleuchtung können die Fluchtwege auch bei Ausfall der allgemeinen Stromversorgung benutzt werden. Durch die zusätzliche Installation einer Brandmeldeanlage und einer Alarmierungseinrichtung wird ein entscheidender Zeitvorsprung erreicht. Die Personen können in einer frühen Brandphase alarmiert werden und das Gebäude verlassen, bevor die Fluchtwege verqualmt oder unpassierbar sind. Die Überwachung der Flucht- und Rettungswege genießt daher oberste Priorität.

Steht der *Sachschutz* im Vordergrund, muss abgewogen werden, ob das gesamte Gebäude oder nur ausgewählte Bereiche geschützt werden. Die Festlegung des Sicherungsbereiches richtet sich nach dem Risiko einer Brandentstehung und den zu schützenden Werten. Hierbei handelt es sich nicht nur um den reinen Sachwert der Einrichtungen, sondern auch um Vermögensschäden, die durch Betriebsausfall, Datenverlust oder Konventionalstrafen entstehen können. Der Ausbaugrad der Brandmeldetechnik kann nach wirtschaftlichen Aspekten entschieden werden.

4.3 Konzepterstellung

Die *Wirtschaftlichkeit einer Brandmeldeanlage* (BMA) kann theoretisch berechnet werden. Hierzu müssen objektspezifisch die verschiedenen möglichen Brandursachen (Schadenquellen) $S_1 ... S_n$ ermittelt werden. Die daraus resultierenden Schäden $F_1 ... F_n$ sind für den Fall des Einsatzes einer BMA (frühe Branderkennung, schnelle gezielte Brandbekämpfung) und den Fall ohne Verwendung einer BMA (späte Erkennung und Brandbekämpfung) zu ermitteln. Die Schäden umfassen Sach- und Vermögensschäden, die z. B. durch Betriebsausfall und Datenverlust entstehen.

Die einzelnen Schadenrisiken R_i ergeben sich aus der Schadenhöhe F_i und der Wahrscheinlichkeit ihres Eintretens δ_i:
- ohne Verwendung einer BMA: $R_i = F_i \cdot \delta_i$
- mit Verwendung einer BMA: $R'_i = F'_i \cdot \delta_i$.

Das jährliche Gesamtschadenrisiko errechnet sich aus der Summe der Einzelrisiken:
- ohne Verwendung einer BMA: $R = \Sigma R_i$
- mit Verwendung einer BMA: $R' = \Sigma R'_i$.

Des Weiteren müssen die Gesamtkosten K_{BMA} für Einbau und Betrieb einer BMA durch Addition der Anschaffungs-, Betriebs- und Instandhaltungskosten ermittelt werden. Die zum Vergleich erforderlichen jährlichen Kosten $K_{BMA\ a}$ erhält man durch die Division der Gesamtkosten durch die Lebensdauer.

Gewährt der Versicherer beim Einbau der BMA einen Rabatt, muss auch dieser Faktor berücksichtigt werden:

K_{va} Versicherungsprämie ohne BMA
K'_{va} Versicherungsprämie mit BMA.

Die Kosten und Risiken für beide Fälle werden nun gegenübergestellt:

$$(R' + K_{BMA\ a} + K'_{va}) < (R + K_{va}).$$

Wenn die Summe aus dem durch die BMA reduzierten Schadenrisiko, den jährlichen Kosten für die BMA und der reduzierten Versicherungsprämie kleiner ist als die Summe aus dem Schadenrisiko ohne Einbau einer BMA und der vollen Versicherungsprämie, lässt sich die Investition auch wirtschaftlich darstellen.

Die verwendeten Formelzeichen wurden der Risikoanalyse für Blitzschutzanlagen entlehnt und sollen der Erläuterung des Sachverhaltes dienen. Ein genormter Rechenweg für die Risikoanalyse und Wirtschaftlichkeit, wie er für Blitz- und Überspannungsschutzmaßnahmen besteht, existiert für Brandmeldeanlagen nicht.

In der Praxis werden quantifizierte Risikobewertungen kaum durchgeführt. Die Entscheidung für oder gegen den Einbau einer BMA wird in den meisten Fällen aufgrund einer baurechtlichen Auflage, einer Forderung des Versicherers, als Kompensationsmaßnahme bei Defiziten im baulichen Brandschutz oder aufgrund einer subjektiv intuitiven Entscheidung des Auftraggebers getroffen.

4.3.2 Schutzumfang

Der Schutzumfang für baurechtlich geforderte BMA ergibt sich aus der Auflage der Baugenehmigung bzw. dem Brandschutzkonzept. Da baurechtliche Auflagen in der Regel die Belange des Personenschutzes betreffen, müssen mindestens die Räume, in denen sich gebäudefremde oder auf fremde Hilfe angewiesene Personen aufhalten, sowie alle Flucht- und Rettungswege überwacht werden. Steht der Sachschutz im Vordergrund, muss der Sicherungsbereich vollständig überwacht werden.

Nach DIN 14675 werden 4 *Schutzkategorien* unterschieden:
- Die Kategorie 1 „Vollschutz" bietet das Höchstmaß an Sicherheit.
- In der Kategorie 2 „Teilschutz" werden nur einige besonders gefährdete Bereiche des Gebäudes überwacht. Üblicherweise werden die Bereiche mit der höchsten Wertekonzentration und/oder Brandgefahr geschützt. Die Grenzen des Teilschutzes sollen identisch mit den Brandabschnittsgrenzen sein. Die Überwachung innerhalb des Teilschutzes erfolgt wie bei Vollschutz.
- In der Kategorie 3 „Schutz der Fluchtwege" werden nur die Flucht- und Rettungswege überwacht. Ein Schutz von Personen am Ort der Brandentstehung ist nicht gegeben. Die Alarmierung muss so rechtzeitig erfolgen, dass die Fluchtwege noch benutzt werden können. Der Schutz der Fluchtwege kann die Anordnung von Meldern in benachbarten Räumen erfordern.
- Die Kategorie 4 „Einrichtungsschutz" kommt bei der Überwachung besonderer Einrichtungen oder Ausrüstungen mit hohem Risiko oder hoher Werthaltigkeit zur Anwendung. Der Einrichtungsschutz kann sich in einem vollgeschützten Gebäude oder einem teilgeschützten Bereich befinden. Hierzu gehört die Überwachung von Maschinen, Schaltschränken oder EDV-Anlagen.

4.3.3 Sicherungsbereiche und Überwachungsumfang

Die Überwachung muss sich immer auf einen ganzen Brandabschnitt oder einen feuerbeständig abgetrennten Raum erstrecken. Überwachte Bereiche müssen von nicht überwachten durch Brandwände oder feuerbeständige Wände und Decken getrennt sein. Einzubeziehen sind, von einigen definierten Ausnahmen abgesehen, auch kleine Räume und Teilbereiche, wie

- Zwischendecken und Zwischenböden,
- Kammern und Einbauten,
- Kanäle und Schächte, wenn sie begehbar oder über Revisionsöffnungen zugänglich sind,
- Be- und Entlüftungsanlagen,
- Teilbereiche in Räumen, die durch Möblierungen oder andere Einbauten, die weniger als 0,5 m von der Decke entfernt sind, gebildet werden.

Der Verzicht auf die Überwachung ist in kleinen Teilbereichen zulässig, wenn diese nur geringe Brandlasten enthalten und keine Brandausbreitung ermöglichen.

Die Norm lässt folgende Ausnahmen zu:

- Wasch- und Toilettenräume, in denen keine brennbaren Vorräte oder Abfälle gelagert werden (gemeinsame Vorräume fallen nicht unter die Ausnahmeregelung),
- nicht zugängliche und feuerbeständig abgetrennte Kabelkanäle und -schächte,
- Schutzräume ohne fremde Nutzung,
- Laderampen im Freien,
- Räume mit automatischen Feuerlöschanlagen und mit Meldung zu einer Hilfe leistenden Stelle, vorausgesetzt, die Brandmelder werden nicht zur Ansteuerung der Löschanlage benötigt,
- kleine Bereiche, in denen sich nur geringe Brandlasten und keine Zündquellen befinden, keine Personen gefährdet sind und sich kein Rauch ausbreiten kann.

Bei Zwischendecken und Zwischenböden müssen mehrere Bedingungen gleichzeitig erfüllt sein, um auf die Installation von Brandmeldern zu verzichten:

a) Die Brandlast liegt unter 25 MJ/m^2 (7 kWh/m^2).
b) Decke, Boden und Wände sind nicht brennbar.

c) Die Zwischendecke oder der Zwischenboden sind mit nicht brennbarem Material in Abschnitte < 10 m x 10 m oder in Fluren < 3 m x 20 m unterteilt.

Das Thema Zwischendecken und -böden führt immer wieder zu Meinungsverschiedenheiten und soll im Folgenden näher erläutert werden.

Erläuterung zu a)
Die Angabe der Brandlast bezieht sich auf die Verbrennungswärme der Isolierung von Kabeln und Leitungen sowie anderer brennbarer Stoffe und hat nichts mit der übertragenen elektrischen Leistung zu tun. Für die Berechnung der Brandlasten gibt es Tabellen in VDE 0108 Teil 1 und VdS 2134. Ein Berechnungsblatt befindet sich im Anhang 3.1 dieses Buches.

Die zulässige Brandlast auf einer Fläche von 1 m x 1 m wird beispielsweise erreicht durch

- 15 Kunststoffmantelleitungen NYM 3x1,5 (Länge 1 m) oder
- 12 Kunststoffmantelleitungen NYM 3x2,5 (Länge 1 m) oder
- 36 Fernmeldeleitungen J-Y(St)Y 2x2x0,8 (Länge 1 m) oder
- 1 PVC-Abwasserrohr DN 100 (Länge 1 m).

Erläuterung zu c)
In Räumen mit Zwischendecken oder -böden, die alle übrigen Bedingungen erfüllen, bei denen aber eine oder beide Seiten länger als 10 m sind, kann der Planer wirtschaftlich abwägen, ob er den Zwischenraum überwachen will oder nicht brennbare bauliche Trennungen schafft. Diese kleinen „Trennwände" müssen keinen Funktionserhalt im Brandfall haben und können kostengünstig aus Gipskarton, Blech oder Mineralfaserplatten hergestellt werden.

Systemböden, Doppelböden und Hohlraumestriche brauchen nicht überwacht zu werden, wenn sie max. 20 cm hoch sind und nicht der Raumbelüftung dienen.

In der ersten Fassung der VDE 0833-2 von 2009 war zusätzlich ein rauchdichter und brandschutztechnisch qualifizierter Abschluss der Böden gefordert. Diese Böden dienen aber meist der horizontalen Leitungsverlegung in Technik- oder Büroräumen. Ein rauchdichter Verschluss aller Leitungsdurchführungen und Fußbodentanks ist in der Praxis nicht durchsetzbar. Die Anforderung an den brandschutztechnisch qualifizierten Abschluss wurde mit der Berichtigung von 2010 ersatzlos gestrichen.

4.3.4 Falschalarmvermeidung

Falschalarme sind bei allen Betreibern unerwünscht. Sie führen in der Industrie zu Betriebsunterbrechungen. Kinobesucher wollen nach einer unnötigen Evakuierung ihr Geld zurück. Warenhausbesucher „vergessen" bei der Evakuierung, die nicht bezahlte Ware zurückzulassen. Kommt es bei der Evakuierung zu einer Panik, können Verletzungen und Sachschäden entstehen. Wenn sich die Gemüter nach einigen Tagen beruhigt haben, kommt mit einem freundlichen Schreiben der kommunalen Verwaltung ein satter Gebührenbescheid für den Einsatz der Feuerwehr.

Wird also aufgrund der Nutzung des Gebäudes mit häufigen Täuschungsgrößen gerechnet, die zum Ansprechen der automatischen Melder führen, müssen geeignete Gegenmaßnahmen getroffen werden. Die betroffenen Bereiche, die erwarteten Täuschungsgrößen und die geplanten Gegenmaßnahmen sind im Brandmeldekonzept zu benennen.

4.3.5 Alarmierung

Eine Branderkennung ergibt nur Sinn, wenn die Feuermeldung auch weitergeleitet wird (siehe auch Abschnitt 5.13). Mit der Erstellung des Brandschutzkonzeptes muss das Ziel der Fernalarmierung festgelegt werden. Es bestehen folgende Möglichkeiten:
- Meldung innerhalb des Objektes (Wache, Pförtner, Werksfeuerwehr),
- Meldung an einen Wachdienst,
- Meldung an die Leitstelle der Feuerwehr.

Die interne Alarmierung von Personen kann erfolgen durch
- stillen Alarm des Personals (z. B. Schwesternruf in Pflegeheimen, codierte Durchsagen),
- Warntongeber und Sirenen,
- Sprachalarmsysteme SAS,
- optische Anzeigen (z. B. Blitz- oder Rundumleuchten).

Die technischen Festlegungen zur Alarmierung stehen in enger Wechselwirkung mit der betrieblichen Alarmorganisation.

4.3.6 Steuerfunktionen

Moderne Brandmeldeanlagen können neben der Alarmmeldung eine Vielzahl weiterer Steuerfunktionen übernehmen, die die Evakuierung und Brandbekämpfung unterstützen. Dies beginnt bei der Abschaltung von Lüftungsanlagen, dem Verschluss von Rauchschutztüren und Feuerschutzabschlüssen und reicht bis zur Evakuierung von Aufzügen und der Ansteuerung von Entrauchungs- und Löschanlagen. Dieses komplexe Aufgabenfeld muss sorgfältig und gewerkeübergreifend geplant werden. Ob und in welchem Umfang Steuerfunktionen von der BMA übernommen werden sollen, ist bereits im Brandmeldekonzept festzulegen.

4.3.7 Alarmorganisation

Dieser Punkt des BMA-Konzeptes greift bereits weit in den Aufgabenbereich des Brandschutzplaners ein und kann nur in intensiver Zusammenarbeit mit dem Betreiber, der Brandschutzdienststelle und dem Brandschutzgutachter umfassend abgehandelt werden. Unter Berücksichtigung der baulichen Situation und des zu erwartenden Nutzerkreises sind festzulegen:
- Nutzung des Gebäudes,
- Interventionszeit der Feuerwehr,
- Pflichten der Mitarbeiter (auch Vorkehrungen für eine eigenständige Brandbekämpfung),
- Art und Weise der Information von Mitarbeitern und Gästen im Brandfall,
- Alarmierungsbereiche mit Zuordnung zu den Brandmeldegruppen,
- erforderliche Maßnahmen zur Lokalisierung des Brandes,
- Unterteilung des Gebäudes in Brandmelde- und Alarmbereiche,
- Informationsanzeigen und Bedienrechte an dezentralen Bedienstellen,
- Art der Alarmierung der Feuerwehr,
- gewaltfreie Zugangsmöglichkeiten für die Feuerwehr,
- Festlegung der Lage der Zentralen, der Feuerwehrbedienstelle, des Schlüsseldepots und der Blitzleuchte,
- Vorkehrungen zur Begrenzung der Folgen von Falschalarmen,
- Änderungen der Alarmorganisation zwischen Tag und Nacht und an Feiertagen,
- andere Arten aktiver Brandschutzmaßnahmen,
- Vorkehrungen für die Notstromversorgung,
- Vorkehrungen für die Instandhaltung,
- Verhaltensregeln bei Brand, Störung und Falschalarm,
- Anforderungen bei Ab- und Zuschaltungen von Anlagenteilen.

Bei der geplanten Anwendung von Sprachalarmsystemen (SAS) sind weitere Festlegungen zu treffen:

- Art der Informationsübertragung an das Betriebspersonal,
- Art der Alarmierung von Gästen und betriebsfremden Personen,
- Räumungsanweisungen im Brandfall,
- verwendete Sprachen,
- Beschallungsumfang (Vollschutz/Teilschutz) und Ausnahmen von der Beschallung,
- Sicherheitsstufe in Bezug auf die Ausfallsicherheit,
- Standort der Sprachalarmzentrale (SAZ) und der Brandfallmikrofone.

4.4 Abweichungen von Bauvorschriften und Normen

Sowohl die technischen Baubestimmungen als auch die technischen Normen beschreiben grundlegende Schutzziele und typische Lösungen für ihre Umsetzung. Diese sind für die meisten Gebäudetypen sinnvoll und technisch geeignet. Es gibt aber immer wieder individuelle Sonderfälle, die eine besondere Bewertung erfordern. Im Einzelfall können normgerechte Lösungen übertrieben aufwändig und überzogen sein. In anderen Fällen wird mit standardisierten Lösungen kein akzeptables Sicherheitsniveau erreicht.

Wenn besondere Umgebungs- oder Betriebsbedingungen zusätzliche Maßnahmen erfordern, steht es dem Betreiber bzw. seinem Planer frei, diese nach eigenem Ermessen festzulegen.

Anders sieht es aus, wenn auf Grund einer geringen Gefährdung auf bestimmte Maßnahmen verzichtet werden soll oder einfachere Alternativen geplant werden. Betrachten wir die Fälle an Hand von Beispielen:

a) Abweichungen von Sonderbauverordnungen

Sonderbauverordnungen sind der Bauordnung gleichgestellt und haben Gesetzescharakter. Eine Abweichung muss im Rahmen des Baugenehmigungsverfahrens beantragt und erlaubt werden.

Beispiel:
Ein eingeschossiger Einzelhandelsbau mit 2200 m² Verkaufsfläche fällt in den Geltungsbereich der Verkaufsstättenverordnung. Diese fordert für Verkaufsstätten ab 2000 m² Alarmierungseinrichtungen mit Sprachdurchsagen. Der Bauherr möchte auf Grund der geringen Überschreitung der Fläche und wegen der sehr übersichtlichen Fluchtwegsituation nur eine wesentlich kostengünstigere Alarmierung mit akustischen Signalgebern installieren. Er muss diese Abweichung mit der Baugenehmigung beantragen. Ein eigenmächtiger Verzicht kann dazu führen, dass für das Gebäude keine Gebrauchsabnahme erteilt wird.

b) Abweichungen von Sonderbaurichtlinien und technisch eingeführten Baubestimmungen

Sonderbaurichtlinien stehen eine Stufe unter den Verordnungen und beschreiben allgemein anwendbare und bewährte Lösungen zum Erreichen des Schutzzieles. Sie dienen vorrangig den unteren Baubehörden als Orientierung im Genehmigungsverfahren. Konzeptionelle Abweichungen von Sonderbaurichtlinien und von eingeführten technischen Baubestimmungen sind möglich, wenn eine sicherheitstechnische Bewertung das zulässt.

Beispiel:
Ein Industriebau besteht aus einem eingeschossigen Büro und Sozialbau (1. Brandabschnitt) und einer Produktionshalle von 1800 m² (2. Brandabschnitt). Die Baugenehmigung fordert nur für die Produktionshalle eine Alarmierungseinrichtung.

Gemäß der baurechtlich eingeführten Leitungsanlagenrichtlinie müssten nun zwei Versorgungsabschnitte (< 1600 m²) gebildet und die Alarmzentrale und die Verkabelung bis in die Versorgungsabschnitte mit Funktionserhalt E30 ausgeführt werden. Wenn der Ersteller des Brandschutzkonzeptes zu der Einschätzung kommt, dass das auf Grund der Nutzung und der geringen Überschreitung der 1600 m² nicht erforderlich ist, kann er das in seinem Brandschutzkonzept niederschreiben. Wenn mit der Baugenehmigung keine zusätzlichen Forderungen erhoben werden, ist die Abweichung damit genehmigt.

c) Abweichungen von Normen

Die Normen für Brandmeldeanlagen sind zwar anerkannte Regeln der Technik, gehören aber nicht zu den eingeführten technischen Baubestimmungen. Von Normen kann abgewichen werden, wenn trotz der Abweichung oder mit der Alternativlösung ein ausreichendes Sicherheitsniveau erreicht wird. Beispiele hierfür sind geringfügige Überschreitungen von Überwachungsflächen in wenig gefährdeten Räumen oder leichte Unterschreitung der geforderten Alarmschallpegel bei allgemein ruhigen Umgebungsbedingungen.

Größere Abweichungen bei der Planung baurechtlich geforderter Anlagen, wie der Verzicht auf die Überwachung der Lüftungsanlagen, sind mit der Baubehörde oder dem Prüfingenieur für Brandschutz[5] abzustimmen.

---

[5] In vielen Bundesländern werden Sonderbauten durch einen Prüfingenieur für Brandschutz begleitet. Dieser ist hoheitlich tätig und in seinen Entscheidungen der unteren Bauaufsicht gleichgestellt. Er prüft und genehmigt das Brandschutzkonzept, würdigt die Anforderungen der Feuerwehr, erteilt zusätzliche Auflagen oder Erleichterungen und überwacht den Bauablauf bis zur Fertigstellung.

4.5 Dokumentation

Das Brandmeldekonzept muss mindestens folgende Aussagen enthalten:
- Angaben zum Objekt: Name, Anschrift, Nutzung,
- Projektbeteiligte: Auftraggeber, Betreiber, Planer ...,
- Schutzziele,
- Schutzumfang (Kategorie),
- Sicherungsbereiche und Überwachungsumfang,
- Meldebereiche,
- Art und Anordnung der Brandmelder,
- Art und Anordnung der Alarmierungseinrichtungen,
- Leistungsmerkmale und Standort der Zentrale,
- Festlegungen zur Ansteuerung von Sicherheitseinrichtungen und betrieblichen Anlagen,
- Alarmorganisation des Betreibers,
- Anforderungen an die Alarmierungseinrichtung,
- Abweichungen zu Baubestimmungen und Normen mit Begründung,
- Hilfe leistende Kräfte des Betreibers,
- Art der Alarmierung der Feuerwehr,
- Anforderungen an die Feuerwehrpläne und Anfahrtsmöglichkeiten,
- Erfordernis der Abnahmen durch bauaufsichtlich anerkannte Prüfsachverständige, Brandschutzdienststellen oder Versicherer.

FACHBUCH

Kochrezept für Solarstromanlagen

Thomas Sandner
Netzgekoppelte Photovoltaikanlagen
3., völlig neu bearb. Auflage 2013.
304 Seiten.
Softcover.
€ 34,80.
ISBN 978-3-8101-0277-5

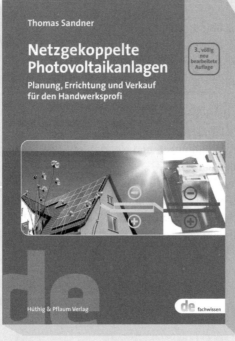

3. Auflage

3. Auflage

NEU! Kapitel zum Thema Brandschutz

Erfahren Sie alles über die aktuellen Entwicklungen des Breitenmarktes und der Technik der Photovoltaik

Schwerpunkte

→ Grundlagen der Photovoltaik,

→ Generatorfläche,

→ das Erneuerbare-Energien-Gesetz,

→ kaufmännische Themen aus Kundensicht,

→ Eigennutzung des Solarstroms

Hüthig & Pflaum Verlag
Im Weiher 10
D-69121 Heidelberg
Tel.: +49 (0) 6221 489-555

Ihre Bestellmöglichkeiten

 Fax:
+49 (0) 6221 489-410

 E-Mail:
buchservice@huethig.de

 http://shop.elektro.net

Hier Ihr Fachbuch direkt online bestellen!

5 Planung und Projektierung

5.0 Vorbemerkung

Das Produkt der Planungsphase sind detaillierte Ausführungsunterlagen für die Brandmeldeanlage. Gemäß DIN 14675 muss die Planung auf einem Brandmeldesystem basieren, dessen Konformität nach DIN EN 54-13 nachgewiesen wurde. Soll im Ergebnis der Ausführungsplanung eine Ausschreibung mit einem produktoffenen Leistungsverzeichnis erstellt werden, liegt es im Ermessen des Planers, die Komponenten so auszuwählen, dass die Anlage ohne funktionelle Einschränkungen auch mit einem anerkannten Brandmeldesystem eines anderen Herstellers errichtet werden kann. Sorgfalt ist bei der Planung von Komponenten mit Alleinstellungsmerkmalen geboten. Wenn keine erkennbare technische Notwendigkeit besteht, ein Produkt oder ein Leistungsmerkmal auszuschreiben, das nur mit einem einzigen Hersteller realisierbar ist, drängt sich schnell der Verdacht auf, dass dieser Hersteller bei der Ausschreibung „geholfen" hat, um sein Produkt besser zu platzieren.

Die folgenden Erörterungen der normativen Festlegungen sollen anhand praktischer Beispiele illustriert werden. Wir nutzen dazu Projekte des fiktiven Ingenieurbüros *Gustav Gründlich*.

5.1 Branderkennungsgrößen und Täuschungsgrößen

Bei einem Brand entstehen stoffliche und energetische Verbrennungsprodukte (**Bild 5.1**). Die stofflichen Produkte unterteilen sich in flüchtige Stoffe, wie Wasserdampf, Verbrennungsgase und Aerosole (Rauchpartikel), und nichtflüchtige, wie Asche und Schmelze. Zu den energetischen Verbrennungsprodukten zählen Strahlung, Wärme und Schall. Um Brände früh zu erkennen, werden vorzugsweise die Kenngrößen beobachtet, die bereits in einer frühen Phase in einer detektierbaren Menge oder Konzentration auftreten.

Bei der Entscheidung, welche Größe zur Branderkennung genutzt wird, müssen die zu erwartenden Umgebungsbedingungen beachtet werden. In Industrie- und Gewerbebetrieben können durch technologische Prozesse

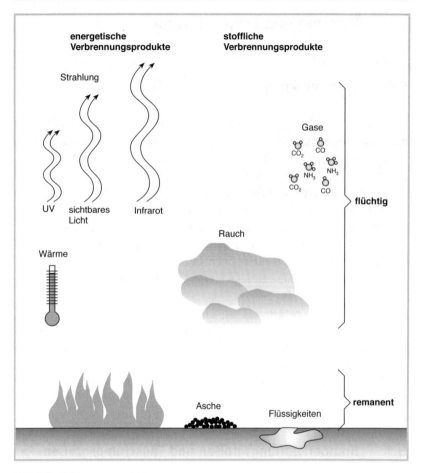

Bild 5.1 Verbrennungsprodukte

Dämpfe, Nebel, Stäube oder Gase auftreten. Bei thermischen Prozessen oder auch in Großküchen muss mit plötzlichen Temperaturanstiegen gerechnet werden, z. B. beim Öffnen von Öfen. In Gasträumen können hohe Konzentrationen von Zigarettenrauch auftreten. Flammenmelder können durch Sonnenlicht oder reflektierende Flächen getäuscht werden. Hochempfindliche Ansaugrauchmelder sprechen schon bei geringsten Lufttrübungen an, z. B. bei kleinen Lötarbeiten oder geringen Staubaufwirbelungen. All das muss bei der Auswahl eines geeigneten Brandmelders berücksichtigt werden.

5.2 Auswahl der Melder

Bei der Planung der Melder für einen bestimmten Raum stellen sich also primär die Fragen:
- Mit welcher Art von Brand muss gerechnet werden?
- Welche charakteristischen Kenngrößen treten hierbei auf?
- Welche Täuschungsgrößen sind zu erwarten?

Zu den häufigsten Brandursachen zählen
- Fahrlässigkeit, z. B. brennende Zigarette oder das Tuch über der Nachttischlampe,
- feuergefährliche Arbeiten, z. B. Trennen, Schneiden, Schleifen, Schweißen,
- technische Defekte, z. B. Kurzschluss, Überlast, Reibungswärme,
- Heizgeräte, z. B. durch Staub- oder Flusenablagerung, defekte Thermostate,
- Selbstentzündung,
- höhere Gewalt, z. B. Blitzschlag,
- Brandübertragung von außen, z. B durch mangelhafte bauliche Abtrennung,
- Brandstiftung (Vandalismus, Rache, Einbruch).

In Wohnungen, Büros und Arbeitsstätten bilden vor allem brennbare feste Stoffe die vorhandene Brandlast. Brände fester (nicht explosiver) Stoffe beginnen mit einer Pyrolyse- und Schwelbrandphase mit Rauchentwicklung.

Wenn keine betriebliche Lufttrübung durch Dampf, Nebel, Staub oder Rauch erwartet wird, sind punktförmige oder Linien-Rauchmelder aufgrund ihrer frühen Branderkennung bevorzugt einzusetzen. Punktförmige Rauchmelder werden vor allem in kleinen und mittleren Räumen und bei kleingliedrigen Decken verwendet. Die Wahl zwischen optischem Rauchmelder und Ionisationsrauchmelder wird in vielen Fällen zugunsten des optischen Melders ausfallen. Die meisten brennbaren Stoffe in unserer Wohn- und Arbeitsumgebung sind organischen Ursprungs (Holz, Papier, PVC und andere Kunststoffe) und bilden beim Brand einen starken hellen Rauch, der von optischen Rauchmeldern am schnellsten erkannt wird. Wenn man dagegen in der Planungsphase bereits von offenen Bränden mit dunkler Rauchbildung oder auch offenen Holzbränden ausgehen muss, sind Ionisationsrauchmelder zu bevorzugen.

In Hallen, hohen Räumen, bei schwer zugänglichen Decken oder Orten, an denen keine punktförmigen Melder montiert werden können, bieten linienförmige Rauchmelder die technische Alternative.

Wenn bereits in der Entstehungsphase mit einem offenen Brand mit starker Wärmeentwicklung und Flammenstrahlung zu rechnen ist, können neben Rauchmeldern auch Wärme- oder Flammenmelder bzw. Kombinationen verschiedener Melder eingesetzt werden.

Die Wirksamkeit von UV-Flammenmeldern wird durch Staub, Rauch und UV-absorbierende Dämpfe eingeschränkt. Infrarot-Flammenmelder eignen sich nur für die Erkennung von Bränden organischer Stoffe. Besteht Ungewissheit über das Brandverhalten, sind Kombinationen verschiedener Melder zu verwenden. Ein Beispiel zeigt **Bild 5.2**.

Für Wärmemelder bestehen, abgesehen von Extremfällen wie Nass-staub-Ablagerungen, keine Einschränkungen bei betriebsbedingter Entstehung von Rauch, Staub oder Aerosolen.

Die Eignung automatischer Brandmelder bei bestimmten Brandarten fasst die **Tabelle 5.1** zusammen.

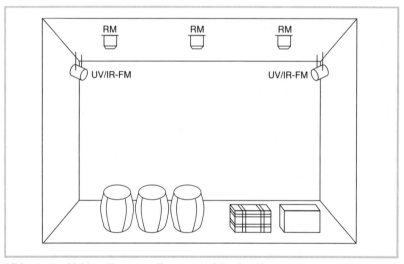

Bild 5.2 *Kombinierter Einsatz von Flammen- und Rauchmeldern*
RM Rauchmelder
UV/IR-FM Ultraviolett/Infrarot-Flammenmelder

5.3 Umgebungsbedingungen

Automatische Brandmelder sind elektronische Bauteile, die nur innerhalb festgelegter physikalischer Grenzen sicher funktionieren.

Tabelle 5.1 *Eignung automatischer Melder bei verschiedenen Testfeuern*

Testfeuer		Optischer Rauchmelder (O)	Ionisationsrauchmelder (I)	Thermodifferentialmelder (T)	Multisensormelder mit O- und T-Teil	Multisensormelder mit O-, T- und I-Teil	Flammenmelder
TF1	Offener Holzbrand	✗	✓✓	✓	✓✓	✓✓	✓
TF2	Holzschwelbrand	✓✓	✓	✗	✓✓	✓✓	✗
TF3	Glimm-Schwelbrand (Baumwolle)	✓✓	✓	✗	✓	✓✓	✗
TF4	Offener Kunststoffbrand (PU)	✓	✓✓	✓	✓	✓✓	✗
TF5	Flüssigkeitsbrand (n-Heptan)	✓	✓✓	✓	✓	✓✓	✗
TF6	Flüssigkeitsbrand (Spiritus)	✗	✗	✓✓	✓✓	✓✓	✓

✗ nicht geeignet ✓ geeignet ✓✓ gut geeignet

Temperatur und Luftfeuchte

Die zulässigen Umgebungsbedingungen gibt der Hersteller vor. Bei fehlender Angabe gilt die Vorgabe aus EN 54. Üblicherweise lassen Brandmelder Umgebungstemperaturen von −20 °C bis +50 °C und eine relative Luftfeuchtigkeit von maximal 95 % zu. Wenn die Umgebungstemperatur betriebsbedingt starken Schwankungen unterliegt, sind Wärmemelder nur eingeschränkt geeignet. Bei Temperaturen unter 0 °C muss sichergestellt sein, dass die Melder nicht vereisen.

VDE 0833-2 empfiehlt für ungeheizte Gebäude, in denen die Temperatur stark schwanken, aber nur kurzzeitig stark ansteigen kann, Melder mit dem Klassenindex[6] R (Thermodifferentialmelder). In Räumen, in denen über längere Zeit höhere Temperaturanstiegsgeschwindigkeiten auftreten, eignen sich Melder mit dem Klassenindex[6] S (Thermomaximalmelder). Zu diesen Räumen zählen Kesselhäuser und Küchen.

An ungedämmten Metalldecken bildet sich bei hoher Luftfeuchtigkeit und Abkühlung Kondenswasser. Das Wasser kann in die an der Decke montierten Melder eindringen und zu Störungen oder Falschalarmen führen.

---

6 siehe dazu Abschnitt 3.1.3.1

Luftbewegung

Gemäß VDE 0833-2 dürfen Rauchmelder bei Luftgeschwindigkeiten bis zu 20 m/s betrieben werden. Dieser Wert gilt nur für optische Melder und nicht für Ionisationsrauchmelder, und das nur für weitgehend homogene Rauchkonzentrationen. In der Praxis muss bei diesen hohen Luftgeschwindigkeiten mit einer starken Verwirbelung und Ausdünnung der Rauchkonzentration gerechnet werden. Um die für die Detektion erforderliche Lufttrübung zu erreichen, muss also eine insgesamt viel größere Rauchmenge freigesetzt werden, was letzten Endes zu einer deutlich verspäteten Branderkennung führt. Bei Brandmeldeanlagen mit VdS-Attest sind nur Luftgeschwindigkeiten bis 5 m/s zulässig. Bei höheren Luftgeschwindigkeiten müssen empfindlichere Sensoren, z. B. hochempfindliche Ansaugrauchmelder, verwendet werden.

Auch geringere Strömungsgeschwindigkeiten können bereits zu Problemen führen. Bei einem von der VdS Schadenverhütung durchgeführten Rauchversuch in einem Büroraum ergab sich folgendes interessante Ergebnis. Bei abgeschalteter Klimaanlage bildete sich an der Raumdecke eine rauchhaltige Schicht, die bereits nach 3 min zur Alarmierung führte. Im selben Büro mit derselben Rauchentwicklung erfolgte die Alarmierung bei laufender Klimaanlage erst nach 8 min. Wenn man nun die zarte Luftbewegung in einem Büro mit den mächtigen Gebläsen der Umluftkühlgeräte in EDV-Räumen vergleicht, wird verständlich, zu welchen erheblichen Alarmverzögerungen Luftbewegungen führen können.

Erschütterungen

Für punktförmige Melder, die an Decken und Wänden montiert werden, gelten keine Einschränkungen in Bezug auf Vibrationen und Erschütterungen.

Vorsicht ist beim Einsatz von Flammenmeldern und Lichtstrahlrauchmeldern (linienförmigen Rauchmeldern) geboten. Wie bereits im Abschnitt 3.1.2.4 erläutert, führt eine Schwingung der Unterlage um 0,1° zur Ablenkung eines 100 m langen Lichtstrahls von mehr als 17 cm. Das führt zu einer zyklischen Unterbrechung des reflektierten Lichtstromes und macht eine Auswertung der Lufttrübung unmöglich.

Lichteinwirkung

Wärmemelder reagieren nicht auf Licht und können daher auch unter extremen Beleuchtungsbedingungen verwendet werden.

Die Lichtsensoren punktförmiger optischer Rauchmelder befinden sich in der optisch abgeschirmten Messkammer und werden von äußerer Lichtstrahlung nur in extremen Ausnahmefällen beeinflusst. So kann eine plötzliche direkte Sonneneinstrahlung zur Täuschung des Rauchmelders führen. Die Montage ist deshalb bevorzugt an solchen Orten durchzuführen, die nicht schlagartig starken Lichtquellen, wie direktem Sonnenschein oder Lichtbögen, ausgesetzt sind. Das Ein- und Ausschalten der Raumbeleuchtung führt nicht zu Täuschungen.

Flammenmelder werten die Lichtstrahlung der Umgebung aus und sind daher täuschungsanfällig. Infrarotmelder reagieren auf modulierte IR-Strahlung durch flackernde Beleuchtung, schwingende oder rotierende Maschinenteile, reflektierende Flächen oder reflektierende Oberflächen von Flüssigkeiten.

UV-Flammenmelder überwachen das ultraviolette Lichtspektrum im 200-nm-Bereich und lassen sich durch bestimmte Leuchtmittel und Lichtbögen beeinflussen. Die Flammenmelder müssen deshalb so angeordnet werden, dass derartige Täuschungsgrößen den Melder möglichst nicht beeinflussen. Wenn das nicht realisierbar ist, können mehrere Flammenmelder in Zweimelderabhängigkeit (siehe Bild 5.44) in verschiedenen Winkeln auf das gleiche Objekt ausgerichtet werden.

5.4 Anordnung von Handfeuermeldern

Handfeuermelder werden in den Flucht- und Rettungswegen installiert. Eine Person, die sich im Gefahrenbereich befindet, soll keinen Umweg machen müssen, um den Melder zu betätigen.

In feuergefährdeten Betriebsstätten darf der Weg bis zum nächsten Melder maximal 30 m betragen. Wenn keine erhöhte Gefährdung vorliegt, darf der Weg von jedem beliebigen Punkt bis zum nächsten Handfeuermelder max. 50 m betragen.

Diese Forderungen können in der Regel erfüllt werden, wenn die Handfeuermelder an allen Ausgängen ins Freie und an den Zugängen zu den Fluchtwegen angeordnet werden. Sinnvoll ist in den meisten Fällen die Platzierung außerhalb des Gefahrenbereiches. Eine Person, die den brennenden Raum verlassen hat und sich auf dem sicheren Fluchtweg oder im Treppenhaus befindet, wird sich eher die Zeit nehmen, die Scheibe einzuschlagen und den Alarmknopf zu betätigen, als wenn hinter ihr die Flammen lodern und Rauch das Atmen erschwert.

Eine Ausnahme bilden Alten- und Pflegeheime. Hier sind viele Bewohner oft nicht in der Lage, die schweren Türen zum Treppenraum eigenständig zu öffnen. Um auch ihnen die Alarmauslösung zu ermöglichen, ist hier eine Anordnung der Handfeuermelder vor dem Zugang zum Treppenraum zu bevorzugen.

5.5 Anordnung automatischer Melder

5.5.1 Raumhöhe

Die Melder sind so anzuordnen, dass sie von der Brandkenngröße ungehindert erreicht werden können. Da sich die typischen Brandkenngrößen Wärme und Rauch durch thermischen Auftrieb nach oben ausbreiten, werden automatische Brandmelder unterhalb der Raumdecke angeordnet.

Je höher die Decke ist, umso stärker kühlt sich die Luft auf dem Weg nach oben ab. Bei einer Raumhöhe über 7,5 m können selbst punktförmige Wärmemelder der Klasse 1 nicht mehr wirksam eingesetzt werden. Punktförmige Rauchmelder eignen sich bei Deckenhöhen bis 12 m. In Ausnahmefällen, nicht jedoch bei VdS-Anlagen, sind Deckenhöhen bis 16 m zulässig. Je größer der Abstand zwischen dem Brandherd und der Decke ist, desto größer wird der Bereich gleichmäßiger, aber geringerer Rauchkonzentration. Das bedeutet, dass bei hohen Decken ein größerer Melderabstand möglich wird. Die Zeitspanne von der Brandentstehung bis zur Erkennung steigt mit der Deckenhöhe.

Flammenmelder können bei bis zu 45 m Raumhöhe eingesetzt werden.

Eine Zusammenfassung der Eignung automatischer Brandmelder in Abhängigkeit von der Raumhöhe geben Tabelle 1 in VDE 0833 Teil 2 und die folgende Übersicht (**Tabelle 5.2**).

In hohen Räumen, wie Industriehallen, Lichthöfe von Warenhäusern oder Foyers, sind Brandentwicklungen mit offener Flamme unwahrscheinlich und der Einsatz von Flammenmeldern wenig sinnvoll. Da die Montage von Deckenmeldern u. U. keine ausreichende Branderkennung gewährleistet, sind im vertikalen Abstand von maximal 12 m Zwischenebenen zu bilden. Diese sind vorzugsweise mit linienförmigen Rauchmeldern zu überwachen. Der Einsatz von punktförmigen Rauchmeldern z. B. unter Gitterrosten ist möglich, wenn über dem Rauchmelder Rauchstauflächen von mindestens 0,5 m x 0,5 m geschaffen werden. Das können einfache Tafeln aus Blech oder Kunststoff sein. Es bestehen keine Anforderungen an das Brandverhalten des Materials oder den Funktionserhalt im Brandfall.

Tabelle 5.2 Einsatzbereiche automatischer Brandmelder in Abhängigkeit der Raumhöhe

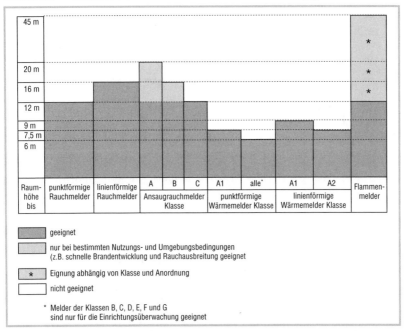

Höher liegende Deckenteile, z. B. Lichtschächte, müssen als eigener Raum betrachtet werden, wenn ihre Fläche 10 % der gesamten Deckenfläche übersteigt oder diese Deckenteile größer als die 0,6-fache Überwachungsfläche eines Melders sind.

Beispiel:
Eine Produktionshalle mit einer Grundfläche von 35 m x 80 m und einer Höhe von 8,5 m soll mit Rauchmeldern überwacht werden. In der Halle befinden sich 2 Felder mit Oberlichtern von jeweils 3 m x 20 m und einer Deckenhöhe von 9,6 m. Zwei weitere Oberlichter in der Hallenmitte haben eine Größe von 3 m x 7,5 m (**Bild 5.3**).

Die Grundfläche der Halle beträgt $A_G = 80\,m \times 35\,m = 2800\,m^2$.
Die großen Deckenfelder haben je eine Fläche von $A_1 = 3\,m \times 20\,m = 60\,m^2$.
Die kleinen Deckenfelder haben je eine Fläche von $A_2 = 3\,m \times 7,5\,m = 22,5\,m^2$.

Nach der Tabelle 2 in VDE 0833 Teil 2 überwacht ein Rauchmelder bei einer Raumhöhe von 6 bis 12 m und einer Deckenneigung bis 20° eine Fläche von $A_Ü = 80\,m^2$ (siehe Tabelle 5.3).

Für die großen Deckenfelder gilt: $A_1 = 60\,m^2 < 0,1 \cdot A_G = 280\,m^2$ und
 $A_1 = 60\,m^2 > 0,6 \cdot A_Ü = 48\,m^2$.
Für die kleinen Deckenfelder gilt: $A_2 = 22,5\,m^2 < 0,1 \cdot A_G = 280\,m^2$ und
 $A_2 = 22,5\,m^2 < 0,6 \cdot A_Ü = 48\,m^2$.

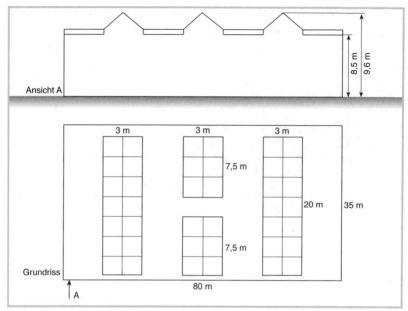

Bild 5.3 *Produktionshalle mit höher liegenden Deckenabschnitten*

Für die großen Deckenfelder wird nur ein Kriterium erfüllt. Dort sind eigene Rauchmelder anzuordnen. Aufgrund des Wärmestaus bei Sonneneinstrahlung dürfen die Rauchmelder nicht unmittelbar in der Glasebene montiert werden. Die Anordnung von Meldern in den kleinen Deckenfeldern ist nicht erforderlich, da beide Ausnahmekriterien erfüllt werden.

5.5.2 Deckenprojektierung punktförmiger Melder

5.5.2.1 Glatte Decken

Die Anordnung der Melder richtet sich nach der Raumgeometrie. In jedem zu überwachenden Raum des Sicherungsbereiches muss mindestens ein Melder installiert werden. Bei größeren Räumen mit durchgehenden Decken richten sich die Anzahl und die Lage der Melder nach der zulässigen Überwachungsfläche je Melder und dem zulässigen Abstand D_H. Das D_H-Maß gibt den größten Abstand eines beliebigen Punktes der Decke zum nächstgelegenen Melder an (**Bild 5.4**) und wird über den Satz des Pythagoras berechnet:

$$D_H = \sqrt{(a^2 + b^2)}.$$

5.5 Anordnung automatischer Melder

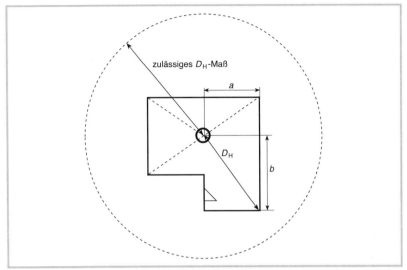

Bild 5.4 D_H-Maß

Das zulässige D_H-Maß ist nach DIN EN 54 Teile 5 und 7 genormt und wird in DIN VDE 0833 Teil 2 in den Bildern 1 und 2 als Funktion der Überwachungsfläche und der Dachneigung dargestellt (**Bilder 5.5 und 5.6**).

Die zulässige Überwachungsfläche hängt von der Grundfläche des Raumes, der Deckenhöhe, der Deckenneigung und der Art des automatischen Brandmelders ab und kann der Tabelle 2 in DIN VDE 0833 Teil 2 entnommen werden (**Tabelle 5.3**).

Wenn in den zu überwachenden Räumen Täuschungsgrößen auftreten, empfiehlt es sich, besondere Maßnahmen zur Falschalarmvermeidung zu treffen. Diese werden im Abschnitt 5.8 erläutert. Eine wirkungsvolle Methode soll bereits an dieser Stelle angesprochen werden. Sie besteht darin, nicht jeden Alarm sofort zu melden, sondern erst eine *zweite Alarmmeldung* der gleichen oder einer benachbarten Meldergruppe abzuwarten. Das bedeutet natürlich eine gewisse Verzögerung in der Branderkennung. Um dieses Manko zu kompensieren, müssen bei einer Zweimelder- oder Zweigruppenabhängigkeit die Überwachungsflächen wie folgt reduziert werden:
- bei Rauchmeldern um mindestens 30 %,
- bei Wärmemeldern um mindestens 50 %,
- bei der Ansteuerung von Brandschutzeinrichtungen wie Löschanlagen um mindestens 50 %.

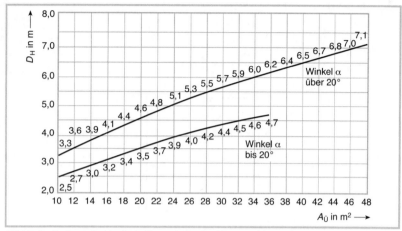

Bild 5.5 Horizontale Abstände für punktförmige Wärmemelder nach DIN EN 54-5

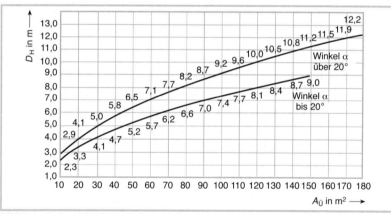

Bild 5.6 Horizontale Abstände für punktförmige Rauchmelder nach DIN EN 54-7

Für eine wirksame Falschalarmvermeidung ist ein Abstand der voneinander abhängigen Melder von mindestens 2,5 m erforderlich.

Bei der Aufteilung der Melder wären quadratische Überwachungsflächen ideal. Um die Abweichung von der idealen Quadratform in Grenzen zu halten, gibt die VDE 0833-2 seit 2009 zulässige Seitenverhältnisse für die Überwachungsflächen vor:

Dachneigung	Rauchmelder	Wärmemelder
$\alpha < 20°$	2 : 3	1 : 2
$\alpha > 20°$	1 : 3	1 : 4

5.5 Anordnung automatischer Melder

Tabelle 5.3 *Überwachunbgsbereiche von Rauch- und Wärmemeldern*

Grundfläche des zu überwachenden Raumes	Art der automatischen Brandmelder	Raumhöhe	Dachneigung α bis 20°	über 20°
			A	A
bis 80 m²	punktförmige Rauchmelder Ansaugrauchmelder Klasse A, B und C	bis 12 m	80 m²	80 m²
über 80 m²	punktförmige Rauchmelder	bis 6 m	60 m²	90 m²
	Ansaugrauchmelder Klasse A, B und C	6 m bis 12 m	80 m²	110 m²
	Rauchmelder Ansaugrauchmelder Klasse A und B	12 m bis 16 m	120 m²	150 m²
	Rauchmelder Ansaugrauchmelder Klasse A	16 m bis 20 m	#	#
bis 30 m²	punktförmige Wärmemelder Klasse A1, A2, B, C, D, E, F, und G* linienförmige Wärmemelder Klasse A1 und A2	bis 6,0 m	30 m²	30 m²
	punktförmige Wärmemelder der Klasse A1 linienförmige Wärmemelder Klasse A1 und A2	bis 7,5 m		
	linienförmige Wärmemelder Klasse A1	bis 9,0 m	15 m²	
über 30 m²	punktförmige Wärmemelder Klasse A1, A2, B, C, D, E, F, und G* linienförmige Wärmemelder Klasse A1 und A2	bis 6 m	20 m²	40 m²
	punktförmige Wärmemelder der Klasse A1 linienförmige Wärmemelder Klasse A1 und A2	bis 7,5 m		
	linienförmige Wärmemelder Klasse A1 und A2	bis 9 m	15 m²	30 m²

A	maximaler Überwachungsbereich je Melder
α	Winkel, den die Dach-/Deckenneigung mit der Horizontalen bildet Hat ein Dach oder eine Decke verschiedene Neigungen, z. B. bei Sheds, zählt die kleinste vorkommende Neigung. Bei geneigten Dächern wird die Raumhöhe am höchsten Punkt berücksichtigt
	Die Einsatzmöglichkeiten hängen von der Nutzung und den Umgebungsbedingungen ab.
#	Die Überwachungsflächen sind objektspezifisch festzulegen.
*	auch Melder mit Klassenindex R oder S
Allgemeines	Die Festlegungen gelten für punktförmige Rauchmelder nach DIN EN 54-2, Ansaugrauchmelder nach DIN EN 54-20, punktförmige Wärmemelder nach EN 54-5, und linienförmige Wärmemelder nach EN 54-22. Bei linienförmigen Meldern gelten die Überwachungsflächen je Ansaugöffnung bzw. Erkennungspunkt.

In der Praxis sind quadratische Überwachungsflächen selten möglich. Für die Melderanordnung in großen Räumen mit ebenen Decken, bei denen die Unterzüge nicht berücksichtigt werden müssen, empfiehlt sich daher folgende Vorgehensweise:

a) Auswahl der Melder anhand der vorhandenen Brandlast, der zu erwartenden Brandkenngrößen und der bekannten Täuschungsgrößen;

b) Ermittlung der zulässigen Überwachungsfläche je Melder aus VDE 0833 Teil 2, Tabelle 2 anhand der Grundfläche des Raumes, der Deckenhöhe und der Dachneigung (siehe Tabelle 5.3);

c) Ermittlung des zulässigen D_H-Maßes aus VDE 0833 Teil 2, Bild 1 bzw. Bild 2 anhand der Überwachungsfläche und der Dachneigung (siehe Bilder 5.5 und 5.6);

d) Berechnung der Mindestanzahl der erforderlichen Melder nach der Formel

$$n = A_G/A_\text{Ü}$$

n Anzahl der Melder,
A_G Grundfläche des Raumes,
$A_\text{Ü}$ zulässige Überwachungsfläche eines Melders;

e) Berechnung der Seitenlänge des Überwachungsquadrates

$$s_\text{Ü} = \sqrt{A_\text{Ü}}$$

f) Die Seitenlängen des Raumes (a und b) werden durch die Seitenlänge des Überwachungsquadrates geteilt, um festzustellen, wie oft das Überwachungsquadrat in die Grundfläche passt (**Bild 5.7**):

$$n_a = a/s_\text{Ü},$$
$$n_b = b/s_\text{Ü};$$

g) In den seltensten Fällen werden die Ergebnisse n_a und n_b ganze Zahlen sein. Die Überwachungsquadrate werden daher zu Überwachungsrechtecken mit den Seitenlängen s_a und s_b verschoben.
Die Rechtecke müssen dabei zwei Bedingungen erfüllen (**Bild 5.8**):
1) Die Fläche muss kleiner als die zulässige Überwachungsfläche $A_\text{Ü}$ sein:

$$s_a \times s_b < A_\text{Ü};$$

2) Die halbe Diagonale muss kleiner als das zulässige D_H-Maß sein:

$$\sqrt{(s_a/2)^2 + (s_b/2)^2} < D_H;$$

h) Damit die Überwachungsflächen und Deckenabstände nicht ausgereizt werden, sind die Reserven möglichst gleichmäßig zu verteilen.

5.5 Anordnung automatischer Melder

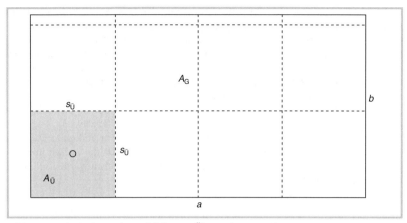

Bild 5.7 Maße in der Deckenprojektierung: Überwachungsquadrate

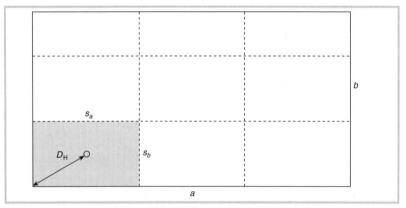

Bild 5.8 Maße in der Deckenprojektierung: Überwachungsrechtecke

Diese bis hier recht theoretische Betrachtung soll im Folgenden an einem praktischen Beispiel erläutert werden.

Beispiel:
Ein Industriebetrieb für Kunststoffverarbeitung plant eine neu zu errichtende Produktionshalle. Der Feuerversicherer hat die Übernahme des Risikos zugesagt, wenn das gesamte Gebäude mit einer Brandmeldeanlage ausgestattet wird. Die Hauptbrandgefahr geht von dem verarbeiteten PVC aus. Es ist mit gelegentlicher kurzzeitiger lokaler Staubentwicklung zu rechnen. Der Betrieb hat keine Erfahrung mit der Planung von Brandmeldeanlagen und beauftragt das örtliche Ingenieurbüro *Gustav Gründlich*. Als Planungsgrundlage werden das Brandschutzkonzept und die genehmigten Baupläne übergeben. Die Halle hat die in **Bild 5.9** dargestellte Geometrie.

Da die Deckenhöhe über 7,5 m beträgt, wurde der Einsatz von Wärmemeldern trotz der zu erwartenden Staubentwicklung bereits bei der Erstellung des Brandmeldekonzeptes verworfen. Linienförmige Rauchmelder können aufgrund eines Deckenkranes und mehrerer Wartungsgänge im oberen Hallenbereich nicht verwendet werden. Der Planer *Gustav Gründlich* entscheidet sich für den Einsatz von punktförmigen optischen Rauchmeldern in Zweimelderabhängigkeit. Da der Auftraggeber einen Versicherungsrabatt anstrebt, wird die Anlage streng nach VdS 2095 geplant.

Die zulässige Überwachungsfläche eines Rauchmelders entnimmt *Gustav Gründlich* der Tabelle 2 in VDE 0833 Teil 2 (**Tabelle 5.4**, siehe auch Tabelle 5.3).

Bei Räumen > 80 m² mit einer Höhe zwischen 6 m und 12 m und einer Dachneigung < 20° beträgt die zulässige Überwachungsfläche 80 m². Da die Anlage in Zweimelderabhängigkeit ohne Ansteuerung einer Löschanlage betrieben werden soll, wird die zulässige Überwachungsfläche um 30 % reduziert:

$A_\text{Ü} = 80 \text{ m}^2 \cdot 0{,}7 = 56 \text{ m}^2.$

Gustav Gründlich ermittelt nun anhand des Diagramms Bild 1 in VDE 0833 Teil 2 den maximal zulässigen Deckenabstand (**Bild 5.10**, siehe auch Bild 5.6).

Das zulässige D_H-Maß bei einer Überwachungsfläche von 56 m² und einer Dachneigung < 20° ist nicht exakt ablesbar. *Gustav Gründlich* notiert sich die zwei nächstliegenden Punktkoordinaten:

P_1: 50 m²; 5,2 m,

P_2: 60 m²; 5,7 m

und berechnet über lineare Interpolation

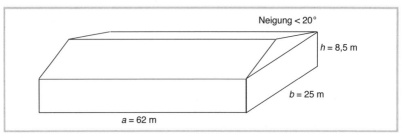

Bild 5.9 *Beispiel Deckenprojektierung: Gebäudemaße*

Grundfläche des zu überwachenden Raumes	Art der automatischen Brandmelder	Raumhöhe	Dachneigung α	
			bis 20°	über 20°
			$A_\text{Ü}$	$A_\text{Ü}$
bis 80 m²	Rauchmelder DIN EN 54-7	bis 12,0 m	80 m²	80 m²
über 80 m²	Rauchmelder DIN EN 54-7	bis 6,0 m	60 m²	90 m²
		über 6,0 m bis 12,0 m	80 m²	110 m²
		über 12,0 m bis 16,0 m	120 m²	150 m²

Tabelle 5.4 *Beispiel Deckenprojektierung: Ermittlung der Überwachungsfläche*

5.5 Anordnung automatischer Melder

$D_H = 5{,}2\,m + (5{,}7\,m - 5{,}2\,m) \cdot (56\,m - 50\,m)/(60\,m - 50\,m) = 5{,}5\,m$.

Der Wert kann mit hinreichender Genauigkeit auch grafisch ermittelt werden. Die minimal erforderliche Melderanzahl erhält *Gustav Gründlich* aus der Grundfläche des Raumes und der zulässigen Überwachungsfläche:

$n_{min} = A_G/A_{\ddot{U}} = (a \times b)/A_{\ddot{U}} = (62\,m \times 25\,m)/56\,m = 27{,}7 \rightarrow 28$.

Das ideale Überwachungsquadrat berechnet er nach der Formel:

$s_{\ddot{U}} = \sqrt{A_{\ddot{U}}} = \sqrt{56\,m^2} = 7{,}48\,m$.

Nun dividiert er die Seitenlängen des Raumes durch die Seitenlänge des Überwachungsquadrates (**Bild 5.11**):

$n_a = a/s_{\ddot{U}} = 62\,m/7{,}48\,m = 8{,}28$,
$n_b = b/s_{\ddot{U}} = 25\,m/7{,}48\,m = 3{,}24$.

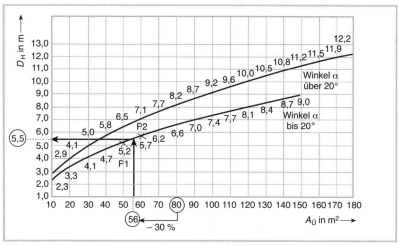

Bild 5.10 *Beispiel Deckenprojektierung: Ermittlung des D_H-Maßes*

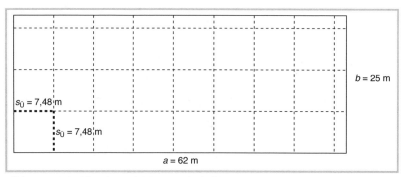

Bild 5.11 *Beispiel Deckenprojektierung: Ideale Überwachungsquadrate*

Wäre *Gustav Gründlichs* Auftraggeber ein arabischer Ölscheich, bei dem Geld keine Rolle spielt, könnte er bedenkenlos aufrunden und 9 x 4 = 36 Melder verteilen. Da er aber kostengünstig planen soll, versucht er die Überwachungsflächen rechteckig zu gestalten.

Bei einer Mindestanzahl von 28 Meldern bietet sich eine Anordnung 7 x 4 an. Dabei ergeben sich Überwachungsrechtecke mit diesen Seitenlängen:

$s_a = a/n_a = 62\,\text{m}/7 = 8,86\,\text{m}$,

$s_b = b/n_b = 25\,\text{m}/4 = 6,25\,\text{m}$.

Die neue Überwachungsfläche eines Melders beträgt

$s_a \cdot s_b = 8,86 \times 6,25 = 55,4\,\text{m}^2$

und ist damit kleiner als die zulässige Überwachungsfläche $A_\text{Ü} = 56\,\text{m}^2$:

$55,4\,\text{m}^2 < 56\,\text{m}^2$.

Das erste Kriterium ist erfüllt. Für die Überprüfung des zweiten Kriteriums berechnet *Gustav Gründlich* das neue D_H-Maß:

$D_H = \sqrt{(s_a/2)^2 + (s_b/2)^2} = \sqrt{(8,86\,\text{m}/2)^2 + (6,25\,\text{m}/2)^2} = 5,42\,\text{m}$.

Dieser Wert ist erfreulicherweise kleiner als die zulässigen 5,5 m.

Um auch bei der Montage diese knapp bemessenen Werte einhalten zu können, trägt *Gustav Gründlich* die Maßketten für die Melder in die Ausführungszeichnung ein (**Bild 5.12**) und gibt die Pläne zur Koordinierung an den Architekten und die anderen Fachplaner. Schließlich nutzt die beste Optimierung nichts, wenn auf der Baustelle sich genau an dem geplanten Melderstandort eine RWA-Klappe befindet oder ein Heizungsrohr verläuft.

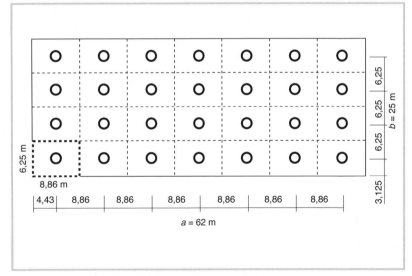

Bild 5.12 *Beispiel Deckenprojektierung: Planungsergebnis*

5.5.2.2 Decken mit Unterzügen

Jede Decke benötigt eine Tragkonstruktion. Bei Gewölbedecken und Stahlbetondecken mit selbsttragender Bewehrung oder deckengleichen Unterzügen verbleiben glatte Untersichten. Bei großen Spannweiten findet man in den meisten Fällen sichtbare Unterzüge. Diese können aus Stahlbeton, Holz oder Metall sein. Durch die Unterzüge werden Deckenfelder gebildet, in denen sich Rauch und Wärme sammeln und stauen können.

Für die Brandmelderplanung müssen Unterzüge mit einer Höhe von mehr als 3% der Raumhöhe, jedoch erst ab einer Höhe von 0,2 m berücksichtigt werden. **Bild 5.13** zeigt die Abhängigkeit der bei der Brandmelderplanung zu berücksichtigenden Höhe der Unterzüge von der Raumhöhe.

Alle Unterzüge oberhalb des Graphen bleiben bei der Brandmelderplanung unberücksichtigt. Kreuzen die Unterzüge den Graphen, sind die Deckenfelder wie eigene Räume zu behandeln.

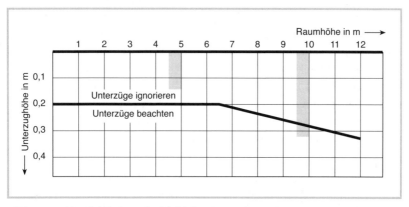

Bild 5.13 *Abhängigkeit der zu berücksichtigenden Unterzughöhe von der Raumhöhe*

Beispiel:
Eine 9 m hohe Decke wird im 6-m-Stützenraster von einem zentralen Unterzug mit 0,4 m Höhe und zwei seitlichen Unterzügen mit 0,25 m Höhe getragen (**Bild 5.14**). Beide Unterzüge sind höher als 0,2 m. Die kleineren Unterzüge liegen mit

$(0,25 \text{ m} \cdot 100\%)/9,0 \text{ m} = 2,8\%$

unter 3% der Raumhöhe und werden nicht berücksichtigt. Rauch- und Wärmemelder dürfen direkt auf den kleinen Unterzügen montiert werden.

Der große Unterzug überschreitet mit

$(0,40 \text{ m} \cdot 100\%)/9,0 \text{ m} = 4,5\%$

die 3-%-Marke und ist bei der Planung zu berücksichtigen.

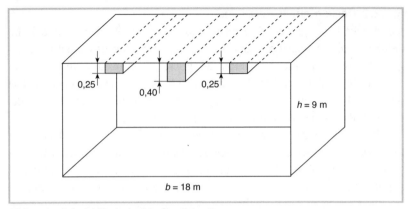

Bild 5.14 *Beispiel für deckenbündige Unterzüge*

Nicht ganz so einfach wird die Planung, wenn Unterzüge oder auch Lüftungskanäle nicht deckenbündig verlaufen. Das ist z. B. dann der Fall, wenn über den Hauptunterzügen in Querrichtung kleinere Unterzüge oder Abstandhalter verlaufen. Der Planer muss beurteilen, ob sich Rauch und Wärme an der Decke ungehindert ausbreiten können. Das ist dann der Fall, wenn der Abstand zur Decke größer als 3 % der Raumhöhe ist, mindestens 0,25 m beträgt und die freie Fläche zwischen den Abstandhaltern mindestens 75 % der Gesamtfläche beträgt. In diesem Fall brauchen die Hauptunterzüge unabhängig von ihrer Höhe nicht berücksichtigt zu werden.

Beispiel:
Die Decke einer 7,5 m hohen Lagerhalle wird von Holzsparren mit einer Höhe von 0,26 m und einer Breite von 0,22 m getragen. Die Sparren liegen im Abstand von 1,5 m auf einem Leimholzbinder mit einer Höhe von 0,8 m (**Bild 5.15**).

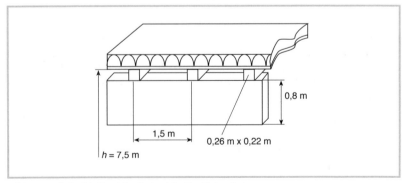

Bild 5.15 *Beispiel für nicht deckenbündige Unterzüge*

Gustav Gründlich zückt den Taschenrechner und stellt fest, dass die Höhe der Sparren im Verhältnis zur Raumhöhe bei

$0{,}26\,\text{m}/7{,}5\,\text{m} = 3{,}5\,\% \;(> 3\,\%)$

liegt. Der Querschnitt eines Sparrens beträgt

$A_S = 0{,}26\,\text{m} \times 0{,}22\,\text{m} = 0{,}058\,\text{m}^2$.

Die freie Fläche zwischen den Sparren ermittelt er aus dem Produkt der Sparrenhöhe mit dem Sparrenabstand abzüglich der Sparrenbreite:

$A_F = 0{,}26\,\text{m} \times (1{,}5\,\text{m} - 0{,}22\,\text{m}) = 0{,}333\,\text{m}^2$.

Die Gesamtfläche ist die Summe der beiden Teilflächen:

$A_G = A_S + A_F = 0{,}058\,\text{m}^2 + 0{,}333\,\text{m}^2 = 0{,}391\,\text{m}^2$.

Das prozentuale Verhältnis der freien Fläche zur Gesamtfläche ergibt sich aus

$(A_F \cdot 100\,\%)/A_G = 0{,}333\,\text{m}^2/0{,}391\,\text{m}^2 = 85\,\% \;(> 75\,\%)$.

Da beide Bedingungen erfüllt sind, braucht *Gustav Gründlich* die Hauptunterzüge unabhängig von ihrer Höhe bei der weiteren Planung nicht zu berücksichtigen.

In gewohnter Gewissenhaftigkeit prüft er noch flink die Sparren, die mit über 20 cm Höhe als potentielle Störenfriede in Frage kommen. Das prozentuale Verhältnis der Sparrenhöhe beträgt

$(0{,}26\,\text{m} \cdot 100\,\%)/7{,}5\,\text{m} = 3{,}5\,\% \;(> 3\,\%)$.

Damit bilden die deckenbündigen Sparren Deckenfelder, die wie eigene Räume zu betrachten sind.

5.5.2.3 Perforierte Zwischendecken

Zwischendecken mit runden oder eckigen Aussparungen werden von Architekten gerne als gestalterisches Mittel eingesetzt. Für die Branderkennung wirken sie erschwerend, weil ein Teil des Brandrauches durch die Öffnungen in die Zwischendecke zieht und die für die Branddetektion erforderliche Lufttrübung unter Umständen erst deutlich später erreicht wird.

Wenn die Zwischendecken der Raumbelüftung dienen, insbesondere wenn die Raumluft über die Zwischendecke abgesaugt wird, verstärkt sich dieser negative Effekt. In solchen Fällen müssen die Decken in einem Radius von 0,5 m um den Melder geschlossen werden. Der Verschluss kann auch oberhalb der Decke erfolgen, um gestalterische Einschränkungen zu vermeiden. Wichtig ist nur, dass über die Öffnungen in der Nähe des Melders kein Brandrauch in die Zwischendecke abziehen kann.

Bei großflächig perforierten Decken steigt fast der gesamte Brandrauch in den Zwischendeckenbereich und wird von den dort angeordneten Meldern erkannt. Auf die Überwachung unterhalb der Zwischendecke kann unter folgenden Bedingungen verzichtet werden:

- die Zwischendecke ist gleichmäßig perforiert,
- der offene Querschnitt beträgt mehr als 75 % der Gesamtdeckenfläche,
- die Dicke der Decke ist kleiner als das Dreifache des kleinsten Perforationsmaßes.

Bei gleichmäßig angeordneten runden Aussparungen kann eine freie Öffnungsfläche von 75 % so gut wie nicht erreicht werden. Die Löcher müssten unabhängig von der Größe so dicht angeordnet werden, dass die verbleibenden Stege praktisch nicht mehr tragfähig sind.

Beispiel:
Herr *Gründlich* soll automatische Melder für einen dekorativ gestalteten Konferenzraum planen. Er erhält vom Architekten ein Muster für die Zwischendecke und folgende Maßangaben:

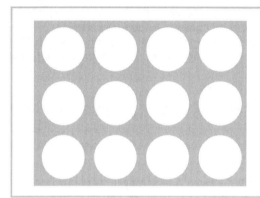

Durchmesser der Löcher:
$d = 40$ mm

Deckenstärke (Dicke):
$b = 20$ mm

Abstand der Löcher (Mitte-Mitte) in Längs- und Querrichtung:
$a = 45$ mm

Herr *Gründlich* macht sich die Sache einfach
und betrachtet nur ein Loch mit seiner Umfassungsfläche.

Die Seitenmaße der quadratischen Umfassungsfläche
entsprechen dem Lochabstand. Er berechnet:
- die Umfassungsfläche $A_u = a \cdot a = 45 \cdot 45 = 2\,025$ mm²
- die Fläche des Loches $A_o = \pi \cdot d^2/4 = \pi \cdot 40^2/4 = 1\,256$ mm²

Der Anteil der freien Öffnungsfläche beträgt
$1\,256$ mm²$/2\,025$ mm² $= 0{,}62 = 62\,\%$.

Die erforderlichen 75 % werden nicht erreicht. Die Melder sind unter der Zwischendecke anzuordnen. Eine weitere Beachtung der Deckenstärke erübrigt sich in diesem Fall.

5.5.2.4 Die 0,6-Regel

Manche Deckenkonstruktionen sind derart ungünstig, dass die zu berücksichtigenden Deckenfelder nur noch wenige Quadratmeter betragen, was die Anzahl der erforderlichen Melder extrem in die Höhe treibt. Andererseits kann man bei kleinen Deckenfeldern, die durch nicht allzu hohe Unterzüge gebildet werden, davon ausgehen, dass aufsteigender Rauch die Felder schnell ausfüllt und der Rauch schon nach kurzer Zeit in die Nachbarfelder eindringt.

Die Norm lässt daher zu, dass bei Unterzügen mit einer Höhe von ≤ 0,8 m und Deckenfeldern mit einer Fläche von ≤ der 0,6-fachen Überwachungsfläche eines Melders mit einem Melder mehrere Deckenfelder überwacht werden können. Die gesamte Überwachungsfläche darf allerdings die 1,2-fache Überwachungsfläche eines Melders nicht überschreiten.

Jetzt kann man sich fragen, warum ausgerechnet bei dieser schwierigen Situation insgesamt größere Überwachungsflächen als bei glatten Decken zulässig sind. Vermutlich gehen die Normenverfasser davon aus, dass die horizontale Rauchausbreitung durch die dicht angeordneten Unterzüge stark gebremst und so trotz aller Hindernisse in den überwachten Feldern die erforderliche Rauchkonzentration in ausreichend kurzer Zeit erreicht wird. Zum anderen dürfte man bei Abzug der Fläche, die die Unterzüge selbst einnehmen, mit der Nettofläche der höher liegenden Decke wieder annähernd auf die zulässige Überwachungsfläche nach Tabelle 2 der Errichtungsnorm VDE 0833-2 kommen.

Beispiel:
Ein Laborraum mit einer Grundfläche von 130 m² und einer Höhe von 4 m ist an der Decke dicht mit Lüftungskanälen bestückt, die aufgrund ihrer Höhe von 30 cm berücksichtigt werden müssen. Der Raum soll mit Rauchmeldern überwacht werden (**Bild 5.16**).

Planungsingenieur *Gustav Gründlich* notiert nach einem Blick in die Norm die Überwachungsfläche je Melder mit 60 m² und das D_H-Maß mit 5,7 m. Bei einer glatten Decke könnte der Raum mit 3 Meldern wirksam überwacht werden.

Durch die fast deckenbündigen Abluftkanäle werden jedoch Deckenfelder von jeweils 18 m² gebildet. Da *Gustav Gründlich* nicht die anrechenbaren Kosten für seine Honorarberechnung hochtreiben, sondern das Budget seines Auftraggebers schonen will, prüft er, ob die 0,6-Regel angewendet werden kann.

Er teilt die Flächen der einzelnen Deckenfelder (A_{DF}) durch die zulässige Überwachungsfläche je Melder ($A_\text{Ü}$):

$A_{DF}/A_\text{Ü} = 18\,\text{m}^2/60\,\text{m}^2 = 0{,}3\ (< 0{,}6)$.

Mit sportlichem Ehrgeiz stellt er fest, dass mit einem Melder bis zu 4 Deckenfelder überwacht werden können:

$4 \cdot 18\,\text{m}^2 = 72\,\text{m}^2 = 1{,}2 \cdot A_\text{Ü}$.

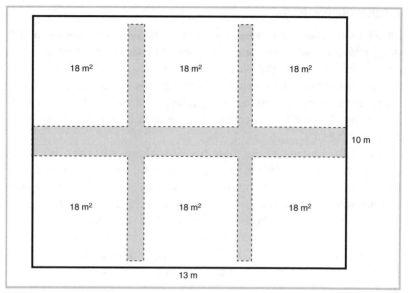

Bild 5.16 Beispiel für die 0,6-Regel: Raumgeometrie

In einem ersten Entwurf zeichnet er zwei Melder diagonal in die Deckenfelder. Deren seitlicher Abstand zu den Lüftungskanälen muss mindestens 0,5 m betragen (**Bild 5.17**).

Ohne Taschenrechner erkennt *Gustav Gründlich* aus den maßstabsgerechten Plänen, dass das D_H-Maß mit ca. 6,6 m über dem zulässigen Wert von 6,2 m liegt. Er zückt den Rotstift und kennzeichnet die Skizze als ungültig.

Auch bei einer Anordnung von 3 Meldern im Dreieck werden die zulässigen D_H-Maße überschritten. Leicht enttäuscht bildet er 4 Überwachungsrechtecke (**Bild 5.18**).

Die Kontrollrechnung ergibt eine Überwachungsfläche von

$$6,5 \text{ m} \times 5 \text{ m} = 32,5 \text{ m}^2 < 1,2 \cdot A_\text{Ü} = 72 \text{ m}^2$$

und

$$D_H = \sqrt{(s_a/2)^2 + (s_b/2)^2} = \sqrt{(6,5 \text{ m}/2)^2 + (5 \text{ m}/2)^2} = 4,1 \text{ m } (< 5,7 \text{ m}).$$

Beide Kriterien werden erfüllt. Statt 6 genügen 4 Rauchmelder zur wirksamen Überwachung des Laborraumes.

5.5.2.5 Schmale Gänge und schmale Deckenfelder

In schmalen Räumen breiten sich die aufsteigende heiße Luft und der Rauch nur in Längsrichtung aus. Wählt man einen Punkt an der Decke, der vom Brandherd beispielsweise 5 m entfernt liegt, werden die Temperatur und die Rauchkonzentration in einem schmalen Gang deutlich höher sein als bei gleicher Entfernung in einem großen Raum mit glatter Decke, an der

5.5 Anordnung automatischer Melder

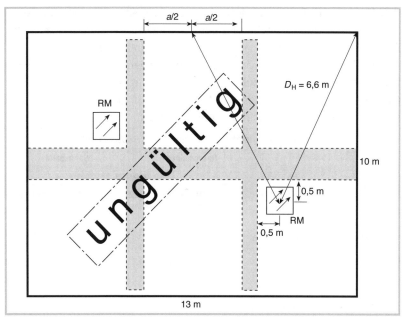

Bild 5.17 Beispiel für die 0,6-Regel: Fehlversuch

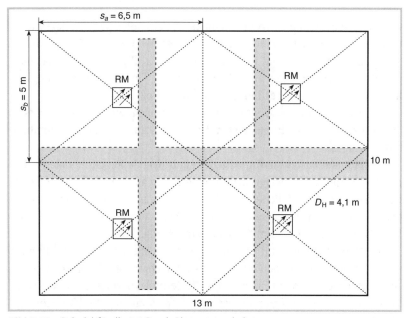

Bild 5.18 Beispiel für die 0,6-Regel: Planungsergebnis

sich Wärme und Rauch in alle Richtungen ausbreiten können. Die Norm berücksichtigt diese Tatsache und lässt in schmalen Gängen und schmalen Deckenfeldern bis 3 m Breite größere Melderabstände zu (**Tabelle 5.5**).

Kreuzungen, Einmündungen und Ecken sind generell mit jeweils einem Melder zu bestücken. Die zulässigen Überwachungsflächen je Melder sind nach wie vor einzuhalten, das D_H-Maß braucht in schmalen Gängen und schmalen Deckenfeldern nicht beachtet zu werden.

Tabelle 5.5 *Melderabstände in schmalen Gängen und schmalen Deckenfeldern*

Funktion	Rauchmelder		Wärmemelder	
	zulässige Abstände			
	Melder – Melder	Melder – Stirnseite	Melder – Melder	Melder – Stirnseite
Einfache Überwachung	15 m	7,5 m	10 m	5 m
Zweimelder- oder Zweigruppenabhängigkeit	11 m	5,5 m	5 m	2,5 m
Ansteuerung von Brandschutzeinrichtungen, z. B. Löschanlagen	7,5 m	3,75 m	–	–

5.5.2.6 Treppenräume

Treppenräume enthalten im Normalfall keine gefährlichen Brandlasten. Sie müssen dennoch überwacht werden.

Das Verrauchen eines Treppenraumes, der als Fluchtweg für viele Etagen und Nutzungsbereiche dient, stellt eine wesentlich größere Gefahr dar als ein lokal begrenzter Brand in einem abgelegenen Raum. Eine Verrauchung des Treppenraumes kann entstehen, wenn die Tür zu einer Nutzungseinheit im Brandfall nicht bestimmungsgemäß schließt.

Die bis 2009 übliche Überwachung des Treppenraumes an der obersten Decke hat sich als nicht ausreichend erwiesen, auch wenn die Raumhöhe unter 12 m lag.

Das Problem besteht darin, dass der eindringende Rauch in vielen Fällen nicht ungehindert aufsteigen kann, sondern sich an den kühlen Unterseiten der Treppenläufe und Podeste entlangschieben muss. Das Rauchgas kühlt dabei stark ab, verliert seinen thermischen Auftrieb und erreicht den Deckenmelder nicht oder mit großer Verzögerung.

Bei Treppenräumen mit einem Auge, deren kleinstes lichtes Öffnungsmaß mindestens 0,5 m beträgt, steht dem Rauchgas ein ausreichend großer Aufstiegsschacht zur Verfügung. Die Melderprojektierung kann wie in einem normalen hohen Raum erfolgen. In Treppenräumen bis 12 m Höhe genügt dann ein Deckenmelder über dem Treppenauge.

Ist das Treppenauge schmaler als 0,5 m, entstehen die zuvor beschriebenen Probleme. In diesem Fall muss jedes Treppenpodest mit einem automatischen Melder bestückt werden (**Bild 5.19**).

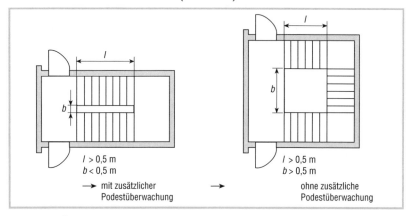

Bild 5.19 *Überwachung von Treppenräumen*

5.5.2.7 Melderabstände zu Wänden, Decken und Einbauten

Brandkenngrößen müssen die Brandmelder ungehindert erreichen können.

In den Ecken zwischen Wand und Decke kann die aufsteigende heiße und rauchhaltige Luft die vorhandene Luft schlechter verdrängen, sodass sich hier Bereiche mit geringerer Temperatur und geringerer Rauchkonzentration bilden (**Bild 5.20**).

Die Anordnung eines Melders in diesem Bereich würde zu einer unnötig späten Erkennung führen. Punktförmige Rauch- und Wärmemelder müssen daher zu Wänden und allen Einbauten, die näher als 0,15 m an die Decke reichen (Regale, Lüftungskanäle …) einen seitlichen Abstand von mindestens 0,5 m haben. Ausgenommen sind Gänge, Kanäle und Räume, die schmaler als 1 m sind.

Eine andere Form der Behinderung bilden Einbauten. Schränke, Regale, Maschinenteile oder auch Lüftungskanäle können die Ausbreitung von Rauch und Wärme einschränken und den Melder abschirmen (**Bild 5.21**). VDE 0833-2 fordert daher einen horizontalen und vertikalen Abstand zu Lagergütern und Einrichtungen von mindestens 0,5 m. Den freizuhaltenden Raum kann man sich wie eine Halbkugel mit einem Radius von 0,5 m vorstellen (**Bild 5.22**). Der Abstand kann bei wiederkehrenden Kontrollen mit einem Zollstock leicht überprüft werden. Wer den alten Begriff nicht mag, darf auch einen neudeutschen metrischen Gliedermaßstab benutzen.

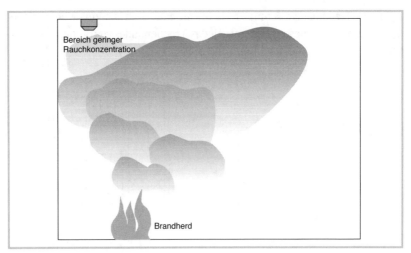

Bild 5.20 *Rauchkonzentration in Wandnähe*

Bild 5.21 *Behinderung der Rauch- und Wärmeausbreitung durch Einbauten*

Aus eigener Erfahrung wissen wir, dass sich die Temperatur im Raum nicht gleichmäßig verteilt. Wenn wir im Winter an den Füßen noch frieren, können es an der Decke schon über 25 °C sein. In Hallen mit Blechdächern oder verglasten Oberlichtern können im Sommer unter der Decke Temperaturen von mehr als 50 °C herrschen. Wenn ein Brand entsteht, steigt die heiße rauchhaltige Luft durch thermischen Auftrieb auf und wird auf dem Weg nach oben abgekühlt. In hohen Räumen, die im Deckenbereich stark

5.5 Anordnung automatischer Melder

aufgeheizt sind, vermag die rauchhaltige Luft nicht bis an die Decke vorzudringen. Das Wärmepolster hat eine höhere Temperatur als der verdünnte und abgekühlte Rauch. Besonders stark ist dieser Effekt bei geneigten Dächern (**Bild 5.23**).

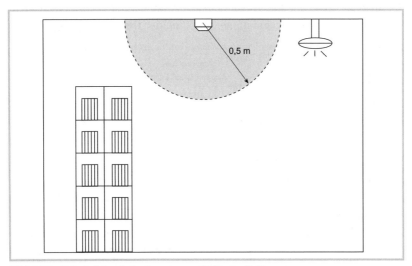

Bild 5.22 *Erforderlicher freier Raum um punktförmige Melder*

Bild 5.23 *Wärmepolster unter Dächern*

Um auch bei diesen Wetterlagen eine sichere Branderkennung zu ermöglichen, müssen die rauchempfindlichen Teile der Brandmelder in einem bestimmten Abstand D_L zur Decke bzw. zum Dach montiert werden (**Tabelle 5.6**). Bei Dächern mit unterschiedlichen Neigungen α (z. B. Sheddächer) ist die kleinste vorkommende Neigung maßgebend. Diese Festlegung gilt nicht für Wärmemelder; diese sind immer direkt an der Decke anzubringen.

Tabelle 5.6 *Abstand von punktförmigen Rauchmeldern zu Decken und Dächern nach VDE 0833 Teil 2 Tabelle 3*

Raumhöhe	Abstand D_L bei Dachneigung α	
	bis 20°	über 20°
bis 6 m	bis 0,25 m	0,20 bis 0,50 m
über 6 m	bis 0,40 m	0,35 bis 1,00 m

5.5.2.8 Besondere Dachformen

Eine besondere Situation besteht bei Dächern, deren Neigung >20° ist. Hierunter fallen Sattel-, Walm-, Krüppelwalm-, Pult- und Sheddächer. Weisen beide oder alle Dachseiten die gleiche Neigung auf, sind die Melder im Abstand D_L unter dem First bzw. dem höchsten Teil des Daches anzuordnen. Bei Pult- und Sheddächern werden die Melder am Dachteil mit der geringeren Neigung im Abstand D_V vom First und dem Abstand D_L zur Decke abgehängt (**Bild 5.24**).

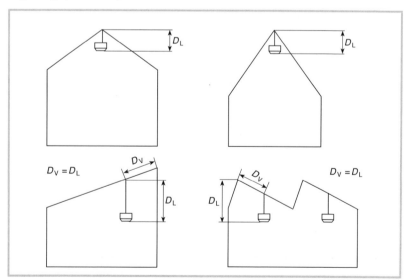

Bild 5.24 *Anordnung von Rauchmeldern bei verschiedenen Dachformen*

Einen weiteren Sonderfall bilden Gewölbedecken. Zur Vereinfachung werden die Decken in Abhängigkeit vom Größenverhältnis der Gewölbehöhe h_G zur Gewölbebreite b_G in die Kategorien Dachneigung <20° oder Dachneigung >20° eingestuft (**Bild 5.25**):

$h_G/b_G \leq 0,182$ → $\alpha \leq 20°$

$h_G/b_G > 0,182$ → $\alpha > 20°$.

Die D_H-Maße und die Abhängehöhe D_L werden den Bildern 1 und 2 sowie der Tabelle 3 in VDE 0833-2 entnommen (siehe auch Bilder 5.5 und 5.6 sowie Tabelle 5.6 in diesem Buch).

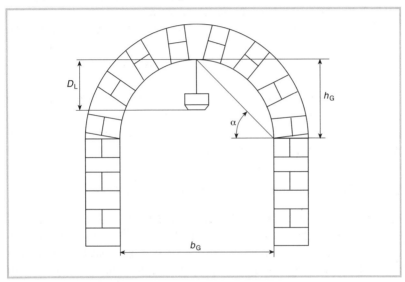

Bild 5.25 *Gewölbedecken*

5.5.2.9 Podeste und Gitterroste

Podeste führen zu einer Unterteilung des Raumes in der Höhe. Typische Beispiele sind Treppenabsätze und auskragende Decken in Foyers. Ab einer bestimmten Größe behindern die Podeste die Ausbreitung von Rauch und Wärme so stark, dass zusätzliche Brandmelder unterhalb der Podeste angeordnet werden müssen.

VDE 0833-2, Bild 5 gibt die zulässige Ausdehnung von Podesten ohne Überwachung in Abhängigkeit von der Melderart und der Höhe vor. Zusätzliche Melder sind erst erforderlich, wenn alle drei Einflussgrößen, also die Länge, die Breite und die Fläche, die Werte aus der Tabelle übersteigen.

Die Podeste in kleinen und mittleren Treppenhäusern sind in der Regel kleiner als die zulässige Podestfläche. Trotzdem kann die Anordnung von Meldern erforderlich werden. Wenn die Raumhöhe des Treppenhauses 12 m übersteigt, gewährleistet der Deckenmelder keine wirksame Überwachung mehr. Ohnehin hat es warme rauchhaltige Luft schwer, die Decke eines Treppenhauses zu erreichen, da sie sich durch ein oft schmales Treppenauge zwängen oder an der Unterseite der Treppenläufe hochschlängeln muss, was zu einer verstärkten Abkühlung und Verringerung des thermischen Auftriebs führt. Für eine wirksame Überwachung von Treppenhäusern empfiehlt sich die Anordnung zusätzlicher Rauchmelder in jedem 2. bis 3. Geschoss bzw. alle 6 bis 9 Höhenmeter.

Steigeschächte, Wartungsgänge und Maschinenstege werden häufig mit Gitterrosten belegt. Da immer die Möglichkeit besteht, dass der Nutzer die Gitter zu einem späteren Zeitpunkt belegt, müssen sie wie Podeste behandelt werden.

Wenn eine Belegung ausgeschlossen werden kann, weil die Gitterroste offen bleiben müssen, um die betriebsmäßige Funktion der Anlage zu erfüllen, z. B. Gitterroste in Trafoboxen oder in Lüftungsschächten, kann auf die Anordnung von Meldern verzichtet werden.

5.5.3 Projektierung von linienförmigen Rauchmeldern

Linienförmige Rauchmelder (siehe Abschnitt 3.1.2.4) eignen sich hervorragend zur Überwachung großer Räume und hoher Decken. Es sind jedoch einige Randbedingungen zu beachten. Der Montageort muss erschütterungsfrei und verwindungssteif sein. Die Optik und der Reflektor dürfen nicht beschlagen. Der Lichtstrahl muss ständig frei sein und darf nicht unterbrochen werden. Hohe Wartungsgänge, Hallenkräne, Fahnen, Werbeträger oder auch die Weihnachtsdekoration können zu Problemen führen.

Ebenso wie punktförmige Rauchmelder müssen linienförmige Rauchmelder dort angeordnet werden, wo sich die höchste Rauchkonzentration bilden kann. Der Abstand des Lichtstrahls zu Wänden, Einrichtungen und Lagergütern darf 0,5 m nicht unterschreiten. Der Strahl muss unterhalb eines möglichen Wärmepolsters verlaufen. In VDE 0833-2, Tabelle 5 werden die zulässigen D_H-Maße, die Überwachungsflächen und die Deckenabstand (Abhängehöhe D_L) in Abhängigkeit von Raumhöhe und Dachneigung vorgegeben (**Tabelle 5.7**).

5.5 Anordnung automatischer Melder

Tabelle 5.7 *Abstände und Überwachungsbereiche von linienförmigen Rauchmeldern nach VDE 0833-2 Tabelle 4*

Raumhöhe	Max. Abstand D_H zum Lichtstrahl	Überwachungsfläche $A_{\ddot{U}}$	Deckenabstand D_L bei Dachneigung α bis 20°	über 20°
bis 6 m	6,0 m	1200 m²	0,3 bis 0,5 m	0,3 bis 0,5 m
über 6 bis 12 m	6,5 m	1300 m²	0,4 bis 0,7 m	0,4 bis 0,9 m
über 12 bis 16 m	7,0 m	1400 m²	0,6 bis 0,9 m	0,8 bis 1,2 m
über 16 bis 20 m	7,5 m	1500 m²	0,8 bis 1,1 m	1,2 bis 1,5 m

nur bei schneller Brandentwicklung und Rauchausbreitung

Beispiel:
Ein architektonisch hochwertiges Hotelfoyer soll mit linienförmigen Rauchmeldern dezent überwacht werden (**Bild 5.26**).

Das Foyer hat eine Höhe von $H_R = 18$ m und ist in allen Ebenen von 3-seitig umlaufenden Laubengängen umgeben. Der Grundriss hat Trapezform mit einer Basisbreite von $B_1 = 20$ m und einer Tiefe von $T = 19$ m.

Gustav Gründlich wirft einen Blick in die Tabelle 4 der VDE 0833-2 und stellt fest, dass bei Raumhöhen über 6 m und geraden Decken das D_H-Maß 6,5 m und die zulässige Überwachungsfläche 1300 m² betragen. Mit dem doppelten D_H-Maß (2 · 6,5 = 13 m) wird weder die größte Raumbreite noch die Raumtiefe erreicht.

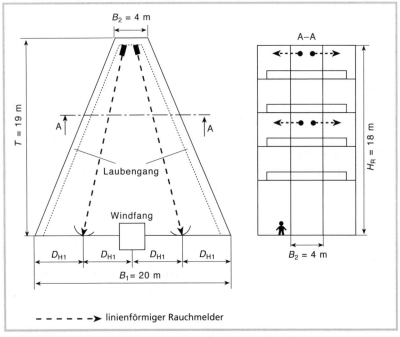

Bild 5.26 *Beispiel zur Projektierung von linienförmigen Rauchmeldern*

Gustav Gründlich entscheidet sich, zwei linienförmige Rauchmelder nebeneinander anzuordnen. Er wählt Geräte mit kombiniertem Sender und Empfänger und ordnet sie an der Schmalseite gegenüber dem Eingang an. Die Reflektoren werden an der gegenüberliegenden Wand montiert. Um im ganzen Raum symetrische Überwachungsflächen zu erhalten, teilt *Gustav Gründlich* die Raumbreiten durch die doppelte Anzahl von Meldern:

$$D_{H1} = B_1/2n = 20 \text{ m}/(2 \cdot 2) = 5 \text{ m},$$
$$D_{H2} = B_2/2n = 4 \text{ m}/(2 \cdot 2) = 1 \text{ m}.$$

Gustav Gründlich ist natürlich nicht entgangen, dass die Raumhöhe von 18 m den Einsatzbereich von optischen Rauchmeldern erheblich übersteigt und er zwei Paare von linienförmigen Rauchmeldern einsetzen muss. Für das obere Paar legt er einen Deckenabstand von 0,9 m fest, das zweite Paar soll sich etwa in der halben Raumhöhe befinden und wird daher unter der Decke des 2. Obergeschosses angeordnet. Im Plan erfolgt noch ein Hinweis, dass die Melder an der Außenkante der Laubengänge zu montieren sind, um eine Störbeeinflussung durch Personen zu vermeiden.

Bei der Planung der Melder in mehreren Ebenen empfiehlt die Norm, die Melder der oberen Ebene versetzt zu den Meldern der unteren Ebene anzuordnen.

5.5.4 Projektierung von Flammenmeldern

Große Räume und Hallen für brennbare Flüssigkeiten, Gase und Stoffe, die sofort mit offener Flamme brennen, sind die bevorzugten Einsatzgebiete für Flammenmelder (siehe Abschnitt 3.1.4).

Die Lichtstrahlung von Flammen breitet sich geradlinig aus. Zwischen den Flammenmeldern und den möglichen Brandorten muss eine Sichtverbindung bestehen. Hindernisse, wie Einbauten oder Anlagenteile, die zur Verschattung führen können, sind in der Planungsphase beim Architekten und anderen Fachplanern in Erfahrung zu bringen. Die Anzahl und Anordnung mit dem Ziel einer möglichst gleichmäßigen Raumüberwachung ergibt sich aus der Raumgeometrie und der Melderklasse. Zulässige Kantenlängen für das Überwachungsvolumen sind:
Klasse 1: bis 26 m,
Klasse 2: bis 20 m,
Klasse 3: bis 13 m.
Je nach Art des Brandgutes sind Infrarot-, UV- oder kombinierte Melder einzusetzen. Die möglichen Täuschungsgrößen wurden im Abschnitt 3.1.4 erläutert.

Der Alarmzustand eines Flammenmelders, der nur auf einen bestimmten Wellenlängenbereich des Lichtes reagiert, darf wegen der hohen Täuschungswahrscheinlichkeit nicht zu einem Brandalarm führen. In diesem Fall ist die Verwendung von kombinierten IR/UV-Meldern (**Bild 5.27**) oder von mehreren Meldern, die mit unterschiedlichen Blickwinkeln auf denselben Überwachungsbereich gerichtet sind, in Zweimelder- oder Zweigruppenabhängigkeit erforderlich (**Bild 5.28**).

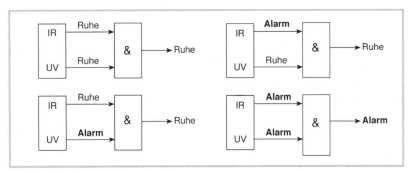

Bild 5.27 *Kombinierte Flammenmelder*

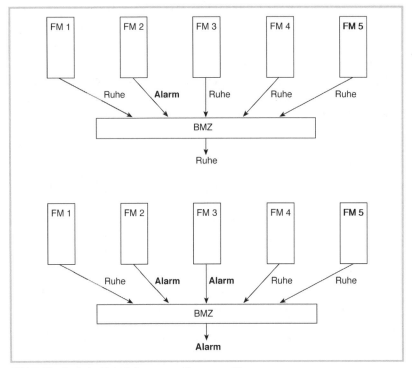

Bild 5.28 *Logische Verknüpfungen von Flammenmeldern*

Können im überwachten Bereich auch Brände mit Rauchentwicklung entstehen, müssen neben UV-Flammenmeldern zusätzlich andere Melder, z. B. Rauchmelder oder Infrarot-Flammenmelder, geplant werden.

5.5.5 Projektierung von Ansaugrauchmeldern

Ansaugrauchmelder (siehe Abschnitt 3.1.2.5) transportieren die Luft vom Überwachungsort zur Messkammer. Jeder Ansaugpunkt entspricht einem punktförmigen Rauchmelder. Die Auswerteeinheit untersucht die Mischluft aus allen Ansaugöffnungen und kann beim Überschreiten eines Grenzwertes nicht unterscheiden, von welcher Ansaugöffnung die Rauchpartikel kommen. Ein Ansaugrauchmelder bildet somit einen Meldebereich. Da ein Meldebereich (siehe Abschnitt 5.7) 32 automatische Melder enthalten darf, können im Ansaugrohrsystem auch 32 Ansaugöffnungen geplant werden.

Der Aufbau des Rohrsystems kann entsprechend den örtlichen Gegebenheiten frei gewählt werden. Verzweigte Rohre werden symmetrisch aufgebaut. Die gängigsten Formen sind in **Bild 5.29** dargestellt.

Auch unsymmetrische Anordnungen sind möglich, wenn über eine pneumatische Berechnung ein gleichmäßiges Ansaugverhalten nachgewiesen wurde.

Die Rohre können natürlich mit Bögen und Winkeln verlegt werden. Die Durchmesser der Ansaugöffnungen sind pneumatisch abzugleichen, dami an jeder Öffnung ein annähernd gleicher Volumenstrom erreicht wird.

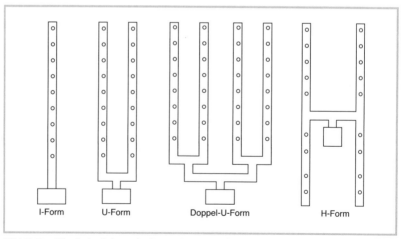

Bild 5.29 *Klassische Rohrtopologie von Ansaugrauchmeldern*

5.5 Anordnung automatischer Melder

Ansaugrauchmelder können auch unter schwierigen Umgebungsbedingungen eingesetzt werden. Vorgeschaltete Filter entfernen Staub und Flusen vor der Messkammer. Feine Rauchpartikel passieren die Filter fast ungehindert. Für Bereiche mit großem Staubaufkommen gibt es manuell oder automatisch freiblasende Filter. Optional einsetzbare Kondenswasserabscheider schützen die Messkammer vor eindringender Feuchtigkeit. Erfolgt die Ansaugung in geschlossenen Gefäßen, deren Innendruck sich vom Luftdruck im Raum unterscheiden kann, ist die Luft über Ausblasrohre zurückzuführen.

Hochwertige Systeme verfügen über eine gestaffelte Alarmierung mit Infoalarm, Voralarm und Feueralarm. Zur Aufgabe des Planers gehört die Festlegung, wie die einzelnen Stufen ausgewertet und zur Anzeige gebracht werden sollen.

Beispiel:
Infoalarm: → optisch-akustische Anzeige an der Wache,
Voralarm: → wie bei Infoalarm + Zwangsabschaltung der Anlage,
Feueralarm: → wie bei Voralarm + Alarmierung der Feuerwehr.

Die einzustellende Empfindlichkeit der Auswerteeinheit hängt von den örtlichen Gegebenheiten ab. Selbstverständlich sollen Brände frühestmöglich erkannt werden. Ein zu empfindlich eingestellter Melder steigert aber auch die Wahrscheinlichkeit von Falschalarmen.

Hochsensible Systeme erkennen entstehende Brände schon in der Pyrolysephase, lange bevor die menschliche Nase etwas wahrnimmt. Sie melden natürlich auch Luftverunreinigungen, die andere Ursachen haben. Man stelle sich nun einen genervten und übermüdeten Wachmann vor, der mehrfach in der Nacht aufgrund eines Infoalarms in die entfernt liegende EDV-Zentrale eilt und jedes Mal nichts vorfindet außer einer blinkenden Leuchtdiode. Irgendwann wird er die Alarme ignorieren oder – noch schlimmer – den Meldebereich abschalten. Würde man die Empfindlichkeit etwas zurücknehmen, ginge die Zahl der Meldungen drastisch zurück. Wenn der Wachmann jetzt wirklich doch einmal kommen muss, ist mit hoher Wahrscheinlichkeit tatsächlich Gefahr im Verzug, und er sieht oder riecht bereits, wo etwas „schmort" und kann durch gezielten Eingriff weiteren Schaden verhindern.

Das soll kein Plädoyer für die Desensibilisierung der Ansaugrauchmelder sein, es ist aber eine Aufforderung, die Empfindlichkeit unter Beachtung der örtlichen Abläufe und des bedienenden Personals mit Augenmaß auszuwählen.

Gerade bei hochsensiblen Systemen empfiehlt sich ein mehrwöchiger Probebetrieb vor einer scharfen Aufschaltung zur Feuerwehr.

5.5.6 Projektierung von linienförmigen Wärmemeldern

Der Abstand der Sensorleitung zu den Wänden muss mindestens 0,5 m und darf höchstens das zulässige DH-Maß betragen. Der Abstand zwischen zwei parallelen Sensorkabeln darf maximal das doppelte DH-Maß betragen. Die Sensorleitungen müssen in unmittelbare Nähe der Decke, allerdings ohne thermischen Kontakt zu dieser montiert werden.

Bei der Überwachung von mehr als einem Meldebereich muss eine Erkennung des ausgelösten Bereiches möglich sein. Ebenso darf eine Störung nur zum Ausfall eines Meldebereiches führen. In der Praxis wird man es also tunlichst vermeiden, mit einer Auswerteeinheit mehr als einen Meldebereich zu überwachen.

Mehrpunktförmige Wärmemelder werden wie punktförmige Melder geplant.

5.5.7 Projektierung von Lüftungskanalmeldern

Über raumlufttechnische Anlagen können sich gefährliche Rauchgase schnell im Gebäude ausbreiten. Die vorhandenen Brandschutzklappen reagieren in den meisten Fällen nur auf hohe Temperaturen und können eine Rauchausbreitung nicht rechtzeitig verhindern. Viele Lüftungsanlagen werden bereits mit anlageneigenen Meldern bestückt, die im Falle einer Detektion zur Abschaltung der Anlagen und zu einer Störmeldung führen. Diese Melder sind aber häufig für die Brandmeldetechnik zu empfindlich und verfügen über keine Zulassung für das Brandmeldesystem. DIN VDE 0833-2 fordert daher für Brandmeldeanlagen mit Vollschutz eine eigene Überwachung der Lüftungsanlagen.

Die Melder sind bezogen auf die Strömungsrichtung in der Zuluft nach dem Ventilator und in der Abluft vor dem Ventilator anzuordnen. Damit wird auch ein Ventilatorbrand in der Zuluft überwacht. Ein Ventilatorbrand in der Abluft führt zu keiner unmittelbaren Personengefährdung und muss daher nicht detektiert werden.

Die Lüftungskanalmelder bestehen aus einem schlanken Rohr mit seitlichen Bohrungen oder Schlitzen, über die ein kleiner Teilluftstrom dem außen in einer geschlossenen Kammer sitzenden Melder zugeführt wird.

Die Luftproben sind einem Bereich gleichmäßiger Durchmischung und ruhiger, wirbelarmer Strömung zu entnehmen. Hierfür werden gerade Kanalabschnitte ausgewählt. Der Abstand zu Bögen > 45° muss mindestens die dreifache Kanalbreite betragen (**Bild 5.30**).

Nach der VDE 0833-2 müssen bei flächendeckender Überwachung des Gebäudes auch die Zu- und Abluftkanäle überwacht werden. Nach der Erfahrung des Autors und der Einschätzung renommierter Brandschutzsachverständiger ist es häufig nicht sinnvoll, die Alarme der Lüftungskanalmelder als Feuermeldung an die Leitstelle zu schicken und im Haus die Brandfallsteuerungen und die Alarmierung zu starten. Durch Verschmutzungen und bei Wartungsarbeiten kommt es in Lüftungsanlagen relativ häufig zu Falschalarmen. Die Feuerwehr muss dann große Bereiche möglicherweise in verschiedenen Geschossen absuchen. In einem vollüberwachten Gebäude kann ein Brand durch einen normalen Deckenmelder viel schneller detektiert und geortet werden, als der stark verdünnte Rauch in einem Lüftungskanal. Das bedeutet nicht, dass auf die Überwachung der Lüftungsanlagen verzichtet werden soll. In vielen Fällen ist es aber völlig ausreichend, bei einer Raucherkennung in der Lüftung die Anlagen abzuschalten, um eine Rauchausbreitung im Gebäude zu verhindern und eine Meldung an die Gebäudeleittechnik oder eine technische Störung an die BMZ abzusetzen.

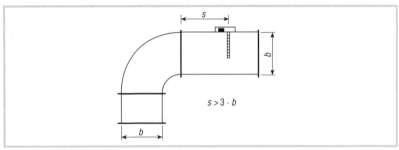

Bild 5.30 *Anordnung von Lüftungskanalmeldern*

5.6 Branderkennung bei besonderen Umgebungsbedingungen

Mit der Kenntnis der Normen, dem bisher Dargelegten und ein wenig praktischer Übung lassen sich bereits Brandmelderanordnungen für die gängigsten Anwendungen projektieren. Doch wie immer steckt der Teufel im Detail und deshalb wollen wir auf den folgenden Seiten einige spezielle Anwendungsfälle behandeln.

5.6.1 EDV-Bereiche

Waren EDV-Anlagen vor 20 Jahren noch ein teures Extra, das auch schon die eine oder andere Arbeitserleichterung ermöglichte, so sind sie aus dem heutigen Arbeitsleben nicht mehr wegzudenken. EDV-Zentralen enthalten nicht nur einen hohen Gerätewert. Hier fließen alle Daten des Unternehmens oder der Behörde zusammen. Ein Ausfall von wenigen Stunden kann einen Betrieb für den ganzen Tag lahmlegen. Ein Totalverlust durch Brand gehört zu den Horrorszenarien eines jeden Unternehmens. Selbst wenn die Feuerversicherung den Schaden zügig reguliert, dauert es Wochen, bis die Technik wieder läuft.

Schlimmer als die zerstörten Geräte ist der Datenverlust. Aktuelle Geschäftsvorgänge, Kundendatenbanken, technische Dokumentationen u. a. sind auf einen Schlag verloren. Eine solche Belastungsprobe überlebt nicht jede Firma. Wer seine EDV mit automatischen Brandmeldern überwacht, hat zwar den ersten Schritt getan, wer sich damit jedoch schon in Sicherheit wiegt, der irrt.

Prozessoren und Peripheriegeräte werden immer leistungsfähiger hinsichtlich der schnellen und effektiven Verarbeitung von Daten, aber sie brauchen auch Energie. Die aufgenommene elektrische Energie wird zu fast 100 % in Wärme umgesetzt, viel Wärme, die auf kleinem Raum entsteht und über natürliche Wärmeleitung und Konvektion nicht mehr abtransportiert werden kann. Kühlgeräte werden installiert. Umluftkühlgeräte ziehen warme Raumluft über einen Wärmetauscher und blasen kühle Raumluft mit hoher Geschwindigkeit auf die Anlagen oder in den Zwischenboden.

EDV-Anlagen arbeiten mit kleinen Strömen. Brände durch technische Defekte (überhitzte Geräte, gequetschte Leitungen oder beschädigte Isolierungen) beginnen langsam und mit geringer Rauchentwicklung. Der Rauch wird von der intensiv zirkulierenden Luft sofort mitgerissen und stark verdünnt. Sicher fliegen auch einzelne Aerosole durch den Rauchmelder, der an der Decke tapfer Wache hält, doch sind es viel zu wenige, als dass ein Alarmschwellenwert erreicht würde.

Die kleine und relativ harmlose Schmorstelle kann sich zu einem lokalen Brand entwickeln. Feine Rauchschwaden sind an der Entstehungsstelle zwar mit bloßem Auge bereits gut erkennbar, doch spätestens an der Decke ist alles so gut verwirbelt, dass der Rauchmelder weiter schweigt. Wenn die Rauchkonzentration dann so groß wird, dass der Rauchmelder endlich anspricht, existiert das defekte Gerät bereits nicht mehr und alles, was sich in seiner Nähe befand, ist unbrauchbar geworden. Das alarmierte Personal findet einen Raum voller aggressiver Rauchgase vor. Ein Löschversuch ohne Atemschutz scheidet aus. Bei optimalen Bedingungen (fachgerechter baulicher Brandschutz und schnell eintreffende Feuerwehr) bleibt der Brand auf den Raum beschränkt, doch alles, was sich im Raum befand, wird spätestens durch das Löschmittel schwer beschädigt.

Vor diesen Risiken kann man sich schützen, nicht zum Nulltarif, aber im Verhältnis zum Schadensrisiko mit moderatem Aufwand. Nicht jeder mittelständische Unternehmer wird sofort eine Gaslöschanlage ordern, aber über den Einbau einer wirksamen Brandmeldeanlage lohnt es sich allemal nachzudenken.

In VDE 0833-2 werden normative Vorgaben für Datenverarbeitungsanlagen formuliert.

Ausgehend von der unterschiedlichen Wertekonzentration werden Zonen mit verschiedenen Schärfegraden der Überwachung gebildet. Die höchsten Anforderungen gelten in der *Überwachungszone* 1 (Üwz 1). Hier befinden sich die höchsten Sach- und Vermögenswerte wie:

- EDV-Anlagen,
- Datenträgerarchive,
- Prozesssteuerungen,
- Telefonzentralen.

Die angrenzende Zone Üwz 2 ist der Zone 1 von der Nutzung her zugeordnet. Sie dient der Arbeitsvorbereitung und der Aufstellung von Peripheriegeräten. Angrenzende Räume, die nicht zum EDV-Bereich gehören, werden in die Überwachungszone 3 (Üwz 3) eingestuft.

Eine schematische Darstellung der idealen Anordnung und praktischer Beispiele zeigt **Bild 5.31**.

Zwischendecken und Zwischenböden sind Bestandteile der Überwachungszonen. Die Wände zwischen der Überwachungszone 2 und 3 sonstigen Räumen müssen feuerbeständig (F90) sein. Für die Abtrennung der Überwachungszone 1 von Zone 2 genügt eine feuerhemmende Wand (F30). Kann die F30-Qualität nicht gewährleistet werden, ist die Brandmeldeanlage in den Überwachungszonen 1 und 2 nach den höheren Anforderungen der Zone 1 zu planen.

Für jede Überwachungszone sowie für die Zwischendecken und Zwischenböden sind eigene Meldebereiche zu bilden. Die Zu- und Abluft erhält eine eigene Meldergruppe. Die Größe der Meldebereiche wird flächenmäßig begrenzt:

Üwz 1:   500 m²,
Üwz 2:   800 m².

In der Üwz 1 ist in erster Linie mit kleinen Schwelbränden und schwacher Rauchentwicklung zu rechnen. Zur Erkennung sind daher Rauchmelder zu verwenden. In der benachbarten Überwachungszone 2 werden ebenfalls bevorzugt Rauchmelder eingesetzt. Ausnahmen sind zulässig, wenn die Gefahr häufiger Täuschungsalarme besteht. Um trotz der zu erwartenden anfänglich geringen Rauchentwicklung eine frühe Branderkennung zu ermöglichen, gelten für die Überwachungszonen 1 und 2 reduzierte Überwachungsflächen $A_{\text{Ü}}$ pro Rauchmelder (**Tabelle 5.8**).

Bei Zweimelder- oder Zweigruppenabhängigkeit sind die Überwachungsflächen um 30 %, bei der Ansteuerung von Löschanlagen um 50 % zu reduzieren.

Für einen wirksamen Schutz der Anlagentechnik ist insbesondere dann, wenn Lüftungs- und Kühlgeräte verwendet werden, eine zusätzliche Einrichtungsüberwachung erforderlich, die im nächsten Abschnitt beschrieben wird.

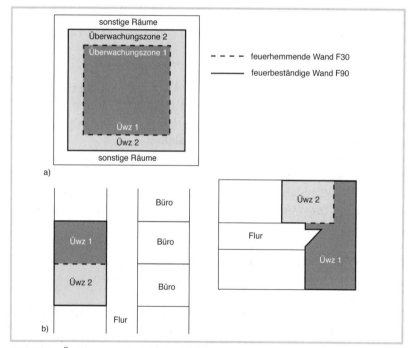

Bild 5.31   *Überwachungszonen in EDV-Bereichen*
   a) Idealfall nach Norm; b) praktische Beispiele

Tabelle 5.8 *Reduzierte Überwachungsflächen in EDV-Bereichen*

Ort der Überwachung	Maximale Überwachungsfläche $A_{\ddot{u}}$ je Melder	
	Üwz 1	Üwz 2
Zwischendecke	40 m²	60 m²
Raum	25 m²	40 m²
Zwischenboden	40 m²	60 m²

5.6.2 Elektrische und elektronische Einrichtungen

Dazu gehören
- Anlagen zur Erzeugung, Speicherung und Verteilung von Elektroenergie,
- EDV-Anlagen,
- Mess-, Steuer- und Regeltechnik,
- Telekommunikationsanlagen,
- Schaltschränke von Maschinen und Anlagen,
- Geräte in Rundfunk- und Fernsehstationen.

In der Planungsphase muss ähnlich wie für das Gesamtgebäude eine Risikoanalyse durchgeführt werden. Auch hier stellen sich die Fragen nach
- vorhandenen Brandgefahren,
- betriebswirtschaftlichem Stellenwert,
- akzeptabler Betriebsunterbrechung,
- Wiederbeschaffungszeiten,
- vorhandenem baulichen Brandschutz und anderen Schutzmaßnahmen,
- Anwesenheit und Qualifikation des Bedienpersonals.

Ausgehend von der Risikoanalyse und dem individuellen Sicherheitsbedürfnis des Betreibers kann der Schutzumfang festgelegt werden.

Die Melderanordnung für elektrische Betriebsräume wird wie für normale Räume geplant. Für EDV-Bereiche sind Zonen mit verdichteter Melderanordnung gemäß Anhang C zu VDE 0833-2 zu planen. Diese wurden im vorhergehenden Abschnitt behandelt. In jedem Fall ist eine zusätzliche Einrichtungsüberwachung vorzusehen.

Bei der Brandentstehung in den aufgezählten Räumen bildet sich mit hoher Wahrscheinlichkeit Rauch. Für die Überwachung sind daher punktförmige Rauchmelder oder Ansaugrauchmelder zu verwenden.

Punktförmige Rauchmelder können in der Einrichtungsüberwachung Geräte/Schränke bis zu einem Volumen von 2,5 m³ überwachen. Kann der Rauch den Melder nicht ungehindert erreichen (z. B. wegen störender Einbauten), müssen mehrere Melder geplant werden. Pro Gerät/Schrank ist mindestens ein Melder vorzusehen. Eine Anordnung der Melder außerhalb des Gerätes/Schranks ist in Ausnahmefällen möglich, wenn der Melder im Luftstrom (z. B. oberhalb der oberen Lüftungsschlitze) mit einem Abstand < 1 m zum Gerät/Schrank angeordnet werden kann und die Luftgeschwindigkeiten im Raum vernachlässigbar sind. Bei vorhandenen Umluftkühlgeräten, auch wenn diese nur gelegentlich in Betrieb sind, scheidet diese Option aus.

Komfortabler gestaltet sich der Einsatz von Ansaugrauchmeldern. Die Auswerteeinheiten können praktisch an beliebiger Stelle in der Nähe der überwachten Geräte/Schränke platziert werden. Die Ansaugöffnungen müssen die Hauptluftströme erfassen. Sie können bei druckbelüfteten Geräten/ Schränken an den Luftaustrittsöffnungen, bei Absaugungen im Abluftkanal und bei nicht zwangsbelüfteten Geräten/Schränken mit flexiblen Schläuchen im Inneren der Einrichtung angeordnet werden.

Eine Meldergruppe oder ein Ansaugrauchmelder soll nicht mehr als 5 Geräte/Schränke überwachen, damit sich im Alarmfall der Brandherd schnell lokalisieen lässt (**Bild 5.32**).

Werden die Brandmelder nicht nur zur Alarmierung, sondern auch für Steuerfunktionen genutzt, ist eine Staffelung einzuhalten. Beim Ansprechen des ersten Melders können einfache Steuerfunktionen, wie die örtliche Alarmierung, das Schließen von Türen und die Meldung an eine zentrale Stelle, aktiviert werden. Für folgenreiche Steuerfunktionen ist eine Zweimelder- oder Zweigruppenabhängigkeit vorzusehen. Zu den folgenreichen Steuerfunktionen zählen

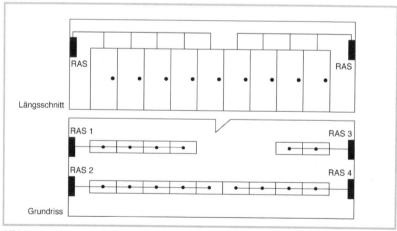

Bild 5.32 *Planungsbeispiel für Einrichtungsüberwachung (EDV-Zentrale)*
RAS Rauchansaugsystem = Ansaugrauchmelder

■ Auslösung von Löschanlagen,
■ Abschaltungen mit Datenverlust,
■ Abschaltung von Maschinen- und Produktionsanlagen, die nicht problemlos neu gestartet werden können.

5.6.3 Räume für Hoch- und Mittelspannungsanlagen, Niederspannungshauptverteiler

Die Maßgaben für elektrische Betriebsräume wurden im Zusammenhang mit EDV-Anlagen sowie elektrischen und elektronischen Einrichtungen bereits behandelt (siehe Abschnitte 5.6.1 und 5.6.2). Eine Sonderstellung nehmen dabei elektrische Betriebsräume für Hoch- und Mittelspannungsschaltanlagen und Leistungstransformatoren ein.

Diese Räume stellen durch ihre betriebsmäßig hohe Verlustwärme und mögliche Störlichtbögen ein besonderes Brandrisiko dar. Eine Störung an diesen Anlagen führt in der Regel zum Ausfall der Stromversorgung des Objektes. Wenn eine Brandmeldeanlage vorhanden ist, müssen diese Räume mit überwacht werden. Leider werden jedoch gerade diese Räume oft aus der Überwachung ausgespart. Die Begründungen ähneln sich auf allen Baustellen: „Den Schlüssel haben nur die Stadtwerke." Oder: „Hier kommt außer unserem Oberelektriker XY niemand rein. Der sitzt aber im Stammwerk in Z und kann nicht jedes Mal zur Brandmelderwartung anreisen." Oder: „Die Türen öffnen alle nach außen, da kann nichts passieren."

Ein gesunder Respekt vor den Gefahren der Hochspannung ist sicher angebracht. Dennoch gibt es brauchbare Lösungen, bei denen niemand gefährdet wird und die sich auch organisatorisch (schlüsseltechnisch) gut umsetzen lassen.

Bild 5.33 zeigt die typische Raumaufteilung einer kundeneigenen[7] Trafostation in einem Gebäude. Der Mittelspannungsraum ist meist von außen zugänglich und durch eine Gitterwand zweigeteilt. Die Schaltanlagen des Energieversorgers sind nur für diesen zugänglich. Die Kundenanlage kann von beiden oder nur vom Kunden betreten werden. Die Traboxen haben Türen mit Lüftungsschlitzen und öffnen nach außen. Hinter oder neben den Transformatoren befindet sich der Niederspannungsraum. Die Transformatoren und die Niederspannungsanlage gehören dem Kunden, also besitzt er auch die Schlüssel.

---

7 Der Begriff Kunde bezieht sich hier auf die Stromlieferung: Der Versorger liefert, der Kunde bezieht die Energie.

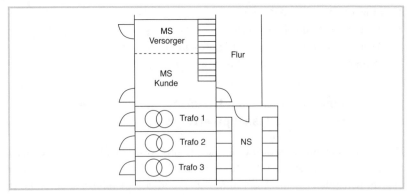

Bild 5.33 *Typische Raumaufteilung einer Trafostation*

Wie sieht es mit der Gefährdung aus? Moderne Mittelspannungs- und Niederspannungsschaltanlagen haben ein geschlossenes Gehäuse. Wer keine roten Knöpfchen drückt, die ihn nichts angehen, darf sich in den Räumen in Begleitung einer Elektrofachkraft frei bewegen und muss nicht um sein Leben bangen. Die Projektierung der Brandmelder kann unbefangen nach den bekannten Regeln erfolgen. Da der Versorgerteil des Mittelspannungsraumes nicht frei zugänglich ist, kann der Deckenmelder in der Nähe der Gitterwand angeordnet werden. Die zulässigen D_H-Maße werden wegen der relativ kleinen Raumabmessungen fast immer eingehalten. Wird eine Einrichtungsüberwachung gefordert, muss man in das Innere der Schränke. Bei Mittelspannungsschaltanlagen kommt hierfür nur ein Ansaugrauchmelder infrage. Dessen Montage muss unbedingt in freigeschaltetem Zustand der Schaltanlage erfolgen. Die Genehmigung des Herstellers ist unbedingt einzuholen, da es sich um einen Eingriff in eine typgeprüfte Schaltanlage handelt. Die Arbeiten müssen nach Freigabe durch den Anlagenverantwortlichen im Beisein des Arbeitsverantwortlichen erfolgen (BGV A3 und VDE 0105 beachten!). Auch die heimliche kleine Bohrung nach dem Motto „Wird schon nichts passieren!" muss unbedingt unterbleiben. Die Anlage könnte mit Schutzgas gefüllt sein oder herabfallende Späne könnten zu lebensgefährlichen Störlichtbögen führen. Aufgrund der hohen Gefährdung muss von einer nachträglich installierten Einrichtungsüberwachung innerhalb der Hoch- und Mittelspannungsschaltanlagen abgeraten werden. Eine Raumüberwachung kann dagegen in den meisten Fällen ohne erhöhte Risiken und Betriebsunterbrechungen nachinstalliert werden.

Melder in Niederspannungsschaltanlagen zu installieren, ist weniger gefährlich. Vorsicht ist dennoch geboten. Auch hier gilt:

- Genehmigung des Herstellers der typgeprüften Schaltanlage einholen,
- Arbeiten beim Anlagenverantwortlichen anmelden und nach Freigabe im Beisein des Arbeitsverantwortlichen ausführen,
- Anlage freischalten (5 Sicherheitsregeln).

Zur Überwachung von Niederspannungsschaltanlagen sind vorzugsweise Ansaugrauchmelder einzusetzen. Bei Wartungen und Inspektionen sind nur Sichtprüfungen, aber keine Eingriffe in den Schaltschrank erforderlich. Werden punktförmige Rauchmelder verwendet, sind diese im oberen Anschlussraum anzuordnen. In deren Nähe dürfen sich keine spannungsführenden Teile befinden. Die Abstände nach VDE 0106 sind einzuhalten. Betriebsmittel, die nach Öffnung des Schrankes zur Melderwartung zugänglich sind, müssen mindestens fingersicher (IP2X) sein. Aufgeständerte Böden und Kabelkeller sind in die Überwachung einzubeziehen.

Nach den Räumen für die Schaltanlagen verbleiben noch die Trafoboxen. Hier wird es kritisch, da sowohl die Mittel- als auch die Niederspannungsanzapfungen in vielen Fällen nicht isoliert sind. Die Schutzmaßnahme besteht aus einer rotweißen Warnbake. Der Bereich dahinter darf auf keinen Fall betreten werden. Die Benutzung einer Melderprüfstange ist verboten.

Doch entscheiden wir uns zuerst für eine Melderart. Betriebsmäßige Staub- und Nebelbildung ist nicht zu erwarten, sodass Rauchmelder eingesetzt werden können. Befindet sich die Trafotür im öffentlichen Verkehrsraum, in Garagenausfahrten oder in anderen schmutzbelasteten Bereichen, müssen die Melder in kürzeren Abständen gereinigt werden. Allerdings bedarf dann auch der Transformator eines kürzeren Reinigungsintervalls, was immer eine Abschaltung bedeutet.

Idealerweise müsste der Rauchmelder mittig über dem Transformator angebracht werden. Wegen der zuvor beschriebenen Gefahren ist dieser Bereich für Inspektion und Wartung jedoch nicht zugänglich.

Die technisch beste Lösung besteht daher in der Installation eines Ansaugrauchmelders. Die Ansaugöffnungen werden vorzugsweise unter der Decke zwischen Trafo und Abluftöffnung angeordnet. Die Auswerteeinheit kann im Niederspannungsraum oder in einem anderen Nachbarraum installiert werden.

Wenn aus zwingenden Kostengründen der Einbau eines Ansaugrauchmelders nicht möglich ist, können mit gewissen Einschränkungen auch punktförmige Rauchmelder verwendet werden. Mit einem kleinen Trick lassen sich allerdings auch derartige Melder in einer Trafobox gefahrlos prüfen (**Bild 5.34**).

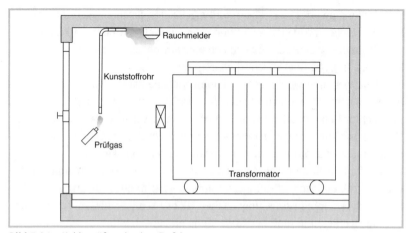

Bild 5.34 *Melderprüfung in einer Trafobox*

Bei Störungen oder Meldertausch muss der Transformator abgeschaltet werden. Im Vorfeld ist mit dem Betreiber zu klären, ob bei einer festgestellten Melderstörung die kurzzeitige Abschaltung eines Transformators innerhalb von 24 Stunden ohne gravierende Betriebseinschränkung möglich ist. Speisen mehrere Transformatoren parallel in ein Niederspannungsnetz ein, kann in Schwachlastzeiten (nachts, Wochenende) ein Trafo problemlos vom Netz genommen werden. Versorgt ein einziger Trafo ein Objekt mit hoher Versorgungssicherheit (Rechenzentrum, Chemiebetrieb, Bahnhof), wird eine freiwillige Abschaltung wegen eines defekten Rauchmelders sehr unwahrscheinlich. In diesem Fall ist von vornherein ein Ansaugrauchmelder zu planen.

Der Raum unter den Gitterrosten muss nicht gesondert überwacht werden, da eine Belegung der Gitterroste die Luftzirkulation des Transformators behindern würde und daher ausgeschlossen werden kann.

5.6.4 Hochregallager

Wer sie das erste Mal sieht, ist beeindruckt: In riesigen Logistikhallen ragen massive Regale – vollgestellt mit Paletten, Kisten und Kartons – 10, 20 und mehr Meter in die Höhe. Zwischen den Regalen ziehen sich schmale schnurgerade Gänge von einer Hallenseite zur anderen, schummrig beleuchtet von Lichtbändern, die wie feine weiße Striche an der hohen Decke hängen. Regalbediengeräte fahren wie von Geisterhand gesteuert durch die schluchtartigen Gassen, ziehen hier eine Palette heraus, stellen dort eine

5.6 Branderkennung bei besonderen Umgebungsbedingungen

Kiste ab. Strichcodes und Transponder sind die unscheinbaren Wegweiser in dieser technischen Geisterwelt.

Unabhängig davon, ob es sich um das Regionallager einer großen Einzelhandelskette, das Auslieferungslager einer Großdruckerei oder die zentrale Ersatzteilvorhaltung eines Automobilkonzerns handelt – immer sind es enorme Werte, die sich hier in einem Raum konzentrieren.

Hochregallager bieten dem Betreiber wirtschaftliche Vorteile:
- großes Lagervolumen bei geringer Grundfläche,
- kurze Zeiten zum Ein- und Auslagern,
- geringe Personalkosten durch ausgereifte Automatisierungslösungen.

Durch die hohe Wertkonzentration können Schäden und Störungen zu hohen Verlusten führen. Die größten Feinde der Betreiber sind
- Störungen oder Ausfall der EDV,
- Wasserschäden,
- Brandschäden.

Brände in Hochregallagern sind auch für die professionellen Einsatzkräfte schwer zu bekämpfen. Die Brände können sich schnell, flächig und vertikal ausbreiten. Die oberen Regalböden sind schwer zugänglich. Die Bediengänge sind schmal. Parkende Regalbediengeräte und herabfallendes Lagergut behindern und gefährden die Einsatzkräfte. Die Regalkonstruktion hat keine Feuerwiderstandsdauer. Stahl verliert schon ab ca. 500 °C, also lange vor dem Schmelzpunkt, seine statische Festigkeit. Schon nach wenigen Minuten besteht akute Einsturzgefahr. Die Brandbekämpfung wird sich auf den Erhalt des Baukörpers und den Schutz der angrenzenden Gebäude konzentrieren. Beim Lagergut muss mit Totalschaden gerechnet werden.

Viele Hochregallager sind deshalb mit automatischen Löschanlagen ausgerüstet. Handelt es sich um thermisch ausgelöste Sprinkler-, Sprühnebel- oder Schaumanlagen, wird der Brand erst in einem fortgeschrittenen Stadium durch große Wärme erkannt und bekämpft. Doch auch wenn die Ausbreitung des Brandes bis zum Eintreffen der Feuerwehr verzögert wurde, ist bereits ein großer Teil des Lagergutes durch Rauchgase und Löschwasser beschädigt oder vernichtet.

Wie können Brandmeldeanlagen hier helfen? Wenn bei den eingelagerten Materialien mit einem Schwelbrand zu rechnen ist, ermöglichen Rauchmelder eine wesentlich frühere Erkennung des Brandes. In manuellen oder halbautomatischen Lagern kann eine manuelle Brandbekämpfung durchgeführt werden. Auf jeden Fall ist es möglich, anwesende Personen früher zu warnen. Gerade Instandhaltungskräfte haben oft einen langen Fluchtweg zurückzulegen. Der Betriebselektriker, der über hohe Leitern und verwinkelte Wartungsgänge in gebückter Haltung die Hallendecke erreicht hat, um defekte Leuchtmittel zu wechseln, wird den Zeitvorsprung zu schätzen wissen.

Die wichtigsten Aufgaben einer Brandmeldeanlage im Hochregallager sind die frühe Branderkennung, die Alarmierung und die Ansteuerung der Löschanlagen.

Im Anhang A zu VDE 0833-2 werden detaillierte Vorgaben zur Anordnung der Melder gegeben.

Der Begriff „Hochregalanlage" wird in Übereinstimmung mit dem Bauordnungsrecht für Regalanlagen verwendet, bei denen die Lagerhöhe 7,5 m überschreitet. Gemessen wird von der Oberkante des Lagergutes bis zur Standfläche. **Bild 5.35** zeigt einige Beispiele.

Weil das Ziel eine frühe Branderkennung ist, sind bevorzugt optische Rauchmelder oder Ansaugrauchmelder zu verwenden. Werden auch brennbare Flüssigkeiten oder Gase gelagert, kann der zusätzliche Einsatz von Flammenmeldern erforderlich werden.

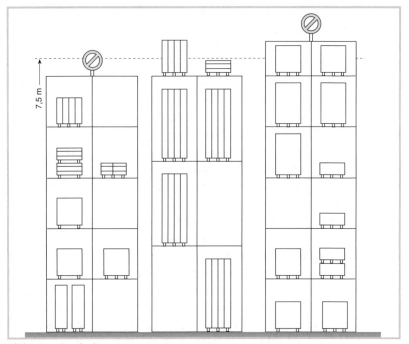

Bild 5.35 *Regalanlagen*
Links: keine Hochregalanlage; Mitte und rechts: Hochregalanlagen

Die Rauchmelder bzw. Ansaugpunkte sind an der Decke oberhalb der Regalgassen und entlang der äußeren Regale anzuordnen. Der Abstand zwischen den Deckenmeldern darf maximal 6,5 m, der Abstand zu den Stirnseiten maximal 3,3 m betragen.

Die Anordnung in den Regalen hängt von der Melderart ab. Punktförmige Melder werden an den Regalaußenkanten mit horizontalen und vertikalen Abständen von maximal 6,5 m angeordnet. Der Abstand zu den Stirnseiten darf 3,3 m, der Abstand der obersten Melderreihe zur Decke 6 m nicht überschreiten. Die Melder müssen für Inspektion und Wartung zugänglich sein, ohne dass der Lagerbetrieb unverhältnismäßig beeinträchtigt wird. Die Anordnung im Mittelschacht scheidet damit in den meisten Anwendungsfällen aus. Auch wenn aus Sicht der Branderkennung eine Montage an der vorderen Außenkante erstrebenswert erscheint, besteht hier die Gefahr der Beschädigung bei der Bestückung mit Lagergut. In Abhängigkeit von den konstruktiven Gegebenheiten muss also ein Plätzchen gefunden werden, an dem der Melder mechanisch geschützt montiert und sowohl von der Brandkenngröße Rauch als auch vom Wartungsmonteur gut erreicht werden kann. In Frage kommen die Regalunterseiten hinter den vorderen Querriegeln oder hinter den senkrechten Holmen. Bei einer Montage im Inneren des Regals sind abgesetzte Melderanzeigen erforderlich.

Für die Ansaugöffnungen der Ansaugrauchmelder gelten die gleichen Abstände wie für die punktförmigen Rauchmelder. Die Wahl des richtigen Platzes fällt hier leichter, da die Ansaugöffnungen nicht viermal im Jahr zur Inspektion und Wartung zugänglich sein müssen. Bei Doppelregalen bietet sich eine Anordnung im Mittelschacht an.

Für die Hochregalanlage sind gassenbezogen senkrechte Meldebereiche von maximal 12 m Breite zu bilden. Deckenmelder erhalten eigene Meldergruppen. Eine Meldergruppe darf maximal 20 punktförmige Melder oder 20 Ansaugpunkte umfassen.

Wird die Brandmeldeanlage zur Ansteuerung einer Löschanlage genutzt, muss mit dem Planer oder Errichter der Löschanlage eine sorgfältige Abstimmung der Meldergruppen und Löschzonen erfolgen. Nicht deckungsgleiche Meldergruppen und Löschzonen hätten zur Folge, dass bei einem Brandalarm zwei Löschgruppen statt einer Löschgruppe aktiviert werden und sich der Schaden durch Löschwasser unnötigerweise verdoppelt.

An einem aktuellen Projekt unseres Planers *Gustav Gründlich* wollen wir das eben Erläuterte praktisch anwenden.

Beispiel:
Eine große Druckerei betreibt eine Hochregalanlage mit der im **Bild 5.36** dargestellten Raumgeometrie.
Die Anlage ist mit einer Sprühnebellöschanlage geschützt, die den Deckenschutz und in vier Zonen den Regalschutz übernehmen soll. Die Löschanlage wird bisher nur über Wärmemelder an der Decke angesteuert.
Die Beschickung erfolgt mit manuell gesteuerten, elektrisch angetriebenen Regalbediengeräten. Als Branderkennungsgröße soll künftig Rauch detektiert werden. Die Montage von punktförmigen Rauchmeldern an der Hallendecke wäre nur mit umfangreichen Einrüstarbeiten möglich. Die installierten Melder wären für Revision und Wartung nicht zugänglich. *Gustav Gründlich* plant daher linienförmige Rauchmelder über den Regalgängen. Da die Regale höher als 7,5 m sind, wird auch eine Regalüberwachung erforderlich. Er empfiehlt dem Betreiber den Einbau von Ansaugrauchmeldern mit innenliegenden Ansaugöffnungen. Die vorgelegte Kostenermittlung überschreitet jedoch

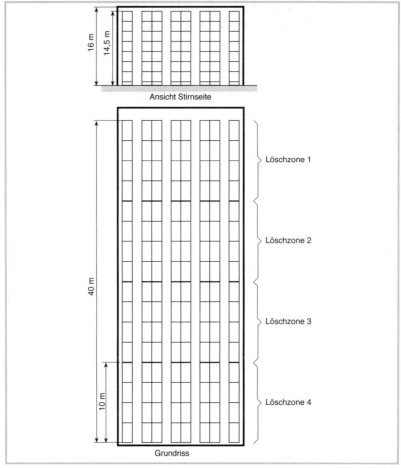

Bild 5.36 *Planungsbeispiel Hochregallager: Raumgeometrie*

5.6 Branderkennung bei besonderen Umgebungsbedingungen

den finanziellen Rahmen und scheitert am kaufmännischen Leiter des Werkes. Als technische Alternative plant *Gustav Gründlich* den Einsatz von punktförmigen Rauchmeldern. Bei der Regalhöhe von 14,5 m und einer Raumhöhe von 16 m müssen zusätzlich zur Deckenüberwachung zwei Melderebenen gebildet werden. Die erste Ebene wird unter dem Boden 3, die zweite unter dem Boden 6 angeordnet. In Längsrichtung platziert Planer *Gustav Gründlich* die Melder an jeder zweiten Stützenachse. Damit beträgt der Abstand zum Rand ca. 2,5 m und der Abstand zwischen den Meldern ca. 5 m. Um die Beschädigungen der Rauchmelder bei der Beschickung mit oder der Entnahme von Lagergut zu vermeiden, werden die Melder an der Regalaußenseite hinter die senkrechten Holme montiert. Die Meldergruppen werden identisch mit den Löschzonen gebildet (**Bild 5.37**). Zur Vermeidung von Fehlauslösungen durch Falschalarme wird für die Regallöschanlage eine Zweimelderabhängigkeit und für den Deckenschutz eine Zweigruppenabhängigkeit geplant.

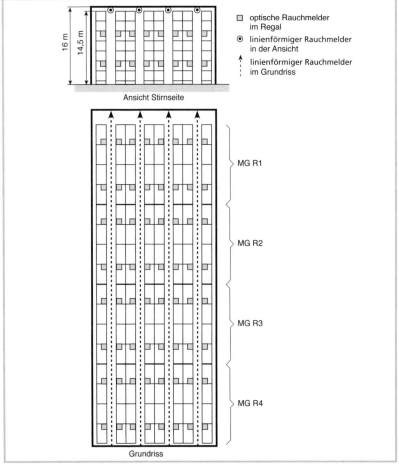

Bild 5.37 *Planungsbeispiel Hochregallager: Melderanordnung*

5.6.5 Gefahrstofflager

Zu den Gefahrstoffbereichen zählen Räume, in denen entzündliche, leichtentzündliche oder hochentzündliche Flüssigkeiten gelagert oder umgeschlagen werden, und Räume, bei denen sich bei betriebsmäßigem Umgang oder im Störfall eine explosionsfähige Atmosphäre bilden kann.

Einen rechtlichen Rahmen für das Planen, Errichten und Betreiben solcher Gefahrenbereiche gibt die *Betriebssicherheitsverordnung* (BetrSichV). Die alte Verordnung über brennbare Flüssigkeiten (VbF) gilt formal nicht mehr, kann aber zur Beurteilung technischer Sachverhalte noch herangezogen werden. Die Regeln für das Vermeiden der Gefahren durch explosionsfähige Atmosphäre mit Beispielsammlung (ehemals ZH 1/10) findet man seit März 2005 in der BGR 104.

Der „Explosionsschutz" in der Elektrotechnik stellt ein sehr komplexes Thema dar, das in diesem Buch nur angeschnitten wird.

Explosionsgefährdete Bereiche werden in *Gefahrenzonen* (**Bild** 5.38) eingestuft.

Für Gase, Dämpfe oder Nebel gilt:

Zone 0: Bereich, in dem eine explosionsfähige Atmosphäre ständig oder langzeitig vorhanden ist.

Zone 1: Bereich, in dem eine gefährliche explosionsfähige Atmosphäre gelegentlich auftritt.

Zone 2: Bereich, in dem eine explosionsfähige Atmosphäre nur selten und dann nur kurzzeitig auftritt.

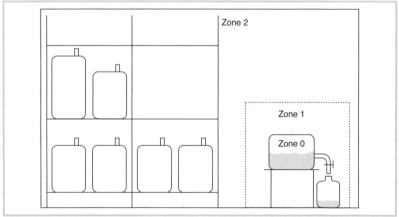

Bild 5.38 *Beispiel für Ex-Schutzzonen in einem Lager für brennbare Flüssigkeiten mit Abfüllplatz*

Für brennbare Stäube gilt:

Zone 20: Bereich, in dem eine gefährliche explosionsfähige Atmosphäre in Form einer Staubwolke ständig, über lange Zeiträume oder häufig vorhanden ist.

Zone 21: Bereich, in dem sich bei Normalbetrieb gelegentlich eine gefährliche explosionsfähige Atmosphäre in Form einer Staubwolke bilden kann.

Zone 22: Bereich, in dem sich bei Normalbetrieb eine gefährliche explosionsfähige Atmosphäre in Form einer Staubwolke normalerweise nicht oder nur selten und kurzzeitig bildet.

Die Einschätzung der Gefährdung und die Einstufung in Zonen obliegt dem Betreiber und darf in keinem Fall vom Planer oder Errichter der Brandmeldeanlage nach „Erfahrungswerten" vorgenommen werden. Die Bewertung der Gefährdung, die Zoneneinstufung und erforderliche Schutzmaßnahmen sind in einem Explosionsschutzdokument zusammenzustellen. Das Explosionsschutzdokument bildet die Grundlage für die Planung elektrischer Anlagen einschließlich der Gefahrenmeldeanlagen.

Elektrische Betriebsmittel dürfen im Normalbetrieb und im Fehlerfall nicht zur Zündquelle der explosionsfähigen Atmosphäre werden. Das gilt nicht nur für Starkstromgeräte, sondern für alle elektrischen Betriebsmittel. Das kann erreicht werden, indem die freigesetzte Energie (z. B. ein Schaltfunke) so klein gehalten wird, dass sie für eine Zündung nicht ausreicht, oder indem alle Teile des Betriebsmittels, an denen Zündenergie freigesetzt werden kann, so gekapselt werden, dass eine Berührung mit der explosionsfähigen Atmosphäre ausgeschlossen wird bzw. sich eine Explosion im Inneren des Gerätes nicht nach außen ausbreiten kann. Die Kennzeichnung des Betriebsmittels gibt die *Zündschutzart* an:

„o"   Ölkapselung,
„p"   Überdruckkapselung,
„q"   Sandkapselung,
„d"   druckfeste Kapselung,
„e"   erhöhte Sicherheit,
„i"   Eigensicherheit,
„m"   Vergusskapselung.

Räume können vollständig oder teilweise als Ex-Schutzzone eingestuft sein.

Wenn die gefährlichen Stoffe in dem Lager nicht umgefüllt werden und es sich um kleinvolumige Verpackungen handelt (z. B. Farbverdünnung in 1-Liter-Flaschen oder Feuerzeugbenzin in Dosen), erfolgt die Einstufung in der Regel in die Zone 2. Bei der Einstufung werden Worst-case-Betrachtungen angestellt. Es wird z. B. berechnet, wie viel explosionsfähige Atmosphäre entstehen kann, wenn eine Palette mit 500 Flaschen à 500 ml der Flüssigkeit xy beim Verladen herabstürzt und alle Flaschen zerstört werden. Sind die austretenden Gase schwerer als Luft, genügt es oft, die Ex-Schutzzone auf eine bestimmte Höhe zu begrenzen. Oberhalb der Höhenbegrenzung können dann normale Betriebsmittel verwendet werden. Solche Festlegungen erkennt man, wenn z. B. in einer Halle alle Schalter und Steckdosen in einer Höhe von 1,6 m statt der üblichen 1,05 m installiert sind.

Beispiele für die Anordnung von punktförmigen Brandmeldern in der Zone 0, z. B. im Inneren eines Kraftstofftanks, sind dem Autor nicht bekannt. Brandmelder, die in der Zone 1 installiert werden, müssen eine Zulassung als ex-geschütztes Betriebsmittel haben. Diese Melder dürfen auch in der Zone 2 verwendet werden.

In der Zone 2 können Brandmelder in der Zündschutzart „i – Eigensicherheit" über Ex-Barrieren angeschlossen werden, wenn die Betriebsspannung und die Leitungskapazitäten (abhängig von der Kabellänge und Induktivität) die in der Norm festgelegten Grenzen nicht überschreiten. Der Nachweis über die Einhaltung der Grenzen ist in Form einer schriftlichen Berechnung Bestandteil der Anlagendokumentation.

Die Auswahl der Melderart richtet sich nach dem Gefahrgut. Bei brennbaren Flüssigkeiten sind bevorzugt Flammenmelder einzusetzen. Werden verschiedene Flüssigkeiten gelagert, sind kombinierte UV/IR-Melder zu verwenden. Befinden sich die Gefahrstoffe in Verpackungen oder werden sie gemeinsam mit brennbaren festen Stoffen gelagert, sind zusätzlich Rauchmelder oder Wärmemelder einzusetzen.

Um Probleme mit Ex-Schutzmaßnahmen zu umgehen, können Melder verwendet werden, deren elektrische und elektronische Bauteile außerhalb des Gefahrenbereiches angeordnet werden:
- Ansaugrauchmelder, wenn die Luftrohre über Detonationssicherungen vom und zum Ex-Bereich geführt werden;
- linienförmige Wärmemelder mit Drucküberwachung;
- linienförmige Wärmemelder mit Sensorkabel, das über eine Ex-Barriere angeschlossen ist.

Türen und Tore in Gefahrstofflagern (Zone 2) werden häufig über Feststellanlagen offen gehalten. Im normalen Betrieb können Personen und Fahrzeuge frei passieren. Die Feststellanlagen haben Brandmelder, die bei Raucherkennung zum selbsttätigen Schließen führen. Eine Gaswarnanlage kontrolliert ständig die Raumluft. Bereits weit unterhalb der unteren Explosionsgrenze wird Alarm ausgelöst, die Lüftung aktiviert und der Bereich spannungsfrei geschaltet. Türen und Tore schließen selbsttätig durch Feder- oder Schwerkraft. Die Rauchmelder der Feststelleinrichtungen befinden sich zwar im Ex-Bereich, werden aber nur dann unter Spannung betrieben, wenn keine explosionsfähige Atmosphäre vorliegt. Es können normale Melder ohne Ex-Zulassung verwendet werden. Diese Erleichterung gilt nicht für Staub-Ex-Bereiche.

5.6.6 Tiefkühllager

Für die Entstehung von Bränden müssen bekanntlich drei Voraussetzungen vorliegen:
- ein brennbarer Stoff,
- ausreichend Sauerstoff,
- eine Zündenergie.

Je geringer die Umgebungstemperatur, umso mehr Zündenergie ist erforderlich, um den Verbrennungsprozess in Gang zu bringen. Wer im Winter einmal versucht hat, mit kaltem, klammem Holz ein Lagerfeuer zu entzünden, wird diese Erfahrung bestätigen. Die Voraussetzungen für die Entstehung eines Brandes in einem Tiefkühllager sind also nicht unbedingt optimal. Dennoch ist ein Brand möglich und ist er einmal entfacht, wird ihn außerhalb der Betriebszeiten niemand gleich bemerken. Die Türen schließen dicht und sind vielleicht sogar abgeschlossen. Befindet sich die Kühlzelle in einem größeren Lagerraum, ist die Gefahr des Brandüberschlages groß. Die Dämmung der Kühlzellen besteht meist aus geschäumten Kunststoffpaneelen und ist leicht entflammbar. Das umgebende Blech hat keine Feuerwiderstandsdauer.

Da in Tiefkühllagern – gleichgültig, ob es sich um Lebensmittel, Medikamente oder Forschungsproben handelt – hohe Sachwerte lagern, kann ein berechtigtes Interesse des Betreibers vorliegen, das Lager durch automatische Brandmelder zu überwachen.

Spezielle normative Vorgaben für die Brandüberwachung gibt es für Tiefkühllager nicht. Handelsübliche punktförmige Rauchmelder sind bei den herrschenden Temperaturen nicht mehr einsetzbar. Eine Möglichkeit besteht in der Verwendung spezieller Rauchmelder für tiefe Temperaturen. Da diese Melder aber auch auf Nebel reagieren, besteht immer die Gefahr eines Täuschungsalarms, wenn beim Öffnen der Türen eindringende Außenluft kondensiert. Beim Einsatz dieser Melder muss ein ausreichender Abstand zur Tür gewählt werden. Die D_H-Maße sind natürlich einzuhalten. Sinnvoll ist die Anordnung mehrerer Melder in Zweimelderabhängigkeit.

Eine technisch elegante Alternative besteht in der Verwendung eines Ansaugrauchmelders (**Bild 5.39**). Die Auswerteeinheit befindet sich außerhalb der Kühlzelle und muss nicht frostbeständig sein. Die Raumluft der Kühlzelle wird über Filter und Kondenswasserabscheider in die Messkammer und anschließend zurück in die Kühlzelle geführt. Die rückgeführte Luft darf nicht direkt auf Lagergut treffen.

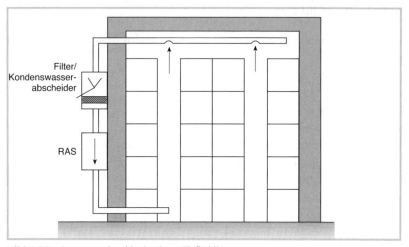

Bild 5.39 *Ansaugrauchmelder in einem Tiefkühllager*

5.6.7 Unbeheizte Räume

Auch wenn wir komfortgewohnten Mitteleuropäer bei Gebäuden und Räumen ein Mindestmaß an Wärme und Behaglichkeit voraussetzen, gibt es doch eine ganze Reihe von Räumen, die nicht beheizt und dennoch durchaus überwachungswürdig sind. Als Beispiele seien hier genannt:
- Tiefgaragen und Parkhäuser,
- Fahrzeughallen,
- Lager für nicht temperaturempfindliche Güter,
- landwirtschaftliche Gebäude,
- Kirchen, Burgen und andere Kulturdenkmäler.

In solchen Räumen können Situationen auftreten, die individuelle Lösungen erfordern.

In Garagen und Fahrzeughallen treten regelmäßig Abgase auf, die zur Täuschung von Rauchmeldern führen würden. Hier muss auf Wärmemelder ausgewichen werden. In Parkhäusern und großen Tiefgaragen hat sich der Einsatz linienförmiger Wärmemelder (Widerstandsdraht) bewährt.

Bei Lagerräumen und landwirtschaftlichen Betriebsstätten muss abgewogen werden, ob mit betriebsbedingter Rauch-, Staub- oder Nebelbildung zu rechnen ist. Ist das eher unwahrscheinlich, sind punktförmige Rauchmelder zu bevorzugen. Wenn Wärmemelder verwendet werden sollen, ist zu prüfen, ob sich die Räume im Sommer schnell und stark aufheizen. Unter Umständen kommen nur Wärmemaximalmelder in Frage, die allerdings in der kälteren Jahreszeit ein stark verzögertes Ansprechverhalten haben.

In Kirchen und Kulturdenkmälern sind Täuschungsgrößen für Rauchmelder eher unwahrscheinlich. Aufgrund der Höhe von Kirchenschiffen kommen Wärmemelder ohnehin kaum in Frage. Bestehen Forderungen des Denkmalschutzes, können anstelle punktförmiger Rauchmelder Ansaugrauchmelder sehr diskret angeordnet werden.

Über die Temperaturfestigkeit der Melder muss im Einzelfall entschieden werden.

Freistehende Objekte, wie offene Parkhäuser, nicht winddichte Lager und Laderampen, nehmen binnen kurzer Zeit die Außentemperatur an und unterschreiten bei strengen Wintern den zulässigen Temperaturbereich normaler Melder. Hier sind Melder mit einem ❊-Zeichen einzusetzen.

In unterirdischen Garagen unter beheizten Gebäuden überfrieren schon mal die Pfützen, dennoch bleibt es immer ein paar Grad wärmer als auf der Straße. Mit Ausnahme der Ein- und Ausfahrtbereiche können nach der Erfahrung des Autors in vielen Fällen normale Melder verwendet werden. Der Einsatz linienförmiger Wärmemelder ist auf jeden Fall möglich.

Kirchen kühlen im Winter zwar stark aus, sind aber winddicht verschlossen und haben aufgrund des massiven Mauerwerks eine enorme Speichermasse. Sie folgen äußeren Temperaturschwankungen nur sehr träge. Innentemperaturen unter $-20\,°C$ sind extrem unwahrscheinlich.

Ein allgemeines Problem in unbeheizten Räumen sind ungedämmte Metall- und Glasdächer. Bei bestimmten Wetterlagen, insbesondere wenn feuchte Luft rasch abkühlt, kondensiert oder gefriert die überschüssige Luftfeuchtigkeit an den Dachunterseiten. Die Wassertropfen können über die Leitungseinführung in die Melder eindringen und zu Korrosionsschäden, Störungen und Falschalarmen führen. Melder an ungedämmten Metall- und Glasdächern müssen daher thermisch isoliert montiert und nach oben abgedichtet werden.

5.6.8 Saunen

Das andere Extrem zu Tiefkühllagern und unbeheizten Räumen sind Saunen. Die minimalen statischen Ansprechtemperaturen gängiger Wärmemelder, die zwischen 54 und 99 °C liegen, werden hier spielend erreicht und überschritten. Der Rauchmelder ist in der Dampfsauna völlig fehl am Platze und auch in der Trockensauna spricht er spätestens beim ersten Aufguss an, falls die Elektronik bei Raumtemperaturen bis über 100 °C nicht vorher schon ausgefallen ist.

Spezielle Wärmemelder der Klassen F und G melden statische Übertemperaturen erst ab 129 bzw. 144 °C. Aufgrund starker Temperaturschwankungen gestaltet sich eine Thermodifferentialerkennung äußerst schwierig.

Als Helfer in der Not meldet sich wieder einmal der Ansaugrauchmelder. Für die Ansaugung müssen Metallrohre oder Kunststoffrohre mit erhöhter Temperaturbeständigkeit eingesetzt werden. Die Auswerteeinheit lässt sich im wohltemperierten Vorraum anordnen. Zum Schutz der Messkammer muss die angesaugte Luft über Kühlschlangen geführt und auf Werte unter 60 °C abgekühlt werden. Vor dem Filter ist gegebenenfalls ein Kondenswasserabscheider anzubringen. Die Luft muss nicht in den Heißbereich zurückgeführt werden, da Saunen nicht luftdicht verschlossen sind.

5.6.9 Türme und Schächte

Die Besonderheit an Türmen und Schächten mit kleiner Grundfläche besteht darin, dass sich Rauchgase und Wärme nicht flächig ausbreiten können, sondern wie in einem Kamin nach oben steigen. Bei noch schwachen Schwelbränden wird der Rauch nur einige Meter aufsteigen. Bei geschlossenen Decken kann sich an heißen Tagen ein starkes Wärmepolster bilden. Bestehen jedoch ein freier Abzug und eine freie Durchströmung, kann der Rauch, besonders an kühlen Tagen, wie in einem Schlot emporschießen.

Wenn möglich, sind zur Überwachung Rauchmelder einzusetzen. Bei Höhen über 12 m müssen zusätzlich zum Deckenmelder weitere Melder vorzugsweise unter Podesten oder natürlichen Vorsprüngen angeordnet werden. Wird die Aufwärtsströmung durch viele Podeste oder Einbauten behindert, ist der vertikale Abstand zwischen den Meldern angemessen zu verkürzen. Unter Podesten, die in Länge, Breite und Fläche die Maße nach Bild 5 der VDE 0833-2 überschreiten, müssen immer Melder angeordnet werden (siehe auch Abschnitt 5.5.2.9).

In Steigeschächten für Kabel, Rohre und Lüftungskanäle werden oft Zwischenebenen aus Gitterrosten gebildet. Muss mit einer Belegung der Roste gerechnet werden, sind sie wie geschlossene Decken zu betrachten und zu überwachen. Über Meldern an Gitterrosten ist eine Rauchstaufläche von mindestens 0,5 m x 0,5 m auszubilden.

5.6.10 Verkehrstunnel

Der Brandschutz in Verkehrstunneln ist nach der Katastrophe im französisch-italienischen Montblanc-Tunnel 1999 in den Blickpunkt der Öffentlichkeit gerückt. Fahrzeugbrände in Tunneln sind immer mit besonderen Problemen verbunden. Die Überhitzung eines Lkw kann sich bereits innerhalb von 20 bis 30 min zu einem Vollbrand mit einer Wärmeleistung von bis zu 50 MW entwickeln. Die dabei entstehende Wärmestrahlung führt zu einem Überspringen des Feuers (flash over) auf benachbarte Fahrzeuge, zu einer Schädigung der Bausubstanz und innerhalb sehr kurzer Zeit zu einem schwer kontrollierbaren Großfeuer. Rauch und Verbrennungswärme können nicht ungehindert in die Atmosphäre abgegeben werden. Die Rettungskräfte müssen unter extrem erschwerten Bedingungen mit vollem Atemschutz angreifen. Die Fahrzeuginsassen haben nur ein sehr schmales Zeitfenster, um die oft weit entfernten Fluchtgänge zu erreichen.

Die einzige Chance, dieses Szenario zu entschärfen, besteht in einer frühen Branderkennung und präzisen Lokalisierung. Diese Information ist nicht nur bedeutsam für den gezielten Angriff der Interventionskräfte, sondern auch für das gesamte Alarmmanagement.

Die Brandmeldetechnik kann im Ernstfall wichtige Aufgaben übernehmen:
- automatische Erkennung und Meldung des Brandes,
- Lokalisieren des Brandortes,
- Sperrung der Zufahrten,
- Verkehrsbeeinflussung in Nebenröhren, die als Fluchtweg dienen,
- Signalsteuerung in Eisenbahntunneln,
- brandortabhängige Steuerung der Lüftungsanlagen.

Dabei sind die Umgebungsbedingungen für klassische Brandmelder alles andere als günstig.

Der Einsatz von Rauchmeldern scheidet aufgrund der Abgase aus. Der Einsatz punktförmiger Wärmemelder ist prinzipiell möglich. Probleme können allerdings im Winter durch Vereisung entstehen. Bei langen Tunneln müssen mehrere vernetzte Unterzentralen installiert werden, da bei getrennter Verlegung der Hin- und Rückleitung eines multifunktionalen Melderringes nur ca. 1 km Strecke je Ring überwacht werden kann.

Der Einsatz linienförmiger Wärmemelder mit integrierenden Messungen führt zu der Einschränkung, dass ein lokal begrenzter Brand erst spät erkannt wird und nicht ausreichend lokalisiert werden kann.

Eine nicht ganz billige, aber technisch hochwertige Lösung bietet der Einsatz von linienförmigen Wärmemeldern mit faseroptischen Sensoren. Diese in Abschnitt 3.1.3.2 näher beschriebenen Systeme können mit Hilfe eines Glasfaser-Sensorkabels Strecken von mehreren Kilometern überwachen und Brandherde mit einer Genauigkeit von 1/128 der Gesamtstrecke lokalisieren.

Die Richtlinien für Tunnelneubauten in Deutschland und Österreich enthalten bereits sehr konkrete Anforderungen an Branderkennungssysteme (**Tabelle 5.9**).

Übrigens: Auch im Mont-Blanc-Tunnel wurde inzwischen ein linienförmiges Wärmemeldesystem mit Lichtwellenleitern installiert.

Tabelle 5.9 *Technische Anforderungen an die Branderkennung in Straßentunneln*

		Österreich	Deutschland
Richtlinien		RSV 9.282	RABT
Einsatz ab Tunnellänge		0 m	400 m
Ortsauflösung		10 m	50 m
Testfeuer: 1,5 MW Spiritus bei Luftgeschwindigkeit 3 m/s	Voralarm	60 s	
	Alarm	90 s	
Testfeuer: 3,5 MW Diesel bei Luftgeschwindigkeit >3 m/s	Voralarm	120 s	
	Alarm	150 s	
Testfeuer: 5 MW Benzin bei Luftgeschwindigkeit 6 m/s	Alarm		60 s

5.6.11 Nicht zugängliche Räume

In nicht zugänglichen Räumen kann niemand zu Schaden kommen. Nicht zugängliche Kabelkanäle und Schächte können, wenn sie feuerbeständig abgetrennt sind, nach der Norm aus der Überwachung ausgenommen werden. Dennoch kann ein berechtigtes Interesse des Betreibers bestehen, auch Brände in diesen Bereichen zu erkennen. Betrachten wir ein Beispiel:

Ein Industriebetrieb besteht aus zwei Hallen, die über einen unterirdischen Versorgungskanal verbunden sind. In dem nicht begehbaren Kanal befinden sich die Fernwärmeversorgung, die Energieversorgung und alle Kommunikationsleitungen zur Halle 2 (**Bild 5.40**). Die Leitungen hätten

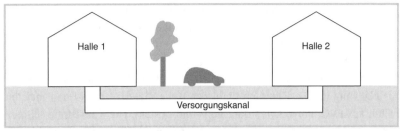

Bild 5.40 *Beispiel für nicht zugängliche Räume*

auch in Erde verlegt werden können, wegen eventueller Nachverlegungen hat man sich aber für den Kanal entschieden.

Nach der Norm muss dieser Kanal nicht überwacht werden. Kommt es in diesem Kanal, z. B. durch ein beschädigtes Starkstromkabel, zu einem Brand, muss die Produktion in Halle 2 für lange Zeit eingestellt werden. Wäre der Brand in der Entstehungsphase erkannt worden, hätte man nur die Energiezufuhr unterbrechen, den Fehler finden und das Kabel ersetzen müssen.

Welche Brandmelder kommen in Frage? Punktförmige Melder scheiden aus, weil der Bereich für Inspektion und Wartung nicht zugänglich ist.

Eine gute Lösung zur frühen Branderkennung wäre ein Ansaugrauchmelder. Die preiswertere Alternative mit einem gewissen Zeitverlust bei der Branderkennung bieten linienförmige Wärmemelder (Widerstandsdraht). Wenn eine Montage an der Kanaldecke mit vertretbarem Aufwand nicht möglich ist, kann die Sensorleitung mit auf der obersten Trasse verlegt werden.

5.6.12 Kabeltrassen

In ausgedehnten Gebäudekomplexen und Industrieanlagen werden die horizontalen Verlegewege für Energie-, Daten-, Fernmelde- und Steuerleitungen meist in den unteren Geschossen angeordnet. Häufig legt man spezielle Kabelkanäle und -tunnel an.

Betriebstechnisch handelt es sich um hochsensible Bereiche. Ein Brandschaden ist fast zwangsläufig mit langen Stillstandszeiten verbunden. Aus Brandschutzsicht stellen diese Bereiche eine höchst ungünstige Kombination aus hohen Brandlasten und schlechten Möglichkeiten für Rauch- und Wärmeabzug und aktive Brandbekämpfung dar.

Die häufigsten Ursachen der Brandentstehung sind
- Überlastung von Energieleitungen durch falsche Dimensionierung der Querschnitte und Sicherungen,
- Kontaktprobleme an Verbindungsstellen,
- äußere Ursachen, wie Schweißarbeiten oder mechanische Beschädigung.

Als Nahrung für die Flammen dient das Isoliermaterial, das in den meisten Fällen aus PVC, Polyethylen oder Polyamid besteht. Die Kunststoffe schmelzen bei 120 bis 250 °C, tropfen ab und bilden Lachen brennbaren Materials. Der Brand an einer PVC-Leitung mit 50 °C Betriebstemperatur breitet sich mit 10 bis 20 cm/min aus.

Kabelkanäle können mit punktförmigen Rauchmeldern überwacht werden. Sind die Kanäle schwer zugänglich, lassen sich Ansaugrauchmelder (**Bild 5.41**) oder linienförmige Wärmemelder einsetzen. Diese werden mäanderförmig auf jeder Kabelrinne mit Energieleitungen verlegt. Das Sensorkabel muss engen Kontakt mit den Kabelmänteln haben. Linienförmige Wärmemelder mit integrierender Messung können die Brandentstehung an einem Hot-Spot (z. B. heiße Klemmstelle) in der Regel nicht erkennen.

Für Anlagen mit höchsten Anforderungen an die Sicherheit (z. B. Kernkraftwerke) eignen sich linienförmige Wärmemelder mit laseroptischen Systemen (siehe Abschnitt 3.1.3.2). Bei einem engen Kontakt mit dem Kabelmantel und einer vollflächigen Überdeckung aller Energiekabel durch mäanderfömige Verlegung sind diese Systeme in der Lage, überhitzte Kabel bereits ab 100 °C mit hoher Ortsauflösung zu detektieren. Diese Temperatur liegt noch unter dem Pyrolysepunkt, d. h. der Temperatur, bei der aus dem Kunststoff Aerosole austreten, die von Rauchmeldern erkannt werden können.

5.6.13 Hohe Hallen

Die Decken von Produktionshallen sind oft hoch und für die Inspektion und Wartung von Deckenmeldern schwer zugänglich. Ansaugrauchmelder sind hier eine gute Wahl. Wenn auf Grund betriebsbedingter Staubentwicklung die Verschmutzung oder gar der Verschluss der Ansaugöffnungen befürchtet wird, sind Gegenmaßnahmen bereits in der Projektierung vorzusehen.

Diese können im einfachsten Fall aus einem Dreiwegeventil mit Anschluss für eine Druckluftleitung bestehen. In diesem Fall muss der Betreiber oder die Wartungsfirma die Rohre in regelmäßigen Abständen manuell freiblasen. Komfortabler und zuverlässiger sind automatische Freiblasvorrichtungen, in denen eine SPS (Speicherprogrammierbare Steuerung) in einstellbaren Abständen die Überwachung unterbricht und Druckluft in die Ansaugrohre einleitet. Ein Beispiel zeigt **Bild 5.41**.

Mit Ansaugrauchmeldern der Klasse A oder B können Hallen bis 16 m Höhe überwacht werden. Bei Einsatz von hochempfindlichen Ansaugrauchmeldern der Klasse A ist normativ eine Überwachung von Räumen bis 20 m Höhe möglich. Die Überwachungsflächen sind hier objektbezogen festzulegen.

Generell kann in solch hohen Räumen nicht einfach eine Projektierung nach Tabelle erfolgen. Bereits in der Planungsphase müssen die Besonderheiten des jeweiligen Objektes berücksichtigt werden. Wichtige Faktoren sind:

- die Dachhaut, insbesondere die Dämmung und eventuelle Lichtbänder zur Bewertung des möglichen Wärmepolsters,
- die Raumtemperatur in Betriebs- und in Ruhezeiten, im Sommer und im Winter zur Bewertung der Thermik des aufsteigenden Rauchgases,
- hohe Unterzüge und Einbauten,
- Art und Menge der brennbaren Stoffe,
- Luftgeschwindigkeiten und Strömungsrichtungen durch künstliche oder natürliche Ventilation bei verschiedenen Betriebszuständen und Jahreszeiten.

Dringend anzuraten sind Rauchgasversuche nach Fertigstellung des Baukörpers und vor der Nutzungsaufnahme.

Bild 5.41 *Ansaugrauchmelder mit automatischer Freiblasvorrichtung*

5.6.14 Transportbänder, Silos und Bunker für brennbare Stoffe

Silos und Bunker für leichtentflammbare Stoffe, wie Holzschnitzel, Pellets oder Kohle, sind in der Regel frei von fremden Zündquellen. Eine akute Brandgefahr entsteht dann, wenn bei der Befüllung Glutnester eingebracht werden. Glutnester können im Zuge der Verarbeitung und des Transportes z. B. durch heiß laufende Lager oder defekte Antriebe entstehen. Wenn sie in den Silo oder Bunker gelangen, haben sie jede Menge Zeit und brennbares Material, um einen enormen Schaden zu generieren.

Eine Detektion solcher Mikrobrände stellt höchste Ansprüche an die Gerätetechnik. Die kleinen Schwelbrände weisen die gleichen Brandkenngrößen wie ein fortgeschrittener Entstehungsbrand auf, allerdings sind die Intensität und die zur Verfügung stehende Zeit wesentlich geringer als unter „normalen" Umständen.

Die Menge der freigesetzten Rauchaerosole reicht in der Regel nicht aus, um die für die Auslösung erforderliche Rauchkonzentration zu erreichen. Außerdem dauert es viel zu lange, bis der aufsteigende Rauch einen Melder erreicht. Das gleiche Problem gilt für Wärmemelder: zu wenig thermische Energie, zu lange Konvektionszeiten. Auch klassische Flammenmelder sprechen auf schwach glimmende Stoffe, die unter Umständen noch durch nicht glimmendes Material abgedeckt sind, nicht sicher an.

Die einzige Kenngröße, die sich praktisch ohne Zeitverzögerung im Raum ausbreitet, ist die wenn auch meist noch schwache Wärmestrahlung. Diese Wärmestrahlung kann mit Wärmesensoren, sogenannten Infrarot-Detektorarrays, erkannt werden. Diese arbeiten ähnlich wie der Bildsensor in einer Digitalkamera, reagieren dabei auf die Wärmestrahlung von Objekten mit Temperaturen bis zu mehreren hundert Grad Celsius.

Die Thermophilie-Detektoren liefern eine Ausgangsspannung, die der einfallenden Wärmestrahlung proportional ist. Die Auswertung der Einzelelemente erfolgt wie bei Wärmesensorkabeln integrierend. Eine kleine heiße Fläche führt zur gleichen Ausgangsspannung wie eine große Fläche mit leichter Erwärmung.

Für die Auswertung stehen verschiedene Verfahren zur Verfügung:
- Überwachung der Maximaltemperatur,
- Vergleich der Spitzentemperatur der Teilflächen mit der Durchschnittstemperatur der Gesamtfläche,
- Bewegungsdetektion heißer Stellen zur Erkennung von Glutnestern auf Transportbändern.

Die Infrarot-Detektorarray-Technologie schließt eine bisherige Lücke zwischen Rauchmeldern und Flammenmeldern.

Wenn die Überwachung nicht nur punktförmig, sondern wie bei einer Infrarotkamera in ganzen Bildabschnitten erfolgt, lassen sich vorbeugend auch die Anlagenteile, die zu einer Überhitzung neigen, überwachen. Wenn bei der automatischen Auswertung voreingestellte Schwellwerte überschritten werden, wird als Vorwarnung eine Meldung abgesetzt und im zweiten Schritt eine automatische Abschaltung der betroffenen Anlagenteile oder eine lokale Beaufschlagung mit Löschwasser durchgeführt.

5.6.15 Windenergieanlagen

In Windenergieanlagen besteht mit Ausnahme der Wartungszeiten nur eine geringe Personengefährdung. Ein unerkannter Brand in der Gondel führt aber immer zu sehr hohen Sach- und Vermögensschäden.

In der Gondel befinden sich auf kleinstem Raum alle zentralen Komponenten, wie Getriebe, Bremsen, Generator. Diese sind umgeben von Kabeln, Kunststoffgehäusen, Dämmstoffen, Ölen und Schmierstoffen. Brände können durch Überhitzung mechanischer oder elektrischer Teile oder durch Blitzschlag entstehen. Ein Löschangriff durch die Feuerwehr bei einem Brand im Gondelkopf ist fast ausgeschlossen. Mit Standarddrehleitern von 20 ... 40 m sind die teilweise über 100 m hohen Gondeln selten zu erreichen. Feuerwehraufzüge in den Masten sind die Ausnahme. Ein Löscheinsatz von innen ist bei einem fortgeschrittenen Brandverlauf nicht vertretbar. Für den Betreiber führen Brände oft zu einem Totalschaden, einem langfristigen Ausfall der Einspeisevergütung, Schadensersatzansprüchen der Anlieger und Imageverlust. Dieses Problem blieb auch den Sachversicherern nicht verborgen. Die VdS Schadenverhütung hat im Juli 2008 einen Leitfaden für den Brandschutz in Windenergieanlagen publiziert. Dieser fordert eine automatische Überwachung der Gondel, der Technikbereiche und der externen Transformatorstationen, vorzugsweise auf die Kenngröße Rauch. In gekapselten Einrichtungen wie Schalt- und Umrichterschränken ist eine Einrichtungsüberwachung zu installieren. Die verwendeten Melder müssen für die besonderen Umgebungsbedingungen (Schwingungen, große Temperaturunterschiede, Ölnebel, starker Luftwechsel, hohe Luftfeuchtigkeit und bei Offshore-Anlagen Salznebel) geeignet sein. Gegebenenfalls sind Melderheizungen zu verwenden.

Die Brandfrüherkennung muss zu folgenden Reaktionen führen:
- Brandmeldung an eine ständig besetzte, hilfeleistende Stelle,

- Abschaltung und Trennung vom Netz,
- Auslösung der Löschanlage (Zweimelderabhängigkeit).

Bei beengten Platzverhältnissen sind Ansaugrauchmelder, in Bereichen mit hoher Falschalarmgefahr sind Multisensormelder zu bevorzugen.

5.7 Meldebereiche und Meldergruppen

Der erste große Schritt der Projektierung ist geschafft. Alle Sicherungsbereiche sind festgelegt, in allen überwachungsbedürftigen Räumen sind geeignete Brandmelder angeordnet. Die Voraussetzung zur Erfüllung der ersten Aufgabe der Brandmeldeanlage, der frühzeitigen Branderkennung, ist geschaffen.

Für die zweite Aufgabe, die schnelle Lokalisierung von Bränden, müssen die Melder strukturiert werden. Hierzu unterteilt man den Sicherungsbereich in *Meldebereiche*. Innerhalb des Meldebereiches werden *Meldergruppen* gebildet (**Bild 5.42**).

Das Ziel besteht darin, die Feuerwehr und den Betreiber möglichst präzise über den Brandort zu informieren. Die normativen Anforderungen stammen aus der Zeit der Grenzwertmeldetechnik, als die Ortungsgenauigkeit an der Linienbestimmung endete. Beim Alarm einer Linie, deren Melder über mehrere Geschosse oder Brandabschnitte verteilt sind, würden die Einsatzkräfte wertvolle Zeit mit der Suche des Brandherdes verlieren. Bei modernen Anlagen mit Einzelmeldererkennung hat sich das Problem entschärft. Die Anzeige der Zentrale oder des Feuerwehr-Anzeigetableaus benennt im Klartext den Raum oder Bereich, der die Alarmierung ausgelöst hat. Trotz dieser Erleichterung kommt der übersichtlichen Bildung von Meldebereichen und Meldergruppen eine nicht zu unterschätzende Bedeutung für den abwehrenden Brandschutz zu.

Meldebereiche dürfen
- sich nur über ein Geschoss erstrecken (Ausnahmen: Treppenhäuser, Schächte, Türme),
- einen Brandabschnitt nicht überschreiten,
- nicht größer als $1600\,m^2$ sein.

Mehrere Räume dürfen zu einem Meldebereich zusammengefasst werden, wenn
- die Gesamtfläche $<400\,m^2$ beträgt,
- die Anzahl der Räume ≤ 5 ist und
- die Räume benachbart sind.

Mehr als 5 Räume dürfen einem Meldebereich angehören, wenn
- die Gesamtfläche 1000 m² nicht übersteigt und
- über oder neben den Zugängen optische Anzeigen (Melderparallelanzeigen) angebracht werden (Alternativ kann der Raum an der Brandmelderzentrale angezeigt werden).

Innerhalb der Meldebereiche werden Meldergruppen gebildet. In einer Meldergruppe dürfen bis zu 10 Handfeuermelder oder bis zu 32 automatische Brandmelder zusammengefasst werden. Eine Mischung ist nicht zulässig.

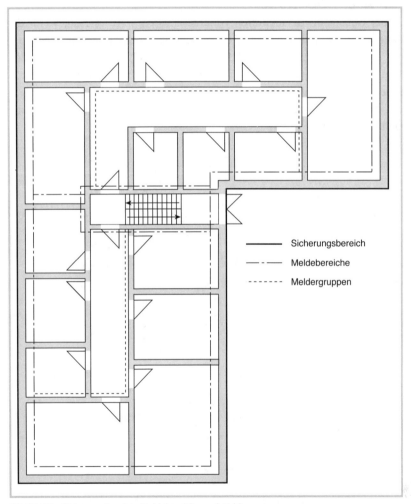

Bild 5.42 *Sicherungsbereich, Meldebereiche und Meldergruppen*

Brandmelder in Zwischendecken, Zwischenböden oder Kabelkanälen sind für vordringende Einsatzkräfte nicht sichtbar. Ihre Lage muss an der Decke oder dem Boden kenntlich gemacht werden. Außerdem sind eigene Meldergruppen zu bilden oder abgesetzte Anzeigen zu verwenden. Zwischendecken- oder Zwischenbodenmelder mehrerer Räume eines Meldebereiches können in einer Meldergruppe zusammengefasst werden. Auf die versteckte Lage ist in der Feuerwehrlaufkarte hinzuweisen.

Befinden sich Melder in Lüftungskanälen, wird je Lüftungsanlage eine eigene Meldergruppe gebildet.

Bei Gebäuden mit mehreren Untergeschossen wäre es fatal, wenn die Feuerwehr erst fünf Etagen nach oben stürmt, um dann festzustellen, dass das dritte Untergeschoss verraucht ist. Bei mehr als zwei Untergeschossen sind getrennte Meldergruppen für den oberirdischen und den unterirdischen Teil des Treppenraumes zu bilden, auch wenn diese brandschutztechnisch nicht getrennt sind (**Bild 5.43**). Diese Forderung gilt auch für die Handfeuermelder.

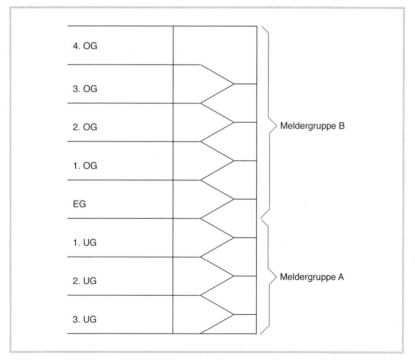

Bild 5.43 *Meldergruppenaufteilung in Treppenräumen mit mehr als zwei Untergeschossen*

Die Meldelinien und Melderinge gehören zu den Übertragungswegen. Die Gesamtfläche der Meldebereiche eines Übertragungsweges ist normativ auf 6000 m² begrenzt. Die Meldebereiche dürfen dabei in verschiedenen Geschossen und Brandabschnitten liegen. Größere Überwachungsflächen sind zulässig, wenn die Alarmzustände von Feuerlöschanlagen mit Überwachungsbereichen größer als 6000 m² aufgeschaltet werden. Die Anzahl der Löschbereiche wird dabei auf 8 je Ringleitung begrenzt. Eine Ringleitung, die nur Handfeuermelder enthält, darf maximal 4 Brandabschnitte überwachen.

Ein technischer Fehler wie Kurzschluss oder Unterbrechung in einem Übertragungsweg darf hinsichtlich der Brandmeldefunktion zu folgenden Einschränkungen führen:
- Ausfall eines Meldebereiches von max. 1600 m² mit :
  – maximal 10 Handfeuermeldern oder
  – maximal 32 automatischen Meldern oder
  – einem linienförmigen Melder oder
  – einer Auswerteeinheit eines Ansaugrauchmelders,
- Ausfall maximal einer Funktionsgruppe; Funktionsgruppen sind beispielsweise die Ansteuerung
  – eines Alarmierungsbereiches,
  – eines Löschbereiches oder
  – der Rauch- und Wärmeabzüge für einen Brandabschnitt.

5.8 Falschalarmvermeidung

Falschalarme bilden nach wie vor das größte Problem bei der Akzeptanz von Brandmeldeanlagen. Statistisch beträgt die Anzahl der Falschalarme oft ein Vielfaches der Anzahl der erkannten echten Brände.

Auch bei Falschalarmen werden alle Alarmfunktionen aktiviert und diverse Kosten verursacht:
- Feuerwehreinsatz → Gebührenrechnung der Gemeinde;
- Evakuierung des Gebäudes → Umsatzausfall, Erstattung von Eintrittsgeldern, Diebstahl von Waren;
- Abschaltung von Maschinen → Produktionsausfall, Instandsetzungskosten;
- Ansteuerung der Löschanlage → Schäden durch Löschmittel, Ersatz von Löschgas;

- Ansteuerung der Rauch- → Wasserschäden durch Schnee
  und Wärmeabzüge oder Regen;
- Allgemein → Instandsetzungs- und Personalkosten.

Je komplexer die Brandfallsteuerungen, desto größer sind die Kosten und der Ärger der Beteiligten.

Die Ursachen für Falschalarme werden in 3 Gruppen eingeteilt:
- Böswillige Alarme: Zum Beispiel durch grundlose Betätigung eines Handfeuermelders oder gezielte Auslösung eines Rauchmelders durch Einblasen von Zigarettenrauch. Die vorsätzliche Herbeiführung eines Falschalarms ist nach Strafgesetzbuch § 145 strafbar.
- Täuschungsalarme: Die Brandmelder werden mit Täuschungsgrößen, die den realen Brandkenngrößen ähnlich sind, beaufschlagt. Hierzu zählen Wasserdampf, Abgase, Tabakrauch oder Heißluft in Küchen, z. B. beim Öffnen von Dampfgarern oder Backöfen.
- Technische Falschalarme: Diese können durch technische Störungen an Meldern oder der Zentrale oder durch unzulässige Umgebungsbedingungen (z. B. EMV-Störungen) ausgelöst werden.

Zu diesen drei Gruppen lässt sich noch eine vierte hinzufügen, nämlich die versehentlichen oder „organisatorischen" Falschalarme. Selbst erfahrenen Servicetechnikern passiert es gelegentlich, dass eine Anlage bei der Wartung nicht ab- oder zu früh wieder angemeldet wird. In manchen Produktionsbetrieben oder auch in Theatern müssen einzelne Melder temporär abgeschaltet werden, wenn produktions- oder vorstellungsbedingt mit dem Auftreten von Täuschungsgrößen zu rechnen ist. Wird dies vergessen, entsteht ein in der Regel kostenpflichtiger Falschalarm.

Falschalarme lassen sich nur dann völlig vermeiden, wenn man auf den Einsatz einer Brandmeldeanlage verzichtet. Durch technische und organisatorische Maßnahmen kann jedoch die Wahrscheinlichkeit einer unnötigen Alarmierung deutlich reduziert werden.

VDE 0833-2 unterscheidet drei *Betriebsarten:*
Betriebsart OM: Ohne Maßnahmen zur Falschalarmvermeidung,
Betriebsart TM: Technische Maßnahmen zur Falschalarmvermeidung,
Betriebsart PM: Personelle Maßnahmen zur Falschalarmvermeidung.

Zu den technischen Maßnahmen gehören:
- Verifizierung des Alarmzustandes durch Zweimeldungsabhängigkeit Typ A oder Typ B;
- komplexe Bewertung von Brandkenngrößen durch die Verwendung von Mehrfachsensorsormeldern oder den Vergleich von Brandkenngrößenmustern.

5.8 Falschalarmvermeidung

Die Begriffe Zweimeldungsabhängigkeit Typ A und Typ B wurden aus der EN 54-2 in die deutsche Norm übernommen. Der Typ A ähnelt der alten „Alarmzwischenspeicherung". Nach dem Erstempfang eines automatischen Melders wird der Brandmeldezustand so lange unterdrückt, bis ein Bestätigungssignal vom selben Melder oder von einem Melder derselben Meldergruppe einläuft.

Die Zweimeldungsabhängigkeit Typ B entspricht der bisherigen Zweimelder- oder Zweigruppenabhängigkeit. Der Alarmzustand wird erst erreicht, wenn die Brandmeldungen von zwei automatischen Meldern derselben Meldergruppe oder von zwei verknüpften Meldergruppen anliegen.

Mit der Alarmzwischenspeicherung können kurze Täuschungsereignisse ausgeblendet werden, z.B. ein Schwall heißer Luft, der beim Öffnen eines Backofens an die Decke schießt und sich nach wenigen Sekunden verflüchtigt.

Die Zweimeldungsabhängigkeit kann nur dann sinnvoll eingesetzt werden, wenn sich die verknüpften Melder mit ausreichender Entfernung (mindestens 2,5 m) im selben Raum befinden. Beispiele zeigt das **Bild 5.44**.

Abhängig geschaltete Flammenmelder müssen aus verschiedenen Blickwinkeln den Gefahrenbereich überwachen.

Der Vergleich von Brandkenngrößenmustern und die Parametrierung von Multisensormeldern spielen sich auf der Softwareebene ab. Da Brandkenngrößen selten allein auftreten, versucht man mehrere Kenngrößen zu messen, typische Kombinationen, wie mittelstarke Verrauchung und leich-

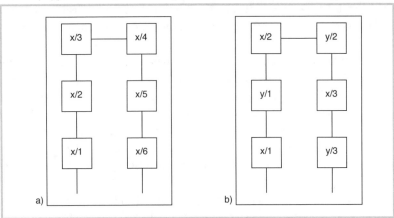

Bild 5.44 *Falschalarmvermeidung*
a) Zweimelderabhängigkeit; b) Zweigruppenabhängigkeit
x, y Meldergruppennummer; 1...6 Meldernummern

ter Temperaturanstieg, als Feuer zu werten und untypische Kombinationen, wie starker Temperaturanstieg + keine Verrauchung, als Täuschung auszublenden.

Auf dem Gebiet der Gassensorik gibt es ähnliche Untersuchungen, bei denen die Konzentration verschiedener Gase gemessen und als Vektorgröße in ein mathematisches Modell eingefügt wird. Auch hier sollen brandtypische Gasgemische in verschiedenen Gesamtkonzentrationen als Brandergebnis erkannt und andere untypische als Täuschung herausgefiltert werden.

Personelle Maßnahmen zur Falschalarmvermeidung zielen darauf ab, bei personeller Besetzung des Gebäudes eingewiesenen Personen die Möglichkeit zu geben, eine eigene Erkundung durchzuführen und den Feueralarm gegebenenfalls manuell zurückzusetzen. Diese Art der Alarmverzögerung darf nur bei Anwesenheit eingewiesener Personen möglich sein.

Die Alarmübertragung darf max. 3 min verzögert werden. In dieser Zeit darf auch die Ansteuerung der Alarmierung, nicht aber die Ansteuerung der Brandschutzeinrichtungen verzögert werden. Dazu muss natürlich sichergestellt sein, dass die eingewiesenen Personen die erste Brandmeldung unverzögert erhalten. Das kann durch die Anzeige an einer ständig besetzten Stelle oder durch die Übertragung an ein DECT-Telefon, einen Pager o. Ä. erfolgen.

Wenn während der Verzögerung die Meldung eines Handfeuermelders eingeht, werden die Alarmübertragung und die Alarmierung unverzögert angesteuert. Somit kann auch der mit der Erkundung beauftragte Mitarbeiter beim Erkennen einer echten Gefahrensituation die Alarmverzögerung unverzüglich durch Betätigung des nächstgelegenen Handfeuermelders abbrechen.

Die Verzögerung kann manuell oder automatisch (z. B. zum üblichen Betriebsbeginn) aktiviert werden. Die Abschaltung muss automatisch spätestens zu der Zeit erfolgen, wenn die letzte eingewiesene Person das Objekt üblicherweise verlässt. Eine manuelle Deaktivierung ist jederzeit möglich.

Es handelt sich hier um eine sehr wirkungsvolle Maßnahme, die allerdings die Anordnung der Brandmelderzentrale oder des Bedienfeldes an einer besetzten Stelle und eine gründliche Einweisung des Personals voraussetzt.

Die beschriebenen Maßnahmen gelten ausschließlich für automatische Melder und sind nicht auf Handfeuermelder übertragbar. Die bewusst missbräuchliche Betätigung eines Handfeuermelders ist kein Dummer-Jungen-Streich, sondern erfüllt zumindest den Straftatbestand der Sachbeschädigung, wobei die zerschlagene Scheibe noch den kleinsten Kostenfaktor darstellt.

Falschalarmvermeidung und Brandfrüherkennung sind zwei konkurrierende Anforderungen. Die Festlegung einer ausgewogenen Lösung, die beiden gegenläufigen Interessen gerecht wird, bedarf einiger Erfahrung seitens des Planers und bei schwierigen Objekten auch einer angemessenen Probebetriebsdauer.

5.9 Steuerfunktionen

Die Ansteuerung von Brandschutzeinrichtungen und betrieblichen Anlagen gehört zu den interessantesten Funktionen einer Brandmeldeanlage. Der Signalaustausch kann über Koppelrelais in der Zentrale oder bei Anlagen mit multifunktionalem Primärbus über Buskoppler erfolgen. Aus dem Zubehörprogramm des Brandmeldesystems können bedarfsgerecht die erforderlichen Kombinationen hinsichtlich der Anzahl an Ein- und Ausgängen gewählt werden. Buskoppler werden über die Busspannung versorgt oder benötigen eigene Stromversorgungen. Busversorgte Koppler mit Halbleiter-Schaltausgängen arbeiten ohne echte Potentialtrennung.

Die Brandmeldeanlage kann nicht nur Steuerbefehle ausgeben, sondern auch technische Meldungen aufnehmen und verarbeiten. Sinnvoll kann es sein, folgende Störungs- und Betriebsmeldungen sicherheitstechnischer Einrichtungen, die mit der Brandmeldeanlage verknüpft sind, zu erfassen:

- Störungen der Alarmierungsanlage,
- Störungen oder Auslösung der Löschanlagen,
- Strömungswächter von Löschanlagen,
- Störungen oder Auslösung von Rauch- und Wärmeabzügen,
- Betrieb und Störung von Entrauchungsanlagen.

Alarmmeldungen von Löschanlagen dürfen als Feueralarm an die Übertragungseinrichtung durchgeschaltet werden. Brandmelder von Feuerschutzabschlüssen dürfen gemäß VDE 0833 Teil 2 Pkt. 5 keine Übertragungseinrichtung ansteuern. Diese Forderung kann sinngemäß auf Brandmelder von Rauch- und Wärmeabzügen sowie Lüftungsanlagen übertragen werden, wenn die Brandmelder nicht Bestandteil der Brandmeldeanlage sind.

Moderne Brandmeldecomputer können eine Vielzahl von Signalen verarbeiten, trotzdem ist es ratsam, sich auf die Signale zu beschränken, die eine unmittelbare Auswirkung auf die Branderkennung und Brandbekämpfung haben. Die Brandmeldeanlage soll nicht ein Störungs-Meldetableau oder einen Gebäudeleitrechner ersetzen.

Der Umfang der Steuerfunktionen ist objektspezifisch festzulegen. Meist müssen hierzu mehrere Planungsgespräche mit dem Betreiber, dem Architekten, dem Brandschutzgutachter, der Genehmigungsbehörde und den anderen Fachplanern durchgeführt werden. In der Praxis hat es sich bewährt, wenn die Initiative für diese Gespräche vom Planer der Brandmeldeanlage ausgeht und dieser auch für die Moderation der Gespräche und die Dokumentation der Ergebnisse verantwortlich zeichnet.

Die folgende Aufzählung zeigt eine Vielzahl möglicher Funktionen, die aber durchaus durch weitere Aufgaben ergänzt werden kann. Neben der primären Ansteuerung der Übertragungseinrichtung übernehmen Brandmeldeanlagen die Ansteuerung von brandschutztechnischen Einrichtungen, wie

- Löschanlagen,
- Feuerschutzabschlüssen (z. B. Rolltore, Schiebetore, Brandschutzklappen),
- Feststellanlagen von Rauchabschnittstüren,
- Alarmierungseinrichtungen (Sirenen, elektroakustische Notfallwarnsysteme),
- Entrauchungsanlagen,
- Rauch- und Wärmeabzügen,
- Aufzügen (statische oder dynamische Evakuierung),
- Fluchttür-Entriegelungen,
- Feuerwehrgebäudefunkanlagen (BOS-Funk).

Da die Ansteuerung von Löschanlagen auch im Fehlerfall mit erheblichen wirtschaftlichen Konsequenzen verbunden ist und bei Gaslöschanlagen eine Personengefährdung nie ganz ausgeschlossen werden kann, gelten hier besondere Anforderungen:

- Die Ansteuerung muss immer über eine Schnittstelle erfolgen.
- Der Übertragungsweg für den Löschbefehl wird von der Brandmeldeanlage überwacht.
- Störungsmeldungen zur Brandmeldeanlage müssen auf überwachten Übertragungswegen erfolgen.
- Lösch- oder Auslösebefehle müssen löschbereichsweise übertragen werden.
- Defekte in der Ansteuereinrichtung dürfen höchstens zum Ausfall oder zur Fehlansteuerung **eines** Löschbereiches führen.

Für die Ansteuerung ist vorzugsweise die Standardschnittstelle „Löschen" (**Bild 5.45**) zu verwenden. Bei Anschaltungen ohne Standardschnittstel-

5.9 Steuerfunktionen

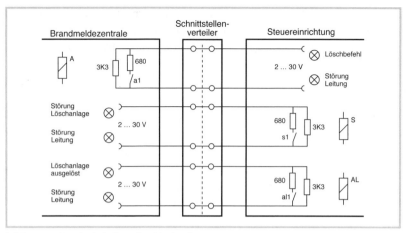

Bild 5.45 *Standardschnittstelle „Löschen"*
A Alarm BMA; S Störung der Löschanlage; AL Auslösung der Löschanlage

le muss das Zusammenwirken aller Anlagenteile in einem gemeinsamen System geprüft und anerkannt worden sein. Viele Gebäude mit Brandmeldeanlagen verfügen über eine vernetzte Gebäudeleittechnik, mit der sich Anlagen, die auch im Brandfall gebraucht werden, zentral steuern lassen. Es bietet sich an, die vorhandenen Steuerstrukturen auch für die Brandfallsteuerungen zu nutzen. Doch Vorsicht! An Übertragungswege für Brandschutzeinrichtungen werden besonders hohe Anforderungen hinsichtlich Verfügbarkeit und Störfestigkeit gestellt. Gebäudeleitsysteme sind dagegen vorrangig als komfortorientierte, übergeordnete Bedien- und Anzeigeebene für haustechnische Anlagen konzipiert. Probleme bei der Ansteuerung von Brandschutzeinrichtungen können entstehen durch

- fehlende oder unzureichende Sicherheitsstromversorgung,
- unqualifizierte Nutzereingriffe,
- Hard- oder Softwarestörungen,
- fehlende Überwachung,
- Nicht-Verfügbarkeit bei Wartungsarbeiten.

Die Funktion sicherheitstechnischer Einrichtungen darf nicht von so vielen Unwägbarkeiten abhängen. Ein einfacher Funktionstest reicht hier nicht aus, die dauerhafte Betriebssicherheit nachzuweisen.

Auch wenn die Nutzung der Gebäudeleittechnik nicht prinzipiell untersagt ist, dürften die Aufwendungen für die Herstellung und den Nachweis einer ausreichenden Funktions- und Betriebssicherheit in der Praxis deutlich größer sein als eine klassische und zuverlässige Hardwareansteuerung.

Die Gesamtverantwortung auch für die löschanlagenrelevanten Teile der Brandmeldeanlage liegt beim Hersteller der Löschanlage. Die Anschaltung muss von den Errichtern der Lösch- und der Brandmeldeanlage gemeinsam durchgeführt werden.

Für *Feuerschutzabschlüsse* (FSA) gelten die Richtlinien des Deutschen Instituts für Bautechnik (DIBt). Die Rauchmelder der FSA dürfen entfallen, wenn diese durch Rauchmelder der Brandmeldeanlage angesteuert werden, die den Bereich vor und hinter den Feuerschutzabschlüssen wirksam überwachen. Die Ansteuerung durch weitere Melder, z. B. bei Bereichsfeuer oder Sammelfeuer, ist zulässig, da die FSA mit der Auslösung in den brandschutztechnisch sicheren Zustand wechseln, der zwar eine Komforteinschränkung, aber keine Gefährdung für den Nutzer bedeutet. Die Abschaltung der Melder oder Meldergruppen an den Feuerschutzabschlüssen oder der gesamten Brandmeldeanlage muss zur Auslösung der Feststellvorrichtung führen.

Des Weiteren können folgende betriebliche Schalthandlungen im Brandfall automatisch ausgelöst werden:
- Abschaltung von Lüftungsanlagen,
- Abriegelung der Gaszufuhr,
- Abschaltung von Maschinen und Förderanlagen,
- Herunterfahren technologischer oder chemischer Prozesse,
- Stummschaltung von Vorführ- oder Wiedergabegeräten
  (Kino, Hintergrundmusik),
- Einbruchmeldeanlagen (Entriegelung der Sperrelemente).

Bei ausgedehnten Gebäuden ist es nicht erforderlich, bei Feueralarm in einem Gebäudeteil immer alle Steuerbefehle zu aktivieren. Vielmehr ist es sinnvoll, Brandschutz- und Betriebseinrichtungen nur in den Bereichen anzusteuern, die vom Brand betroffen sind oder für die Evakuierung und Brandbekämpfung genutzt werden müssen. Die Bildung von Alarmierungs- und Steuerbereichen muss sich nach den Brandabschnittsgrenzen richten. Alle Maßnahmen für den betroffenen Brandabschnitt müssen sofort greifen, bevor es zu einer Zerstörung der Übertragungswege kommt. Die Abhängigkeiten sind in übersichtlicher Form schematisch oder in Verknüpfungstabellen darzustellen.

Dies wird in den folgenden Beispielen veranschaulicht.

Beispiel 1: Multifunktionales Gebäude
Das Gebäude, für das vom Büro *Gustav Gründlich* eine Brandmeldeanlage zu planen ist, hat Außenmaße von 60 m x 60 m und verfügt über eine eingeschossige Tiefgarage

(**Bild 5.46**). Im Erdgeschoss sind Verkaufs- und Gaststätten, im 1. Obergeschoss Sport- und Fitnesseinrichtungen und im 2. bis 4. Obergeschoss ein Multiplexkino mit acht Sälen geplant. Die Geschosse sind über Fahrtreppen und Aufzüge zu erreichen. Im Gefahrenfall führen alle Fluchtwege in vier außenliegende Treppenhäuser. Die Kinosäle und die Treppenhäuser werden mit Rauch- und Wärmeabzügen (RWA) ausgerüstet. Die Tiefgarage, das Erdgeschoss und das 1. Obergeschoss erhalten mechanische Entrauchungsanlagen. Obwohl das Gebäude vom Untergeschoss bis zur 1. Etage eine Sprinkleranlage erhält, fordert die Baugenehmigung eine flächendeckende Brandmeldeanlage. Die Alarmierung soll auf Wunsch des Kinobetreibers saalweise erfolgen. Sie wird mit einer automatischen Abschaltung des Vorführgerätes gekoppelt. Auch die pneumatischen Rauch-Wärme-Abzüge der Kinosäle werden nur bei Brand in dem jeweiligen Saal geöffnet. Die Entrauchung der Tiefgarage und der Verkaufsetagen wird bei Brand in der betroffenen Ebene angeschaltet. Unabhängig vom Ort der Brandmeldung werden bei Sammelfeuer alle Treppenhaus-RWA geöffnet, die Aufzüge evakuiert und der Feuerwehrfunk aktiviert.

All diese Abstimmungsergebnisse hat *Gustav Gründlich* in Gesprächsprotokollen dokumentiert und von den Beteiligten abzeichnen lassen. Die Aufgabenstellung für den Errichter der Brandmeldeanlage fasst er nun in tabellarischer Form zusammen. Die Tabelle umfasst mehrere Seiten und wird hier nur auszugsweise wiedergegeben (**Tabelle 5.10**).

Im Rahmen der Werkplanung muss die Brandmeldefirma nun noch die Meldergruppen und Steueradressen ergänzen. Die inhaltliche Aufgabenstellung wurde mit der Ausführungsplanung abschließend formuliert.

Ein weiteres Beispiel soll das Zusammenspiel zwischen der Brandmeldeanlage und einer Gaslöschanlage demonstrieren.

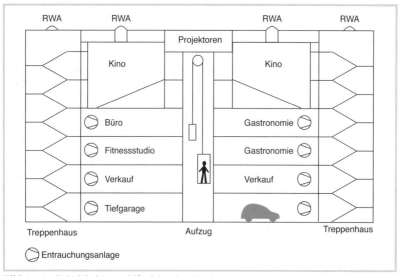

Bild 5.46 *Beispiel eines multifunktionalen Sonderbaus*

Tabelle 5.10 *Beispiel für Steuerverknüpfungen*

Objekt:
Multifunktionales Einkaufs- und Freizeitzentrum mit Tiefgarage
Steuerfunktionen der Brandmeldeanlage
Ausführungsplanung:
Stand: TT.MM.JJJJ

Steuer-Gruppe	Bezeichnung	Ort	Ansteuerung durch		Meldergruppen
	Alarmierung	UG bis 1. OG	Bereichsfeuer	UG bis 1. OG	
	Alarmierung	Kino Foyer	Bereichsfeuer	Kino gesamt	
	Alarmierung	Kino Saal 1	Feuer	Saal 1	
	Alarmierung	Kino Saal 2	Feuer	Saal 2	
	...				
	...				
	RWA	Treppenhaus 1	Sammelfeuer		
	RWA	Treppenhaus 2	Sammelfeuer		
	...	....			
	RWA	Kino 1	Feuer	Saal 1	
	RWA	Kino 2	Feuer	Saal 2	
	Entrauchung	Tiefgarage	Bereichsfeuer	Tiefgarage	
	BOS-Funk		Sammelfeuer		
	Aufzug 1		Sammelfeuer		
	Aufzug 2		Sammelfeuer		
	...				

Beispiel 2: EDV-Zentrale mit Gaslöschanlage
Die EDV-Zentrale eines Unternehmens befindet sich in einem kleinen, fensterlosen Raum ohne Zwischenboden im Kellergeschoss des Verwaltungsgebäudes (**Bild 5.47**). Die Raumüberwachung erfolgt mit punktförmigen Rauchmeldern in Zweimelderabhängigkeit. Die EDV-Schränke und die Telefonzentrale werden mit insgesamt drei hochsensiblen Ansaugrauchmeldern ausgestattet. Aufgrund der hohen Wertekonzentration und mit dem Ziel einer hohen Datensicherheit hat sich die Geschäftsführung für den Einbau einer CO_2-Gaslöschanlage entschieden, die den Raum- und Einrichtungsschutz übernehmen soll.

Alle Alarmzustände sollen auf dem Monitor der Gebäudeleittechnik (GLT) angezeigt werden. Der Alarmzustand eines Rauchmelders bzw. der Info- oder Voralarm eines Ansaugrauchmelders führen zur örtlichen Alarmierung in der EDV-Zentrale und im Büroraum des Systembetreuers. Geht der erste Ansaugrauchmelder auf Voralarm, wird die Lüftung abgeschaltet. Der Alarmzustand von zwei Deckenmeldern führt zur sofortigen Alarmierung der Feuerwehr, zum Start aller Warntongeber im Gebäude und zum Auslösen der Löschanlage. Für den wesentlich empfindlicheren Ansaugrauchmelder wird während der Betriebszeiten die personelle Maßnahme zur Falschalarmvermeidung vorgesehen.

Die Aufgabenstellung für den Programmierer wird in der **Tabelle 5.11** dargestellt.

5.9 Steuerfunktionen

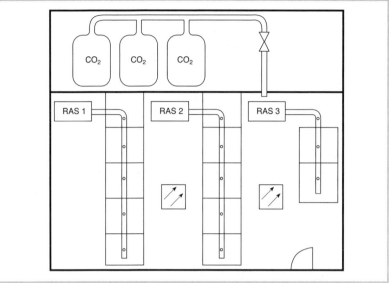

Bild 5.47 Beispiel einer EDV-Zentrale (Grundriss)
RAS Rauchansaugsystem der Ansaugrauchmelder

Tabelle 5.11 Steuerverknüpfungen für eine EDV-Zentrale mit Gaslöschanlage

Objekt:
Musterfabrik in Musterstadt

Steuerfunktionen in der EDV- Zentrale
Ausführungsplanung:
Stand: TT.MM.JJJJ

Melder	Alarmzustand	Ansteuerungen					
		Info an GLT	örtlicher Warnton	Gebäude-Alarm	Ruf Feuerwehr	Abschaltung Lüftung	CO_2-Lösch-anlage
Deckenmelder	1. Alarm	x	x				
Deckenmelder	2. Alarm	x		x	x	x	x
RAS	Infoalarm	x	x				
RAS	Voralarm	x	x			x	
RAS	Hauptalarm	x	x	x		x	
RAS	nach 30 s Verzögerung ohne Quittierung oder bei 2. Hauptalarm in der Erkundungszeit	x		x	x	x	x
RAS	nach 3 min Erkundungs-zeit, wenn Alarm nicht zurückgestellt wurde	x		x	x	x	x

Beispiel 3: Hochregallager mit Löschanlage
Ein neu zu errichtendes Fertigproduktlager eines Industriebetriebes wird mit einer platzsparenden Sprühwasserlöschanlage ausgerüstet, die abschnittsweise von einer Brandmeldeanlage angesteuert werden soll.

Aus dem Betrieb einer ähnlichen Anlage war dem BMA-Planer *Gustav Gründlich* bekannt, dass es bei der Entnahme nur selten bewegter Lagergüter zu Falschalarmen durch Staubaufwirbelungen kommen kann. Das Lagergut ist nicht wassergeschützt verpackt. Die „vorsorgliche" Ansteuerung der Löschanlage bei der Alarmauslösung durch einen einzelnen Melder würde zu einem sehr hohen Sachschaden führen. Zur Vermeidung von Falschalarmen soll daher eine Zweimelderabhängigkeit programmiert werden.

Der Planer der Löschanlage teilt jede der drei Regalreihen in vier Abschnitte ein und kommt somit auf insgesamt 12 Löschabschnitte (**Bild 5.48**).

Die Löschwasserpumpe kann maximal drei Löschabschnitte gleichzeitig versorgen. Zur gezielten Ansteuerung der Löschabschnitte müssen räumlich identische Meldebereiche gebildet werden. Herr *Gründlich* erkennt schnell, dass aufsteigender Rauch nicht zwangsläufig nur die Rauchmelder erreicht, die einem Löschabschnitt zugeordnet sind. Es sind vielmehr folgende Konstellationen denkbar:
a) Zwei Melder des gleichen Meldebereiches lösen aus –> Löscheinsatz nur in einem Abschnitt;
b) zwei Melder benachbarter Meldebereiche lösen aus –> Löscheinsatz in beiden Löschbereichen;
c) zwei Melder in diagonal benachbarten Meldebereichen lösen aus –> Löscheinsatz in vier Löschabschnitten erforderlich.

Der Fall c) übersteigt die Kapazität der Löschanlage. *Gustav Gründlich* erinnert sich an einen Fachvortrag der VdS-Fachtagung 2006 und schlägt vor, die Löschabschnitte versetzt anzuordnen (**Bild 5.49**).

Die nunmehr 13 Löschabschnitte erfordern ein paar zusätzliche Ventile und Rohrleitungen. Der Mehraufwand steht aber in keinem Verhältnis zur Alternative, die darin bestände, die Löschwasserzentrale und die Löschmittelbevorratung um 1/3 zu vergrößern.

Durch die versetzte Anordnung müssen bei beliebigen Kombinationen von Rauchmeldern maximal 3 Löschabschnitte bedient werden. Die Zuordnung wird zunächst von Planer *Gustav Gründlich* in einer Matrix vorgegeben und anschließend vom Errichter in die Anlagenprogrammierung übertragen (**Tabelle 5.12**).

1	2	3	4
5	6	7	8
9	10	11	12

Bild 5.48 *Hochregallager, Grundriss mit Einteilung der Löschbereiche (1. Entwurf)*

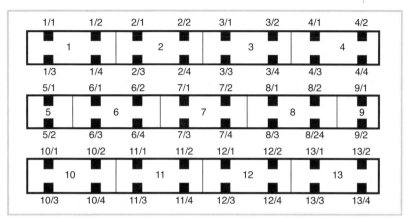

Bild 5.49 Hochregallager, Grundriss mit geänderter Einteilung der Löschbereiche und Rauchmelder

Tabelle 5.12 *Steuermatrix für Beispiel 3*
Den Melderkombinationen in den Achsen werden Löschabschnitte zugeordnet.

Melder	1/1	1/2	1/3	1/4	2/1	2/2	2/3	2/4	5/1	5/2	6/1	6/2	6/3	6/4
1/1		1	1	1	1+2	1+2	1+2	1+2	1+5	1+5	1+5+6			
1/2			1	1	1+2	1+2	1+2	1+2	1+5+6		1+6	1+2+6	1+6	
1/3				1	1+2	1+2	1+2	1+2	1+5	1+5	1+5+6		1+5+6	
1/4					1+2	1+2	1+2	1+2	1+5+6	1+5+6	1+6	1+2+6	1+6	1+2+6
2/1						2	2	2			1+2+6	1+2	1+2+6	1+2
2/2							2	2				2+6+7		
2/3								2			1+2+6	2+6	1+2+6	2+6
2/4												2+6+7		2+6+7

5.10 Struktur und Übertragungswege

Die Struktur oder Topologie von Brandmeldeanlagen ist im Vergleich zu Datennetzwerken recht übersichtlich.

Anlagen in Grenzwerttechnik haben von der Zentrale strahlenförmig abgehende Melderlinien. Je Linie können bis zu 32 automatische oder 10 Handfeuermelder angeschlossen werden. Eine gemischte Belegung ist nicht zulässig. Auch die Warntongeber werden strahlenförmig angeschlossen. Steuerbefehle werden in der Zentrale geschaltet und mit direkten Leitungsverbindungen übertragen (**Bild 5.50**). Eine Einzelmeldererkennung ist in der Regel nicht möglich.

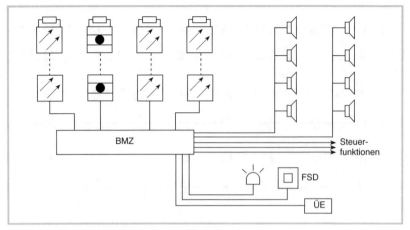

Bild 5.50 *Brandmeldeanlage in Grenzwerttechnik*
BMZ Brandmelderzentrale; ÜE Übertragungseinrichtung;
FSD Feuerwehrschlüsseldepot

Für größere Anlagen hat sich bei allen führenden Herstellern die *Ringbustechnik* durchgesetzt. Auf einem multifunktionalen Primärring lassen sich automatische Melder, Handfeuermelder und Buskoppler in beliebiger Reihenfolge anordnen. Je Ring können bis zu 200 Ringbusteilnehmer angeschlossen werden. In kleineren Abständen, vorzugsweise an jedem Busteilnehmer, befinden sich Trennelemente. Bei Kurzschluss oder Unterbrechung wird der defekte Leitungsabschnitt automatisch abgeschaltet. Die nicht betroffenen Busteilnehmer können im Stich weiterbetrieben werden. Die großen Vorteile der Ringbustechnik sind enorme Einsparungen in der Verkabelung und eine wesentlich höhere Störfestigkeit bei Unterbrechung und Kurzschluss (**Bild 5.51**). Der Anschluss von Stichleitungen an den Ring ist technisch möglich. Die Melder am Stich haben keine redundante Versorgung. Weitere Informationen zu diesem Thema enthält der Abschnitt 6.2 „Leitungsnetze".

Bei größeren Anlagen werden mehrere Ringe gebildet (**Bild 5.52**). In ausgedehnten Objekten kann es sinnvoll sein, Unterzentralen zu installieren. Die Verbindungen zwischen der Hauptzentrale und den Unterzentralen müssen redundant ausgeführt werden. Bei Zentralen gleicher Hersteller kann der herstellereigene Datenbus eingesetzt werden. Weitere Anforderungen sind im Abschnitt 5.11.4 beschrieben.

5.10 Struktur und Übertragungswege

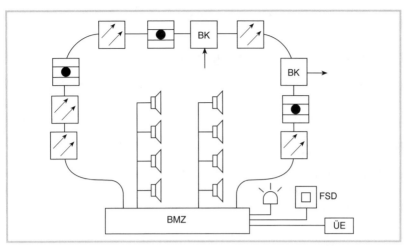

Bild 5.51 *Brandmeldeanlage in Ringbustechnik*
BK Buskoppler

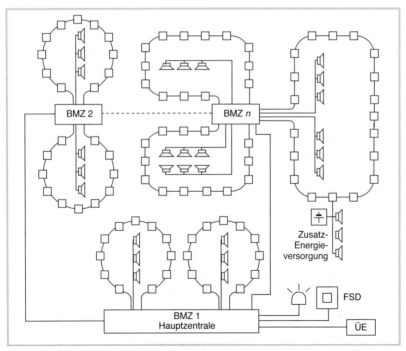

Bild 5.52 *Vernetzte Brandmeldeanlage in Ringbustechnik*
52 Brandmelderzentrale; FSD Feuerwehrschlüsseldepot;
ÜE Übertragungseinrichtung

5.11 Brandmelderzentrale (BMZ)

5.11.1 Aufstellung und Konfiguration

Die Brandmelderzentrale bildet das Informationszentrum der Anlage. Von hier erfolgen die Energieversorgung, die Überwachung der Primärleitungen und die zyklische Abfrage aller Melderzustände. Eingehende Informationen werden geprüft, bewertet und zu Schaltbefehlen verarbeitet.

Brandmelderzentralen sind vorzugsweise in Räumen für Gefahrenmeldeanlagen aufzustellen. Unbefugter Zugriff, Vandalismus und störende Beeinflussung durch benachbarte Anlagen sind durch eine geeignete Positionierung und mittels konstruktiver Maßnahmen weitgehend auszuschließen. Hintergrundgeräusche dürfen die akustischen Anzeigen der Brandmeldeanlage nicht beeinträchtigen. Das Risiko einer Brandentstehung im BMZ-Raum muss gering sein, der Raum ist durch die Brandmeldeanlage zu überwachen.

Um den Einsatzkräften der Feuerwehr eine praktikable, fabrikatsunabhängige einheitliche Bedienstelle zu bieten, wird neben der Zentrale ein Feuerwehr-Bedienfeld (FBF) installiert. Befindet sich die Zentrale in einem von außen nicht leicht zugänglichen Raum, z. B. in einem anderen Geschoss, werden das FBF und die Laufkarten in der Nähe des Eingangs montiert. Um dem Einsatzleiter alle Informationen an einem Ort zur Verfügung zu stellen, ist es sinnvoll, neben dem Feuerwehr-Bedienfeld ein Feuerwehr-Anzeigetableau (FAT) anzuordnen.

Die Zentrale kann in einem systemeigenen Gehäuse, einem Wandschrank oder einem Standschrank untergebracht werden. Auch wenn die Anschlussleistung im Vergleich zu EDV-Anlagen gering ist, muss eine Möglichkeit zur Wärmeabfuhr bestehen.

Je nach Aufgaben- und Überwachungsumfang können vorkonfektionierte Klein- und Kompaktzentralen oder frei konfigurierbare Geräte eingesetzt werden.

Die Störung der Signalverarbeitung oder einer Anzeigeeinrichtung darf sich auf maximal 512 Melder oder einen Sicherungsbereich mit einer Gesamtfläche von 12 000 m^2 auswirken.

Bei größeren Anlagen bis zu 48 000 m^2 müssen auch bei einer Störung der Signalverarbeitung die Meldergruppen funktionstüchtig bleiben. Außerdem müssen weitere Anzeigeeinrichtungen oder eine Registriereinrichtung, z. B. ein Drucker, vorhanden sein.

Brandmeldeanlagen mit Sicherungsbereichen über 48 000 m² müssen redundante Signalverarbeitungseinheiten und redundante Anzeigeeinrichtungen haben.

Die Übertragungseinrichtung (ÜE) muss sich in unmittelbarer Nähe der Brandmelderzentrale befinden oder ihr Bestandteil sein. Wird zur Prüfung der Übertragungseinrichtung ein eigener Handfeuermelder installiert, darf dieser nicht zur Ansteuerung von Brandschutzeinrichtungen führen.

5.11.2 Energieversorgung

Die primäre Energieversorgung erfolgt aus dem Niederspannungsnetz des Gebäudes. Um zu verhindern, dass bei der Abschaltung von Räumen oder Betriebsmitteln die Stromversorgung der Brandmeldeanlage (BMA) unterbrochen wird, erfolgt die Versorgung vorzugsweise über einen eigenen Stromkreis der Gebäudehauptverteilung, der auffällig rot gekennzeichnet und mit „BMA" beschriftet wird.

Brandmeldeanlagen müssen auch bei Ausfall der allgemeinen Stromversorgung funktionieren. Wenn das Gebäude über eine Ersatzstromversorgung (Netzersatzaggregat) verfügt, ist die BMA an die Sicherheitsstromversorgung anzuschließen. Auf jeden Fall ist die Betriebsspannung über eine anlageneigene Ersatzstromversorgung, bestehend aus Akkumulatoren und Ladegerät, zu stützen.

Die Energieversorgung muss DIN EN 54-4 entsprechen. Die erforderliche Überbrückungszeit der Ersatzstromversorgung hängt davon ab, wie schnell die Störung der allgemeinen Stromversorgung erkannt und wie schnell die Instandsetzung eingeleitet wird. Eine Überbrückungszeit von 4 Stunden genügt, wenn
- die Stromversorgung für mindestens 30 Stunden über eine Netzersatzanlage gesichert ist,
- Störungen sofort erkannt werden,
- Ersatzteile im Objekt vorhanden sind und
- qualifiziertes Instandhaltungspersonal ständig vor Ort anwesend und einsatzbereit ist.

Wird die Störung an eine ständig besetzte und unterwiesene Stelle gemeldet und die Instandsetzung durch einen anerkannten Fachbetrieb innerhalb von 24 Stunden durchgeführt, muss die Überbrückungszeit mindestens 30 Stunden betragen. Diese Bedingungen können beispielsweise durch die Weiterleitung der Störungsmeldung an einen Wachdienst und den Abschluss eines

Wartungs- und Instandhaltungsvertrages mit 24-Stunden-Bereitschaft mit einer anerkannten Errichterfirma erfüllt werden. In allen anderen Fällen verlangt die Norm eine Überbrückungszeit von mindestens 72 Stunden. Das entspricht etwa der Dauer eines arbeitsfreien Wochenendes.

Die erforderliche Batteriekapazität K errechnet sich nach der Formel:

$$K = k_t \cdot [I_R \cdot (t_{\ddot{U}} + t_V) + I_A \cdot t_A]$$

K erforderliche Kapazität der Akkumulatoren,
I_R Ruhegleichstrom der Anlage,
$t_{\ddot{U}}$ erforderliche Überbrückungszeit (4, 30 oder 72 Stunden),
t_V eingestellte Verzögerungszeit für die Störungsmeldung bei Netzausfall,
I_A Gleichstrom im Alarmfall,
t_A Alarmierungsdauer (in der Regel 0,5 Stunden),
k_t Korrekturfaktor: $k_t = 1{,}25$ bei Überbrückungszeiten < 24 Stunden
$k_t = 1{,}00$ bei Überbrückungszeiten ≥ 24 Stunden.

Bei Akkumulatoren in Parallelschaltung addieren sich die Kapazitäten. Eine Parallelschaltung von mehr als zwei (höchstens drei) Akkumulatoren ist aufgrund möglicher Abweichungen beim Batterie-Innenwiderstand nur bei Kapazitäten ab 36 Ah zulässig. Es dürfen maximal zwei Reihenschaltungen parallel und maximal 12 Zellen in Reihe geschaltet werden. Mögliche Schaltungen zeigt **Bild 5.53**. Bei allen Parallel- und Reihenschaltungen sind typengleiche Batterien (gleicher Hersteller und Typ, gleiche Spannung und Kapazität, gleiches Herstellungsdatum) zu verwenden.

Die Kapazität von Bleiakkumulatoren sinkt mit ihrer Lebensdauer. Bei Sicherheitslichtanlagen ist es seit kurzem üblich, die erforderliche Batterie-

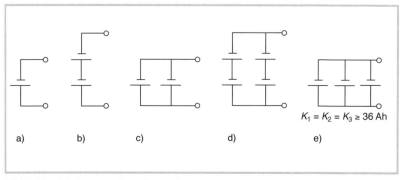

Bild 5.53 *Schaltung von Batterien zur Ersatzstromversorgung*
a) Einzelbatterie;
b) Reihenschaltung;
c) Parallelschaltung;
d) Reihen-Parallelschaltung;
e) dreifache Parallelschaltung

kapazität mit einem Sicherheitsfaktor von 1,25 zu beaufschlagen. Für Gefahrenmeldeanlagen, bei denen die Akkumulatoren in kürzeren Abständen (üblich sind 3 Jahre) gewechselt werden, gibt es hierzu noch keine normativen Forderungen. Trotzdem ist es empfehlenswert, die Akkumulatoren und auch die Ladegeräte mit einer ausreichenden Reserve zu bemessen. Die nächste Anlagenerweiterung kommt bestimmt!

Für zusätzliche Energieversorgungen (Zusatz-EV) gelten bei Netzausfall die gleichen Überbrückungszeiten wie für die Batterien der BMZ. Abweichende Überbrückungszeiten können für Sondereinrichtungen, wie Einrichtungsüberwachungen von EDV-Anlagen, vereinbart werden.

5.11.3 Betriebs- und Störungsmeldungen

An der Brandmelderzentrale werden alle für den Betreiber wichtigen Meldungen angezeigt. Die üblichen Farbcodes sind:

Grün – Anlage betriebsbereit,
Gelb – Störung (von Linien, Meldern, Steuergruppen …),
Gelb – Abschaltung (von Meldern oder Meldergruppen, von Steuerausgängen, der Alarmierung oder der Übertragungseinrichtung),
Rot – Feueralarm.

Wenn sich die Zentrale nicht in einem ständig oder zumindest während der Betriebszeiten besetzten Raum befindet, hat der Betreiber kaum eine Chance, die Betriebsbereitschaft zu überwachen und Störungen rechtzeitig zu erkennen. Die Forderung in VDE 0833-2 Pkt. 6.1.2, Störungen unverzüglich an den Instandhalter weiterzuleiten, kann mit „versteckt" angeordneten Zentralen ohne zusätzliche Maßnahmen nicht erfüllt werden.

Mindestens eine der folgenden Maßnahmen ist anzuwenden:
- Anordnung einer parallelen Bedien- und Anzeigeeinheit an einer ständig besetzten Stelle;
- Aufschaltung der Meldung auf einen Gebäudeleitrechner und Anzeige an einer ständig besetzten Stelle. Feuer- und Störungsmeldungen müssen mit oberster Priorität angezeigt werden;
- Weiterleitung der Meldungen an einen ständig besetzten Wachdienst;
- Durchführung regelmäßiger Kontrollgänge, sodass Störungen innerhalb von 30 Stunden erkannt werden.

Steht nur eine begrenzte Zahl von Meldeeingängen zur Verfügung, muss als Minimum „Feuer" und „Sammelstörung" angezeigt werden.

Die ständig besetzte Stelle eines Objektes kann die Rezeption in einem Hotel, die Pförtnerloge eines Verwaltungsgebäudes oder der Wachraum in einem Industriebetrieb sein. Das Personal muss hinsichtlich seines Verhaltens beim Auftreten von Störungen unterwiesen sein. Kann die Störung nicht selbst behoben werden, ist der Instandhalter zu informieren.

5.11.4 Vernetzte Zentralen

Eine Vernetzung liegt immer dann vor, wenn in einer Anlage mit mehreren Zentralen mindestens eine Zentrale übergeordnete Aufgaben wahrnimmt (siehe Bild 5.52). Die entscheidende übergeordnete Aufgabe ist die Ansteuerung der Übertragungseinrichtung und/oder des Feuerwehrschlüsseldepots.

Die Installation mehrerer Zentralen kann erforderlich werden
- in ausgedehnten Objekten,
- wenn mehrere Nutzer Bedienhandlungen ausführen müssen,
- bei Erweiterungen bestehender Anlagen.

Die Zentrale mit den übergeordneten Aufgaben dient als Hauptzentrale, die anderen sind Nebenzentralen. Die Flächenbegrenzungen nach der Errichtungsnorm VDE 0833 gelten für die Gesamtanlage.

Wenn die Zentralen zum gleichen Brandmeldesystem gehören und eine Vernetzungsfunktion mit VdS-anerkannten Baugruppen haben, bestehen gegen die direkte Vernetzung keine Bedenken. In allen anderen Fällen gelten die folgenden Regelungen hinsichtlich Ausfallsicherheit, Bedienung und Anzeige:

Alarmübertragung

Die Weiterleitung des Alarmzustandes der Nebenzentrale zur Hauptzentrale muss redundant erfolgen. Eine Unterbrechung oder ein Kurzschluss in einem Übertragungsweg darf die Funktion der Gesamtanlage nicht beeinträchtigen. Die Übertragungswege werden von der Hauptzentrale überwacht. Die redundanten Signalwege werden in Form räumlich getrennter Leitungen verlegt.

Die Meldung des Alarmzustandes durch die Nebenzentrale an die Hauptzentrale muss potentialfrei und rückwirkungsfrei entsprechend der Spezifikation des Errichters der Hauptzentrale erfolgen. Die Alarmanzeige einer Nebenzentrale muss zusätzlich akustisch gemeldet werden (**Bild 5.54**).

5.11 Brandmelderzentrale (BMZ)

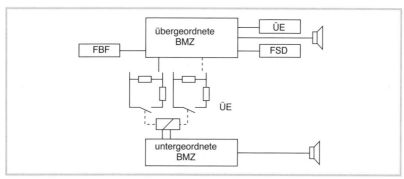

Bild 5.54 *Übertragung des Alarmzustandes nach VDS 2878:2004-06 Abb. 1*
FBF Feuerwehr-Bedienfeld; ÜE Übertragungseinrichtung;
FSD Feuerwehrschlüsseldepot

Übertragung von Störungen und Abschaltungen

Die Abschaltung oder Störung von Meldern, Meldergruppen oder Funktionen in einer Nebenzentrale muss in der Hauptzentrale zumindest als Sammelmeldung angezeigt werden. Die Anzeige in der Hauptzentrale erfolgt mit der Farbe Gelb und einer eindeutigen Kennzeichnung. Der Signalweg muss überwacht sein. Ein gemeinsamer Signalweg mit der Alarmmeldung ist zulässig. Die Störungsanzeige einer Nebenzentrale muss zusätzlich akustisch erfolgen. Bei Störungen in mehr als einem Übertragungsweg kann die Funktion der Anlage beeinträchtigt werden.

Störungen einer Zentrale dürfen nicht zu Beeinträchtigungen der Funktion anderer Zentralen führen.

Feuerwehr-Bedienfeld (FBF)

An die Hauptzentrale wird ein erweitertes Feuerwehr-Bedienfeld nach DIN 14661 angeschlossen. Damit erhalten die Einsatzkräfte der Feuerwehr die wichtigsten Informationen wie „Welche BMZ hat alarmiert?" und „Welche Löschanlage hat ausgelöst?" an einer zentralen Stelle. Von hier aus können außerdem Brandfallsteuerungen und akustische Signale anlagenweise abgeschaltet und die Zentralen einzeln zurückgestellt werden.

Zusätzlich kann von der zuständigen Brandschutzdienststelle die Installation von abgesetzten Anzeigeeinrichtungen oder Feuerwehr-Anzeigetableaus (FAT) gefordert werden. Die Signalleitungen und die Energieversorgung müssen redundant ausgelegt werden.

Die Meldergruppen sind über die Gesamtanlage fortlaufend zu nummerieren.

Systemzugehörigkeit

Die Einzelsysteme vernetzter Anlagen können von unterschiedlichen Herstellern stammen. Jedes Einzelsystem muss von einem anerkannten Errichter installiert und instand gehalten werden. Neu hinzukommende Brandmelderzentralen (BMZ) werden nach den zum Zeitpunkt der Errichtung gültigen Normen und Richtlinien gebaut. Das funktionsgerechte Zusammenwirken muss selbstverständlich geprüft werden. Für VdS-Anlagen wird eine Abnahme durch die VdS Schadenverhütung gefordert.

Die Vernetzung von BMZ verschiedener Systeme muss über Schnittstellen erfolgen, die Bestandteil des Systems sind.

Die Übertragungswege zwischen den BMZ müssen uneingeschränkt verfügbar sein und überwacht werden. Um die erforderliche Störfestigkeit bei der Signalübertragung zu erreichen, sind redundante Übertragungswege erforderlich. Die **Bilder 5.55** bis **5.57** zeigen verschiedene Varianten der Vernetzung.

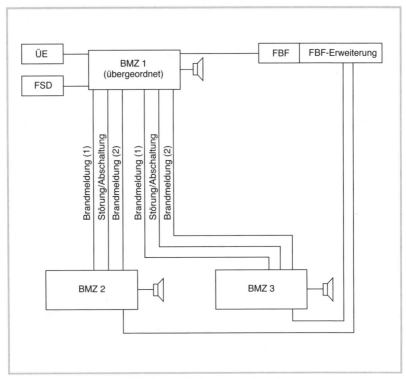

Bild 5.55 *Vernetzung von BMZ durch Anbindung vorhandener Altanlagen*

5.11 Brandmelderzentrale (BMZ)

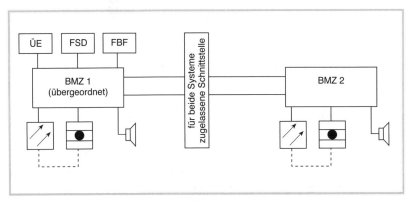

Bild 5.56 *Vernetzung von BMZ unterschiedlicher Systemzugehörigkeit*

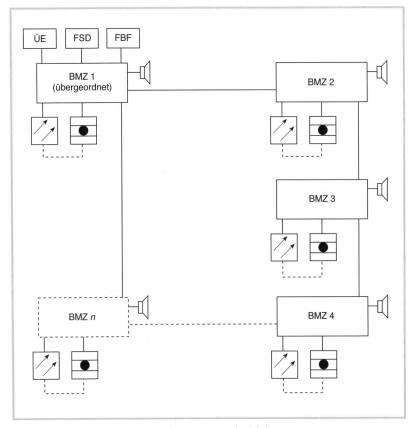

Bild 5.57 *Vernetzung von BMZ gleicher Systemzugehörigkeit*

Durch die Verwendung nicht herstellergebundener Busverbindungen lassen sich Zentralen verschiedener Hersteller normenkonform vernetzen und über ein gemeinsames Feuerwehrinformations- und -bediensystem (FIBS) handhaben. Die Firma Ifam aus Erfurt hat auf diesem Gebiet Pionierarbeit geleistet.

Nutzung von EDV-Netzen
Die Nutzung vorhandener Datennetzwerke stellt eine interessante und effektive Möglichkeit für die Vernetzung von Brandmelderzentralen dar, ist aber normativ noch nicht zulässig. Die Euralarm als europäischer Verband der Hersteller und Errichter elektronischer Brandschutz- und Sicherheitssysteme arbeitet bereits an der Vorbereitung normativer Regelungen. Hierbei sind insbesondere Fragen der physikalischen Zugänglichkeit, der Verfügbarkeit und der Umsetzung der EMV-Richtlinien zu klären.

5.12 Elektromagnetische Verträglichkeit (EMV), Blitz- und Überspannungsschutz

5.12.1 Störquellen

Brandmeldeanlagen müssen weitgehend unempfindlich gegen elektromagnetische Störungen sein. Schließlich sollen auch Brände nach Blitzeinschlägen schnell und sicher erkannt werden. Nahe oder direkte Blitzeinschläge dürfen nicht zum Ausfall der Überwachungs- und Steuerfunktionen führen.

Damit die Abkürzung EMV nicht für „Einer Muss Verlieren" steht, müssen bereits in der Planungsphase wichtige Störer erkannt und geeignete Maßnahmen zur Entkopplung festgelegt werden.

Zu den bekannten elektromagnetischen Störern zählen
- Umspannwerke und Transformatoren;
- Bahnstromanlagen;
- Stromversorgungskabel (insbesondere mit Einzeladern) und nicht ausgeglichene Systeme (Die Vektorsumme der Ströme weicht erheblich von null ab, typisch für 4-Ader-Kabel mit PEN-Leiter.);
- Funkanlagen;
- Schweißgeräte;
- Leuchtstofflampen;
- Frequenzumformer und Motoren;

■ Transienten (Kurzzeit-Überspannungen) durch Schalthandlungen und Blitzeinschläge.

Im Folgenden wird auf die wichtigsten Maßnahmen zur elektromagnetischen Entkopplung der Gefahrenmeldetechnik und betrieblicher Störer eingegangen.

5.12.2 Räumliche Trennung

Der Einfluss von Störfeldern sinkt bei freier Feldausbreitung quadratisch mit dem Abstand zum Störer. Die räumliche Trennung ist daher die kostengünstigste Entstörmaßnahme, wenn sie bereits in der Planungsphase beachtet wird. Ein Planer, dem es gelingt, alle EMV-Störer mit ihren technischen Angaben wie Stromstärke, Spannungspegel, Frequenz und Einbauort im Vorfeld zu ermitteln, kann durch eine geeignete Anordnung empfindlicher Geräte viele Probleme vorbeugend verhindern.

Bei Störfrequenzen bis 10 MHz genügt in der Regel die räumliche Trennung als alleinige Entkopplungsmaßnahme.

Signalleitungen dürfen nur mit Abstand zu Energiekabeln verlegt werden (siehe Bild 5.58).

5.12.3 Schirmung und Potentialausgleich

Bei Störfrequenzen über 10 MHz sind zusätzliche Schirmungsmaßnahmen erforderlich. Durch große leitfähige Flächen, die mit dem Potentialausgleich verbunden sind, wird der Einfluss elektrischer Störfelder gemindert.

Bewährt haben sich die Verwendung von Trennstegen auf Kabeltrassen und der Einsatz von Fernmeldeleitungen mit statischem Schirm wie J-Y(St)Y.

Der Schutz vor magnetischen Feldern durch Schirmung ist wesentlich aufwändiger und in der Brandmeldepraxis kaum anwendbar. Störsenken (zu schützende Geräte) können beispielsweise mit feinen, geerdeten Metallgeflechten umhüllt werden. Eine Abschirmung energiereicher niederfrequenter Magnetfelder an der Störquelle ist meist wirkungslos, da durch die großen Feldstärken die magnetische Sättigung des Schirmmaterials weit überschritten wird und sich die Felder praktisch ungehindert ausbreiten können.

5.12.4 Leitungsverlegung

In ausgedehnten Leiterschleifen können selbst schwache magnetische Wechselfelder Spannungen induzieren, die zu Störungen elektronischer Bauteile führen. Bei der verbreiteten Ringbustechnik besteht hier ein Interessenkonflikt zwischen Anforderungen an den Funktionserhalt im Brandfall und einer EMV-gerechten Elektroinstallation.

Bei der Vernetzung von Zentralen lässt sich das Problem durch den Einsatz von Lichtwellenleitern lösen.

Zur Erhöhung der Störfestigkeit können Leitungen möglichst dicht am Massepotential verlegt werden. Reservekabel sind auf mindestens einer Seite zu erden. Kreuzungen von Signal- und Energieleitungen sind möglichst rechtwinklig und mit Abstand zu verlegen (**Bild 5.58**).

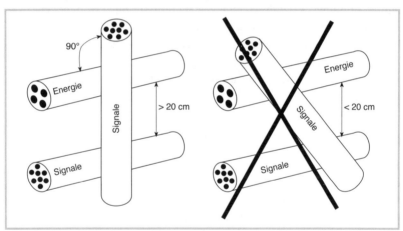

Bild 5.58 *Kreuzung von Signal- und Energieleitungen*

5.12.5 EMV-gerechte Stromversorgung

Ein zunehmendes Problem in Gebäuden mit vernetzten EDV-Anlagen sind *vagabundierende Ströme*. Diese entstehen, wenn in der Niederspannungsanlage mehrere Verbindungen zwischen dem Neutralleiter und dem Schutzleiter bestehen. Der Neutralleiterstrom, der bestimmungsgemäß auf kürzestem Weg zum Sternpunkt des Transformators zurückfließen soll, hat in diesem Fall zahlreiche parallele Strompfade und teilt sich im Verhältnis der Leitwerte auf den N-Leiter, die Schutzleiter, Potentialausgleichsleitungen und metallene Installationen im Gebäude auf. Diese Ströme können auf

Heizungs- und Wasserrohrleitungen gemessen werden. Zum großen Ärger der Informationstechniker fließen sie ebenso unverdrossen über die Schirme von Datenleitungen. Durch induktive Einkopplung und ihren oft hohen Anteil an Oberschwingungen kommt es zu Störungen in der digitalen Datenübertragung. Datentelegramme müssen mehrfach gesendet werden, bis sie fehlerfrei ankommen. Die Übertragung wird langsamer und kommt im schlechtesten Fall zum Erliegen. Abhilfe schafft hier nur eine vollständige Netzbereinigung.

Bei Neuanlagen gehört die konsequente Verwendung von 5-Leiter-Kabeln ab Trafostation inzwischen zum Standard. Bei Einspeisung von mehreren Transformatoren oder einem zusätzlichen Netzersatzaggregat werden alle Sternpunkte der Transformatoren und Generatoren starr gekoppelt und nur an einer einzigen Stelle mit dem geerdeten Schutzleiter verbunden. Dieser *zentrale Erdungspunkt* wird vorzugsweise in der Niederspannungshauptverteilung angeordnet. Empfehlenswert ist die Überwachung mit einem RCM (residual current monitor = Fehlerstromüberwacher).

Diese Anforderungen an die Stromversorgung müssen von BMA- und EDV-Planern frühzeitig bei den Kollegen der Starkstromabteilung angemeldet werden.

Eine umfangreiche Beschreibung der Maßnahmen für Potentialausgleich und Erdung enthält VDE 0800-2-310.

5.12.6 Blitz- und Überspannungsschutz

Ein seltener, aber heftiger Störer ist der Blitz. Durch äußere Blitzschutzanlagen kann die Gefahr der Verletzung von Personen oder der Entstehung von Bränden durch Blitzschlag weitgehend ausgeschlossen werden.

Elektronische Geräte sind jedoch auch dann gefährdet, wenn sie sich im geschützten Bereich befinden. Die Entwicklung von Maßnahmen zum Schutz elektrischer und elektronischer Einrichtungen ist seit vielen Jahren Schwerpunkt der Blitzschutzforschung. Die Blitzschutznormen der Gruppe VDE 0185-305 bieten mit den Teilen 1–4 sehr konkrete Anweisungen für den Schutz von Personen, baulichen Anlagen und elektrischen und elektronischen Einrichtungen. Brandmeldetechniker, die mit dieser Materie nur am Rande zu tun haben, erhalten hier eine umfangreiche und anspruchsvolle Zusatzlektüre.

Um die umfangreiche VDE-Norm für den Praktiker nach den wichtigsten Anwendungsfällen zu filtern und zu komprimieren, wurde von der

VdS Schadenverhütung die Richtlinie VdS 2833 „Schutzmaßnahmen gegen Überspannung für Gefahrenmeldeanlagen" erstellt. Die VdS-Richtlinie beschreibt einen Mindestschutz, der sich im langjährigen Einsatz bewährt hat.

Nach einer Einführungsfrist von einem Jahr ist die Richtlinie seit November 2004 für alle Gefahrenmeldeanlagen mit VdS-Attest verbindlich anzuwenden. Die Anwendung bei „Nicht-VdS-Anlagen" wird dringend empfohlen, wenn man vermeiden will, dass die Brandmeldeanlage ausgerechnet in einer Extremsituation ausfällt.

Beim wirksamen Schutz vor Blitzüberspannungen geht es vor allem um die Bildung von *Blitzschutzzonen* (Installationsbereichen, **Bild 5.59**). In den Blitzschutznormen der Reihe VDE 0185 wird der Begriff „Blitzschutzzonen" verwendet. Die in der VdS 2833 beschriebenen Installationsbereiche entsprechen den Blitzschutzzonen nach VDE 0185 hinsichtlich Lage und Schutzwirkung.

Der Bereich 0/A befindet sich außerhalb des Gebäudes. In diesem Bereich ist ein direkter Blitzeinschlag möglich und hier kann sich das elektromagnetische Feld ungedämpft auswirken.

Der Bereich 0/B ist durch die Fangeinrichtung vor einem direkten Einschlag weitgehend geschützt. Das elektromagnetische Feld wirkt auch hier ungedämpft.

Der Bereich 1 wird durch die Außenhaut des Gebäudes gebildet, wenn diese schirmende Eigenschaften hat. Schirme können Stahlbewehrungen, Metallfassaden oder Blechdächer sein. Im Bereich 1 wirkt sich das elektromagnetische Feld des Blitzes nur noch gedämpft aus.

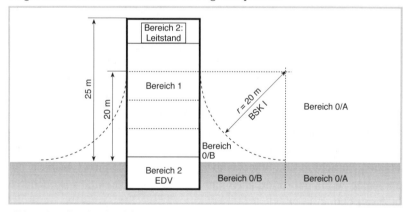

Bild 5.59 *Blitzschutzbereiche*
Der Radius $r = 20$ m ist angelehnt an die Blitzschutzklasse I nach VDE 0185-305-3.

Die Bildung weiterer Bereiche ist zum Beispiel durch geschirmte Technikräume oder durch die Verwendung metallener Gefäße in EDV-Anlagen, in Zentralen von Brandmeldeanlagen und in Zentralen aller anderen Gefahrenmeldeanlagen (GMA) möglich.

Typische Zuordnungen von BMA-Bauteilen zu den Installationsbereichen sind in **Bild 5.60** dargestellt.

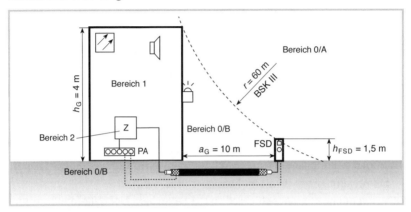

Bild 5.60 *Zuordnung von Bauteilen der BMA zu Installationsbereichen:*
FSD-Säule   Bereich 0/A
Blitzleuchte   Bereich 0/B
Melder, Alarmgeber Bereich 1
Inneres der Zentrale Z Bereich 2
Der Radius $r = 60$ m ist angelehnt an die Blitzschutzklasse IV nach VDE 0185-305-3, Tabelle 2.
PA Potentialausgleich; FSD Feuerwehrschlüsseldepot;
a_G Abstand zum Gebäude; h_{FSD} Höhe des FSD; h_G Gebäudehöhe

Geräteanordnung

Die einfachste und wirkungsvollste Maßnahme ist die Anordnung der Geräte in geschützten Bereichen. So dürfen Externsignalgeber nicht über dem Dach, nicht an der Gebäudeoberkante und nicht mehr als 19 m über dem Erdboden an Außenwänden montiert werden.

Feuerwehrschlüsseldepots werden vorzugsweise in der Außenwand installiert.

Leitungsverlegung im Außenbereich

Leitungen zwischen verschiedenen Gebäuden oder zwischen Gebäuden und externen Anlagenteilen müssen geschützt verlegt werden, wenn die Leitungstrasse oder die Geländeoberfläche von einem direkten Blitzschlag getroffen werden kann (**Bild 5.61**).

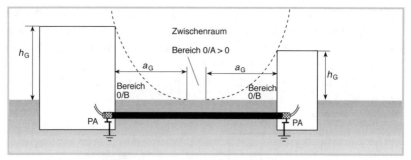

Bild 5.61 *Leitungsverlegung zwischen Gebäuden im Bereich 0/A*
PA Potentialausgleich; a_G Abstand zum Gebäude; h_G Gebäudehöhe

Es gibt drei technische Varianten:
- Verlegung in durchgehend verbundenen Metallrohren, metallenen Schächten/Kanälen oder Betonkanälen mit durchgehend verbundener Armierung. Der äußere Metallschirm muss beidseitig niederimpedant an den Potentialausgleich angeschlossen werden. Die zu schützenden Leitungen bleiben damit im Bereich 1 (**Bild 5.62**).
- Verwendung von doppelt geschirmten Leitungen. Der äußere blitzstromtragfähige Schirm wird beidseitig niederimpedant an den Potentialausgleich angeschlossen. Der innere Schirm wird nur einseitig mit dem Schirm der Gefahrenmeldezentrale verbunden. Die Signalleitung befindet sich im Bereich 1 (**Bild 5.63**).
- Verlegung einer geschirmten Leitung, die einseitig an den Potentialausgleich angeschlossen wird, und parallele Verlegung von zwei beidseitig an den Potentialausgleich angeschlossenen Leitern mit einem Querschnitt von mindestens 4 mm².

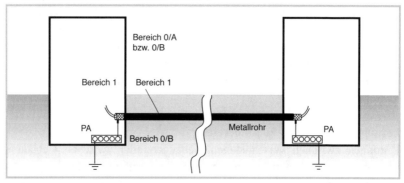

Bild 5.62 *Leitungsverlegung in einem Metallrohr*
PA Potentialausgleich

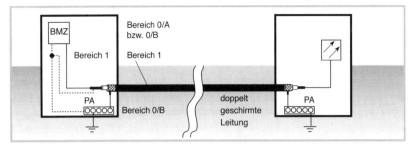

Bild 5.63 *Verlegung mit doppelt geschirmter Leitung*

Potentialausgleich

Um beim Blitzeinschlag gefährliche Potentialunterschiede zwischen den teilweise entfernt liegenden Anlagenteilen zu vermeiden, müssen Blitzteilströme im Inneren des Gebäudes vermieden werden.

Die Brandmelderzentrale wird über einen Leiter, dessen Querschnitt mindestens dem Außenleiter der Netzzuleitung entsprechen muss, mit dem Potentialausgleich verbunden.

Freistehende Feuerwehrschlüsseldepot-Säulen im Bereich 0/B müssen mit Überspannungsschutzgeräten beschaltet werden. Säulen im Bereich 0/A werden direkt geerdet. Hierdurch wird nicht die Elektronik im Feuerwehrschlüsseldepot, sondern nur die Brandmeldeanlage im Inneren des Gebäudes geschützt.

Der Einsatz von Überspannungsschutzgeräten ist nach VdS 2833 immer dann notwendig, wenn einer der folgenden Punkte zutrifft:

- Das Gebäude hat eine Blitzschutzanlage und/oder es wurden Überspannungsschutzmaßnahmen in der Gebäudeinstallation getroffen.
- Bauteile der Brandmeldeanlage und aller anderen Gefahrenmeldeanlagen befinden sich im nicht geschützten Bereich.
- Das Gebäude befindet sich in einer exponierten Lage oder blitzgefährdeten Gegend.
- Die Netz- und/oder Telefonzuleitung werden als Freileitung eingeführt.
- Das Gebäude ist als letztes Haus an ein unterirdisches Versorgungskabel angeschlossen.
- Es sind bereits Schäden durch Überspannungen aufgetreten.
- Die Brandmeldeanlage steuert eine Löschanlage an.
- Melde- und Signalleitungen sind zwischen den Gebäuden verlegt.

Um Blitzüberspannungen gestaffelt zu reduzieren, muss an jedem Übergang vom Bereich 0 zu 1, vom Bereich 1 zu 2 usw. ein niederimpedanter Potentialausgleich ausgeführt werden. Da die Adern von Energie- und Signalleitungen betriebsmäßig nicht verbunden werden dürfen, verwendet man *Überspannungsableiter*, die bei Überspannungsspitzen „Kurzzeit-Kurzschlüsse" herstellen.

Die Auswahl der Überspannungsableiter richtet sich nach der Art und der Herkunft der beschalteten Leitung. Leitungen aus dem Bereich 0/A können Blitzteilströme führen und müssen mit entsprechend robusten Geräten der Kategorie 1 beschaltet werden. Die verbleibende Restüberspannung wird durch die Beschaltung mit einem zweiten, feineren Überspannungsableiter gedämpft. Damit die zweite Stufe, die bestimmungsgemäß eine kleinere Ansprechspannung hat, nicht zuerst anspricht und durch die hohen Ströme zerstört wird, müssen die beiden Ableiter energetisch entkoppelt werden. Was hier sehr wissenschaftlich klingt, bedeutet in der Praxis nichts weiter, als dass zwischen den Ableitern eine Leitungslänge von mindestens 15 m oder eine Drossel mit vergleichbarer Induktivität installiert werden muss.

Kennwerte für typische Anwendungsbeispiele zeigt **Tabelle 5.13**.

Der Geräteschutz für den Übergang von Bereich 1 (Inneres des Gebäudes) in den Bereich 2 (Inneres der Gefahrenmeldezentrale) ist in VdS-anerkannten Geräten bereits enthalten.

Überspannungsschutzgeräte in der Netzzuleitung müssen einen ggf. auftretenden Defekt anzeigen.

Tabelle 5.13 *Überspannungsableiter*

Leitung aus Bereich	Art der Leitung	1. Überspannungsableiter Lage	Stoßstrom	Impulsform	Anschluss	Entkopplung zum 2. Ableiter
0/A	Netz	Hauptverteiler oder Hausanschlusskasten	25 kA	10/350 ms	mind. 16 mm^2	15 m Leitung oder Drossel
	Signal	Hausanschlussverteiler	2,5 kA	10/350 ms	mind. 6 mm^2	15 m Leitung oder Drossel
0/B		entfällt				

Leitung aus Bereich	Art der Leitung	2. Überspannungsableiter Lage	Stoßstrom	Impulsform	Anschluss	Entkopplung zum Gerät
0/A	Netz	Unterverteiler	15 kA	8/20 ms	mind. 6 mm^2	mind. 5 m Leitung
	Signal	keine Vorgabe	2,5 kA	8/20 ms	mind. 6 mm^2	mind. 5 m Leitung
0/B	Netz	Unterverteiler	15 kA	8/20 ms	mind. 6 mm^2	mind. 5 m Leitung
	Signal	Übergang zum Bereich 1	2,5 kA	8/20 ms	mind. 6 mm^2	mind. 5 m Leitung

5.13 Alarmierung und Meldung

5.13.1 Alarmierungswege

Die Information über einen erkannten Brand kann auf 3 Wegen erfolgen:
- Der *Fernalarm* dient der schnellen und sicheren Benachrichtigung der Hilfe leistenden Stelle. Anders als bei einem aufgeregten Anruf erhält die Leitstelle in Sekunden präzise Informationen über den Alarmort.
- Der *Externalarm* kommt bei Brandmeldeanlagen selten zum Einsatz, da es nicht wie bei der Einbruchmeldetechnik Einbrecher zu verschrecken gilt und von der anonymen Öffentlichkeit nur selten wirksame Hilfe erwartet werden kann.
- Der *Internalarm* warnt Personen, die sich im Gebäude aufhalten, und kann beim Einsatz von elektroakustischen Anlagen gezielte Anweisungen geben.

In den meisten Fällen kommen Fern- und Internalarm gemeinsam zum Einsatz. Es gibt aber durchaus Anwendungen, in denen nur intern alarmiert oder in seltenen Fällen nur Fernalarm ausgelöst wird.

5.13.2 Fernalarm

5.13.2.1 Prinzip

Geht die Brandmeldeanlage auf „Feuer", muss es schnell gehen. Die elektronische Übertragungseinrichtung (ÜE) wird angesteuert und gibt die Information über öffentliche Fernmeldeverbindungen an die Leitstelle weiter. Die Übertragungseinrichtung im Objekt und das Empfangsgerät in der Leitstelle müssen ein abgestimmtes System höchster Zuverlässigkeit bilden. Theoretisch könnte die Funktion der ÜE von der Brandmelderzentrale übernommen werden. Um Schnittstellenprobleme bei der Zusammenschaltung von sich ständig weiterentwickelnden Produktgenerationen zu vermeiden, sind die Übertragungsanlagen hardwaremäßig von der BMZ getrennt und werden in jedem Leitstellenbereich von ein und derselben Fachfirma installiert. Die Konzession für die Installation, Wartung und Instandhaltung der Übertragungsanlagen wird von der Kommune vergeben, die die Leitstelle betreibt. Der Betreiber einer Brandmeldeanlage ist für die Aufschaltung an den Konzessionär gebunden. Nicht selten verlangen die Konzessionäre für die Montage und Inbetriebnahme bereits um die 1000 EUR. Zusätzlich fallen jährlich etliche 100 EUR für Miete und Wartung an. Ein stolzer Preis für ein elektronisches Wählgerät, das im Einkauf vielleicht 300 EUR kostet und nahezu wartungsfrei arbeitet. Verständlich, dass Betreiber, die viele Anlagen unterhalten, eine Beschwerde beim Bundeskartellamt erwägen.

Alternativen sind möglich. Einige Kommunen betreiben in den Leitstellen eigene Anlagen. Die Übertragungseinrichtungen werden dann nicht bei einem Konzessionär gemietet, sondern entsprechend den technischen Aufschaltbedingungen von einem BMA-Facherrichter geliefert und zusammen mit der Gesamtanlage instand gehalten.

An die Übertragungseinrichtungen bestehen folgende Anforderungen:

- Auf der Seite der ÜE und auf der Empfangsseite der Feuerwehr müssen eigene Übertragungskanäle zur Verfügung stehen. Auf der ÜE-Seite kann darauf verzichtet werden, wenn die Alarmmeldung Priorität vor dem übrigen Kommunikationsverkehr hat. Wird eine Leitung beispielsweise im Normalfall für den Telefon- oder Faxverkehr genutzt, muss die Verbindung im Alarmfall zwangsweise unterbrochen werden, um die Feuermeldung abzusetzen.
- Der Fernalarm und die Quittierung müssen über ein überwachtes Datenprotokoll (z. B. nach DIN 60870) übertragen werden.
- Eine Störung des Übertragungsweges muss zeitgleich am Objekt und in der Leitstelle der Feuerwehr angezeigt werden.
- Bei Störungen des Übertragungsweges sind technische und/oder organisatorische Ersatzmaßnahmen vorzusehen. Das kann die Nutzung eines Ersatzleitungsweges (technische Maßnahme) oder die Besetzung von Stellen zur Alarminformation (organisatorische Maßnahme) sein.

Folgende Verbindungsarten[8] werden in DIN 14675 Anhang A genannt:

- A2.a: stehende oder Festübertragung/kein 2. Übertragungsweg,
- A2.b: ISDN-D-Kanal/ISDN-B-Kanal,
- A2.c: ISDN- oder Analoganschluss/über zweite Trasse, z. B. Funkverbindung.

Eine schematische Darstellung der Verbindungsarten zeigt **Bild 5.64**.

Vor einigen Jahren waren nur zwei Verbindungsarten verbreitet: die Standleitung und die bedarfsgesteuerte Verbindung mit automatischem Wählgerät (AWG).

Durch die Umstellung des alten, analogen Netzes der Telekom auf digitale Technik (ISDN), die fast flächendeckende Erfassung durch Mobilfunk-

---

[8] vor dem Schrägstrich bevorzugte Verbindung, hinter dem Schrägstrich: alternative Verbindung bei Ausfall der bevorzugten Verbindung

5.13 Alarmierung und Meldung

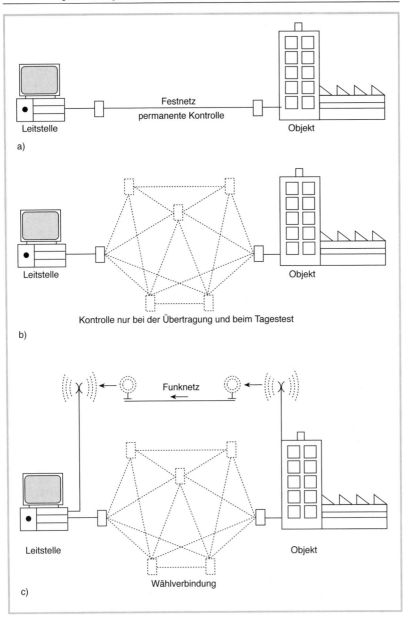

Bild 5.64 *Verbindungsarten*
  a) stehende Verbindung
  b) bedarfsgesteuerte Verbindung
  c) redundante Verbindung

netze und die VdS-Zulassung neuer Übertragungsarten steht heute eine Vielzahl von Übertragungswegen und -verfahren zur Verfügung. Der VdS hat mehrere Richtlinien zum Thema „Übertragung" herausgegeben, die im Anhang 2 dieses Buches genannt werden.

Betrachten wir die Verbindungsarten im Einzelnen:

5.13.2.2 Stehende Verbindung

Die stehende Verbindung wird exklusiv für die Übertragung von Meldungen des gesicherten Objektes genutzt. Der Übertragungsweg wird von Ende zu Ende permanent überwacht. Eine Störung muss auf beiden Seiten innerhalb von 20 s gemeldet werden.

Rein technisch gesehen war die stehende Verbindung früher eine im Netz der Deutschen Bundespost durchgeschaltete Zweidrahtverbindung vom Objekt bis zur Leitstelle. Im heutigen digitalen Netz handelt es sich nur noch um eine Zweidrahtverbindung, solange Objekt und Leitstelle zur selben Vermittlungsstelle gehören. Erfolgt die Schaltung über mehrere Vermittlungsstellen, sind nur noch virtuelle Verbindungen möglich, da die Vermittlungsstellen untereinander digital vernetzt sind.

Befindet sich der Übergang Glasfaser (LWL) zu Kupfer in der Vermittlungsstelle, besteht in der Regel auch eine Notstromversorgung, deren Überbrückungszeit aber nicht unbedingt die für Gefahrenmeldeanlagen erforderliche Dauer garantiert. Der Trend geht jedoch dahin, das Glasfaserkabel bis zum Kunden zu verlegen (fibre to the home). Wenn sich der Übergang Glasfaser zu Kupfer im Objekt oder einem Straßenverteiler befindet, sieht es mit der Notstromversorgung meist noch schlechter aus. Ein örtlicher Ausfall der Stromversorgung kann zu Massenstörungen der Fernmeldeverbindungen führen. Das muss mit dem Netzbetreiber geklärt werden. Erscheint die Zuverlässigkeit der Verbindung unzureichend, sind redundante Übertragungswege vorzusehen.

Durch die exklusive Nutzung erzeugen stehende Verbindungen insbesondere bei großen Entfernungen hohe Kosten. Eine wirtschaftliche Alternative stellen sogenannte virtuelle stehende Verbindungen unter Nutzung des ISDN-Leistungsmerkmals X31 dar. Das Leistungsmerkmal wird auch unter den Bezeichnungen „Access 100", „X25 im D-Kanal" oder „Paketmode" angeboten.

Die Datenverbindung wird mit zusätzlichen Kosten über einen ISDN-S_0-Anschluss hergestellt. Lässt man die einmal aufgebaute Verbindung einfach stehen, kann der Alarmweg vollständig kontrolliert werden. Entscheidend für die Einstufung als stehende Verbindung ist, dass das Verfahren der permanent stehenden Datenübertragung eingesetzt wird.

5.13.2.3 Bedarfsgesteuerte Verbindung

Die Verbindung wird nur zur Übertragung der Meldung aufgebaut und anschließend sofort wieder getrennt. Die „Ende-Ende"-Kontrolle besteht nur während der kurzen Dauer der Verbindung. Damit Fehler im Übertragungsweg nicht über Wochen oder Monate unerkannt bleiben, muss wenigstens einmal am Tag, genauer gesagt im Abstand von maximal 25 Stunden, ein Testanruf durchgeführt werden.

Da der Übertragungsweg nicht ausschließlich, sondern im Wechsel mit anderen Nutzungen (Telefon, Telefax, Internet …) erfolgt, schreibt VdS 2471 eine Blockade- und Sabotagefreischaltung vor. Das Übertragungsgerät muss sich die Leitung zwangsweise freischalten können. Der Sabotageschutz stammt aus der Einbruchmeldetechnik und bewirkt, dass eine Leitungssabotage hinter dem Übertragungsgerät nicht zum Ausfall der Verbindung führt.

Die Anschlussleitung bis zum ersten Verteilerpunkt im Netz muss ständig auf „Vorhanden" überwacht werden. Dies geschieht beim analogen Wählgerät durch Überprüfung der Fernmeldespannung, beim ISDN-Gerät durch Überprüfung der Takt- und Rahmeninformation.

Der Vorteil bedarfsgesteuerter Verbindungen liegt auf der wirtschaftlichen Seite, da keine Leitungsmiete anfällt und der Anschluss auch für andere Anwendungen genutzt werden kann.

5.13.2.4 Redundante Verbindung

Redundante Verbindungen bestehen aus zwei bedarfsgesteuerten Verbindungen, die unterschiedliche Übertragungswege nutzen. Der Primärweg ist üblicherweise eine Wählverbindung im Festnetz, der Sekundärweg eine Funkverbindung. Die Netzzugänge werden ständig überwacht. Der Ausfall eines Netzes muss unverzüglich über den anderen Weg gemeldet werden.

Beide Wege werden einmal innerhalb von 25 Stunden durch einen Testanruf auf einwandfreie Funktion geprüft.

Redundante Verbindungen stellen aufgrund der hohen Ausfallsicherheit eine echte Alternative zur Standleitung dar.

5.13.2.5 Abfragende Verbindung

Bei der abfragenden Verbindung handelt es sich um einen „abgestorbenen Ast" in der technischen Entwicklung. Die bedarfsgesteuerte Verbindung wird hier nicht vom Objekt, sondern von der Leitstelle aktiviert. Um Gefahrenmeldungen zeitnah zu übertragen, müsste die Leitstelle in sehr kurzen Zyklen den Status aller Teilnehmer abfragen, was quasi zu einem Dauerbetrieb und zu hohen Kosten bei der Leitstelle führen würde. Die abfragende Verbindung hat sich nicht durchgesetzt. Entsprechende Geräte sind nicht verfügbar.

5.13.2.6 IP-Netze

Eine relativ neue, aber sehr praxisnahe Lösung stellt die Alarmübertragung über IP-Netze dar. Mit der EN 50136-1-5 sind bereits normative Grundlagen verfügbar.

Für die Alarmübertragung können sowohl private Netze als auch das Internet genutzt werden, ohne dass Einschränkungen für andere Anwendungen entstehen. Durch die Kombination der Systemvorteile stehender und redundanter Verbindungen werden hohe Sicherheitsanforderungen erfüllt. Verbindungsstörungen werden auf beiden Seiten sofort erkannt. Bei Umschaltung auf einen redundanten Übertragungsweg wird dieser automatisch überwacht. Der Redundanzweg erfolgt über eine getrennte Netzstruktur, was zu einem hohen Schutz vor Sabotage führt.

Für die Netzkomponenten (außer Übertragungsgerät und Leitstelle) wird keine Notstromversorgung verlangt. Aus der Nutzung der vorhandenen IT-Infrastruktur und der Internetverbindungen resultieren sehr geringe Leitungskosten.

Die Nutzung von IP-Netzen ist in der Sicherheitstechnik (Einbruchmeldung, Videoüberwachung) bereits stark verbreitet. Spätestens mit der bevorstehenden Ablösung der klassischen Telekommunikationsnetze durch IP-Netze wird dieser Übertragungsweg auch für Brandmeldungen zur Leitstelle eine zentrale Rolle einnehmen.

5.13.2.7 Differenzierte Alarmübertragung

Der schnelle Austausch von großen Informationspaketen über PCs, Tablets und Smartphones gehört inzwischen zum Alltag. Bei einer so wichtigen Angelegenheit wie der Übertragung des Alarmzustandes einer Brandmeldeanlage begnügen wir uns aber nach wie vor mit der Übertragung von einem Bit mit der Information „Im Gebäude XY wurde ein Brand gemeldet".

5.13 Alarmierung und Meldung

Die Einsatzkräfte der Feuerwehr haben in der Regel bis zum Eintreffen am Objekt keine weiteren Informationen. Dies hat zur Folge, dass bei großen Objekten immer mit dem Schlimmsten gerechnet und eine entsprechend große Zahl von Einsatzfahrzeugen in Bewegung gesetzt wird.

Läuft beispielsweise der Feueralarm aus einem Chemiebetrieb ein, werden entsprechend dem Einsatzplan drei Löschzüge, zwei Rettungswagen und die Spezialisten für Chemieunfälle aktiviert. Wenn sich am Einsatzort herausstellt, dass im abseits stehenden Kantinengebäude ein Müllkübel schwelt, rückt der Großteil der Truppe unverrichteter Dinge ab, war aber für 1 bis 2 Stunden für andere Notfälle nicht verfügbar.

Hätte die Einsatzleitung bereits mit der Brandmeldung über zusätzliche Informationen verfügt, hätte sie vermutlich nur die kleine Besetzung auf den Weg geschickt und somit dem Kunden Kosten gespart und die Verfügbarkeit der Einsatzkräfte verbessert.

Theoretisch denkbar und mit der heutigen Technik realisierbar ist die Übertragung zahlreicher zusätzlicher Informationen, wie
- konkrete Ortsangabe der Branderkennung,
- Art der Auslösung (manuell oder automatisch),
- Anzahl der ausgelösten Melder,
- Information über die automatisch aktivierten Brandfallsteuerungen und Evakuierungsmaßnahmen.

Denkbar sind auch Funktionen wie die automatische Erstellung einer Telefonverbindung zum Sicherheitsdienst oder Haustechniker des Objektes bis hin zur Übertragung von Videosignalen.

Allerdings darf man weder die Leitstelle noch den Einsatzleiter auf dem Fahrzeug mit zu vielen Informationen überfluten. Insbesondere der Einsatzleiter muss sich während der Anfahrt in die Feuerwehrpläne einlesen, dem Fahrer Anweisungen geben und den Einsatz vorbereiten.

Ein nach Einschätzung des Autors erster und relativ unkomplizierter Schritt wäre die Unterteilung großer Objekte in Gefährdungsbereiche. Je nachdem, aus welchem Bereich der Alarm kommt, kann die Leitstelle mehr oder weniger Einsatzkräfte aktivieren.

Die differenzierte Alarmübertragung wird in den nächsten Jahren ein spannendes Thema sein, mit hohem Abstimmungs- und Erprobungsbedarf zwischen den Herstellern der Brandmeldesysteme, den Feuerwehren, den Planern und den Betreibern der Anlagen.

5.13.3 Internalarm

5.13.3.1 Auswahlkriterien

Die sichere Evakuierung von Personen gehört zu den vorrangigen Aufgaben eines Brandschutzkonzeptes. In Abhängigkeit von der Art und der Nutzung des Gebäudes müssen geeignete technische Mittel für die Notfallinformation ausgewählt werden. Entscheidungsfaktoren sind:

- Wird das Gebäude überwiegend von Ortsunkundigen oder von einem festen Personenkreis genutzt?
- Können die Benutzer regelmäßig geschult werden?
- Wie ist der Umgebungsschallpegel?
- Werden betriebsmäßig weitere Warntöne verwendet?
- Müssen situationsabhängige Anweisungen erteilt werden?

5.13.3.2 Warntongeber

Einfache Signalgeber wie Hupen, Sirenen oder Warntongeber (siehe auch Abschnitt 3.8) sind eine häufig eingesetzte und preiswerte Technik. Leider bewirken sie oft nicht mehr als einen kurzen Aufmerksamkeitsmoment. Bei häufigen Falschalarmen oder weiteren betriebsmäßigen Warntönen, z. B. in Industrieanlagen, werden sie in vielen Fällen völlig ignoriert.

Durch die Art der Information weiß der Alarmierte nur, dass irgendeine Art von Alarm vorliegt. Die Vielzahl der Möglichkeiten (Feuer, technischer Notfall, Chemieunfall, Bombendrohung, Probealarm …) lässt Raum für unterschiedliche Interpretationen und Fehlverhalten wie: „Warten wir erst mal ab".

Wirksame Alarmierungsmittel sind Warntongeber nur in Gebäuden mit weitgehend festem Nutzerkreis, wenn das Personal regelmäßig geschult und sensibilisiert wird, oder in sehr ruhigen Häusern. Typische Anwendungsbeispiele sind

- Bürogebäude,
- Gewerbebetriebe,
- Hotels,
- Bibliotheken.

Warntongeber müssen so angeordnet werden, dass sie in allen Räumen, in denen Personen sich nicht nur gelegentlich und nicht nur für kurze Zeit aufhalten, auch bei typischen Umgebungsgeräuschen gut wahrgenommen werden.

Zum Alarmieren von schlafenden Personen (z. B. in Hotels und Heimen) sind mindestens 75 dB(A) am Schlafplatz erforderlich. Ansonsten soll der

Alarmschallpegel nicht unter 65 dB(A) liegen und wenigstens 10 dB über dem Umgebungsschallpegel. In Ausnahmefällen, wenn der Alarmton sich durch das Frequenzspektrum deutlich vom Hintergrund abhebt, genügt eine Differenz von 7 dB.

Die Angaben der Hersteller zum Schallpegel gelten für eine Entfernung von 1 m. Wenn der Alarmgeber an der Decke montiert wurde und sich der Schall halbkugelförmig ausbreiten kann, sinkt der Schallpegel mit jeder Verdopplung der Entfernung zur Schallquelle um 6 dB. Bei 10 m Abstand hat der Schallpegel also bereits um 20 dB abgenommen.

Bei der Anordnung von Warntongebern allein in den Fluren werden die Grenzwerte in den benachbarten Räumen schnell erreicht und in folgenden Fällen regelmäßig unterschritten:
- bei schalldämmenden Türen (Dämmmaße von 39 bis 45 dB(A) sind nicht untypisch),
- bei mehr als einer Tür (Beispiel 1: Vorzimmer – Chefzimmer, Beispiel 2: Waschraum – WC-Raum),
- bei erhöhtem Umgebungsschallpegel (Großraumbüros, EDV-Räume, Radiomusik, Wasch- und Duschräume).

Werden derartige „dunkle Flecke" bei der Abnahmeprüfung festgestellt, müssen zusätzliche Warntongeber nachinstalliert werden.

Moderne Warntongeber bieten über Miniaturschalter die Auswahl verschiedener Warntöne an, die sich auch in der Lautstärke unterscheiden. Vorzugsweise ist jedoch das einheitliche Notsignal nach DIN 33304-3 anzuwenden, auch wenn damit nicht das Maximum an Schallleistung „herausgekitzelt" wird.

5.13.3.3 Sprachalarmsysteme (SAS)

Auf die Verwendung des Begriffes Elektroakustische Anlage (ELA) wird hier bewusst verzichtet, weil dazu auch Anlagen zählen, die vorrangig zur Übertragung von Musik und allgemeinen Sprachinformationen konzipiert wurden und deren Einsatzbereitschaft im Notfall eingeschränkt sein kann. **Bild 5.65** zeigt das Blockschaltbild eines SAS.

Der große Vorteil von Sprachalarmsystemen besteht darin, situationsabhängig automatische oder individuell gesprochene Anweisungen zu erteilen. In Versuchen wurde nachgewiesen, dass gesprochene Anweisungen viermal schneller verstanden und umgesetzt werden als jede andere Art von Instruktionen. Dieser Zeitvorteil kann in Notsituationen Leben retten.

Durch exakte Anweisungen wissen die betroffenen Personen genau, ob und auf welchem Weg sie einen Bereich verlassen sollen. Die Durchsagen

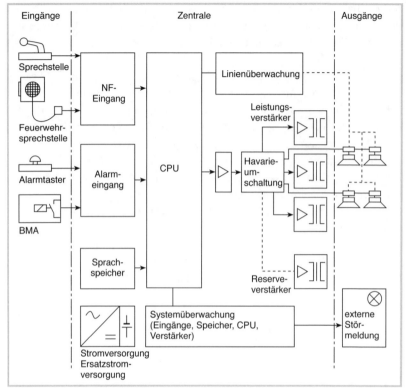

Bild 5.65 *Blockschaltbild eines SAS*

können mehrsprachig erfolgen. Im Interesse einer organisierten Evakuierung ist es möglich, die Durchsagen nach Gebäudeteilen, Geschossen oder Räumen (z. B. Kinosälen) zu staffeln. Besonders gefährdete Bereiche werden zuerst evakuiert. Auf die Räumung entfernter Gebäudeabschnitte kann nach Einschätzung der bis dahin meist angerückten Feuerwehr u. U. ganz verzichtet werden. So sind beispielsweise Kinobetreiber sehr dankbar, wenn sie wegen eines angebrannten Essens im Nachbarbauteil nicht 2000 Eintrittskarten erstatten müssen.

Anwendungsbereich

Sprachalarmsysteme bewähren sich vor allem in Gebäuden mit einer hohen Besucherzahl und bei einem hohen Anteil ortsunkundiger Personen, die mit den Grundrissen, Fluchtwegen und Alarmsignalen nicht vertraut sind. Typische Beispiele sind

5.13 Alarmierung und Meldung

- Kaufhäuser und Einkaufszentren,
- Theater, Kinos, Sportstätten,
- Messen, Hotels und Konferenzzentren,
- Bahnhöfe, Flughäfen, U-Bahnen.

Die Projektierung des SAS basiert auf dem mit dem Betreiber und den Behörden abgestimmten Brandmelde- und Alarmierungskonzept.

Bei der Kategorie I „Vollschutz" erfolgt die Alarmierung in sämtlichen Bereichen des Gebäudes. In der Kategorie II „Teilschutz" beschränkt sich die Alarmierung auf ausgewählte Bereiche. Sofern keine anderslautende baubehördliche Forderung besteht, umfasst der Beschallungsumfang mindestens den Überwachungsumfang der BMA.

Der Verzicht auf die Alarmierung ist in folgenden Räumen möglich:

- für Personen unzugängliche Räume, Kanäle und Schächte,
- Schutzräume, die keine andere Nutzung haben,
- definierte Bereiche, in denen sich Personen nur selten und nur kurze Zeit aufhalten (diese Bereiche sind bereits im Brandschutzkonzept auszuweisen).

Die Sicherheitsstufe muss objektspezifisch festgelegt werden. Die in der aktuellen VDE 0837-4 empfohlenen Kenngrößen (200 Personen/2 000 m^2) haben sich in der Praxis nicht bewährt und werden bei der Novellierung voraussichtlich entfallen. Damit haben Planer und Betreiber wieder mehr Ermessensspielraum und mehr Verantwortung.

Ausgehend von dem definierten Beschallungsumfang werden für jeden Raum Typ und Lage der Lautsprecher festgelegt. Das Ziel der Planung besteht in der Einhaltung der normativen Mindestanforderungen an die Sprachübertragung:

- niedrigster Alarmschallpegel   65 dB(A),
- niedrigster Alarmschallpegel in Ruhe- und Schlafbereichen   75 dB(A),
- Abstand zum Umgebungsschallpegel   > 10 dB,
- Sprachverständlichkeit CIS (engl.: common intelligibility scale) > 0,7.

In Gebäuden mit festem Nutzerkreis, in denen die Alarmtexte durch regelmäßige Übungen gut bekannt sind, darf die Sprachverständlichkeit bis auf CIS > 0,65 sinken. Die umgebungstypischen Störschallpegel sind vor der Projektierung in Vergleichsobjekten zu ermitteln.

Die Planung der Lautsprecheranordnung erfordert Grundkenntnisse in der Akustik. Die erforderlichen Schalldruckpegel richten sich nach den möglichen Störschallpegeln. Für die Berechnung der maximalen Beschallungsfläche je Lautsprecher gibt es eine hilfreiche Broschüre des ZVEI (siehe Ergänzende Literatur im Anhang). Neben einer ausreichenden Lautstärke kommt es entscheidend auf die Sprachverständlichkeit an. Ein starker Lautsprecher kann in einem gut reflektierenden Treppenhaus einen normgerechten Schallpegel erzeugen, die Verständlichkeit wird aber der in einer großen alten Bahnhofshalle ähneln und gegen null tendieren. Gerade in großen Räumen mit gut reflektierenden Wänden und Decken müssen deshalb mehrere Lautsprecher mit kleiner Leistung geplant werden.

Während bei Musikübertragungen Nachhallzeiten von 1,5 bis 2,5 s erwünscht sind, erfordert die Sprachübertragung eine „trockene" Raumakustik mit kurzen Nachhallzeiten. Die Schallabstrahlung ist möglichst direkt auf die Hörer und möglichst wenig auf reflektierende Flächen zu richten.

Während bei Warntongebern die Anordnung im Flur ausreichen kann, um auch die angrenzenden Räume zu alarmieren, müssen Lautsprecher in der Regel in jedem Raum, in dem Personen sich nicht nur gelegentlich und nicht nur für kurze Zeit aufhalten, angeordnet werden.

Bei ausgedehnten Räumen, wie Märkten, Kantinen und Großraumbüros, werden mit einer Frontbeschallung keine akzeptablen Ergebnisse erreicht. Hier muss eine dezentrale Lautsprecheranordnung an der Decke geplant werden. Die erforderliche Lautsprecherdichte hängt ab von

- der Raumhöhe h,
- der Nutzung und
- der Abstrahlcharakteristik.

Je höher die Decke ist, umso größer wird die Versorgungsfläche eines Lautsprechers. Für eine gute Sprachverständlichkeit, z. B. in Hörsälen, müssen die 6-kHz-Richtkeulen der Deckenlautsprecher sauber aneinander anschließen (**Bild 5.66 a**). In den meisten Fällen kann ein Öffnungswinkel von 60° angenommen werden. Für allgemeine Durchsagen mit leicht verminderter Verständlichkeit ist ein Öffnungswinkel von 90° ausreichend (**Bild 5.66 b**).

Daraus ergeben sich die Lautsprecherabstände und Versorgungsflächen gemäß **Tabelle 5.14**.

Tabelle 5.14 *Abstände und Versorgungsflächen von Deckenlautsprechern*

Deckenhöhe h in m	Lautsprecherabstand in m	Versorgungsfläche in m²
3	3	9
4	5	25
5	7	49
6	9	81

5.13 Alarmierung und Meldung

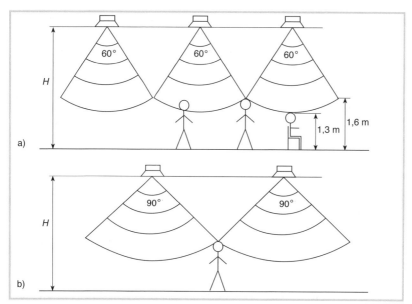

Bild 5.66 *Anordnung von Deckenlautsprechern*
a) gute Sprachverständlichkeit; b) leicht verminderte Verständlichkeit

Aus dem Lautsprecherbedarf ergibt sich die erforderliche Leistung je Rufkreis und Endstufe.

Der nächste Schritt besteht in der Bildung von Versorgungsabschnitten und Lautsprecherstromkreisen.

Ein *Versorgungsabschnitt* wird begrenzt durch
- die Grenzen des Brandabschnittes,
- die Geschossdecken (Ausnahme Treppenräume),
- eine maximale Fläche von $1600\,m^2$.

Je Versorgungsabschnitt sind in der Sicherheitsstufe I mindestens ein, in den Sicherheitsstufen II und III mindestens zwei Lautsprecherstromkreise zu bilden.

Bei zwei Stromkreisen (A/B-Verkabelung) sind die Lautsprecher abwechselnd aufzuteilen. Da bei Ausfall eines Kreises der Alarmschallpegel um maximal 3 dB abfallen darf, müssen auch in kleinen Räumen mindestens zwei Lautsprecher installiert werden. Hersteller bieten Doppellautsprecher an, bei denen zwei Lautsprecher über getrennte Stromkreise versorgt werden, um die Anforderungen der Sicherheitsstufen II und III zu erfüllen. Da in diesem Fall aber keine räumliche Trennung besteht, erhöht sich das

Risiko, dass bei einer Störung (z. B. mechanische Beschädigung) beide Kreise ausfallen.

Werden in dem Versorgungsabschnitt für die normale Nutzung verschiedene Rufkreise benötigt, sind zusätzliche Stromkreise zu bilden. Auf keinen Fall dürfen an einen Stromkreis Lautsprecher aus verschiedenen Versorgungsabschnitten angeschlossen werden. Selbst wenn die Verkabelung komplett mit Funktionserhalt im Brandfall ausgeführt wäre, hätte ein Kurzschluss an einem Lautsprecher den Ausfall mehrerer Versorgungsabschnitte zur Folge. Das Schutzziel besteht aber darin, beim ersten Fehler den Ausfall auf einen Versorgungsabschnitt zu begrenzen.

Sind die Anzahl und die Anschlussleistungen der Lautsprecherkreise ermittelt, kann die Dimensionierung der Sprachalarmzentrale geplant werden. Jeder Lautsprecherkreis ist von der Sprachalarmzentrale (SAZ) zu überwachen und im Fall eines Kurzschlusses rückwirkungsfrei zu trennen Das Zusammenklemmen mehrerer Lautsprecherkreise hinter der Trennvorrichtung ist unzulässig.

Je nach Sicherheitsstufe sind ein oder mehrere Reserveverstärker vorzuhalten. Die Kapazität der Ersatzstromversorgung berechnet sich ähnlich wie bei Brandmelderzentralen aus der erforderlichen Überbrückungszeit, dem Ruhestrom der Komponenten, die bei Netzausfall weiterversorgt werden, und dem Alarmstrom der Anlage:

$$K = k \cdot (I_1 \cdot t_1 + I_2 \cdot t_2)$$

K Kapazität der Ersatzstromversorgung in Ah,
I_1 Stromaufnahme bei Netzausfall ohne Alarm in A,
t_1 Überbrückungszeit in h (bei automatischer Störungsweitermeldung 30 h),
I_2 Stromaufnahme der SAA im Alarmfall in A,
t_2 Alarmierungszeit in h (i. d. R. mindestens 0,5 h),
k Korrekturfaktor, bei $t_1 < 24$ h: $k = 1{,}25$.

Empfehlung des Autors: Verwendung des Faktors $k = 1{,}25$ bei allen Anlagen zur Kompensation der alterungsbedingten Kapazitätsverluste der Akkumulatoren.

Die Ruheströme von SAS liegen häufig im ein- bis zweistelligen Amperebereich, wodurch nicht selten große Batterieblöcke zum Einsatz kommen. Eine von einzelnen Herstellern praktizierte Alternative besteht darin, die Anlage bei Netzausfall in einen energiesparenden Standby-Betrieb herunterzufahren und erst im Alarmfall alle erforderlichen Komponenten zu reaktivieren.

Die Anforderungen an die Parallel- und Reihenschaltung von Batterien für SAS entsprechen denen für BMA und wurden im Abschnitt 5.11.2 behandelt.

5.13 Alarmierung und Meldung

Die Prioritäten der Signalquellen sind objektbezogen mit dem Betreiber und den Brandschutzverantwortlichen festzulegen. Das Signal mit der höheren Priorität (niedrigere Nummer) unterdrückt alle Signalquellen geringerer Priorität (höhere Nummer).
In der Praxis hat sich folgende Staffelung bewährt:
1. Live-Brandfalldurchsage
   1a Feuerwehr-Notfallmikrofon,
   1b zentrale Notfall-Sprechstelle mit Bereichsvorwahl,
2. gespeichertes Brandfallsignal, manuell ausgelöst,
3. gespeichertes Brandfallsignal, automatisch ausgelöst (BMA-Ansteuerung),
4. betriebliche Durchsagen,
5. Hintergrundmusik.

Jeder Durchsage ist ein Aufmerksamkeitssignal, jeder Brandfalldurchsage das einheitliche Notsignal nach DIN 33404-3 voranzustellen. Wenn erforderlich, muss die SAZ eine stufenweise Räumung des Gebäudes ermöglichen. Der mit der Brandschutzbehörde abgestimmte Räumungsablauf muss über eine automatische zeitlich versetzte Alarmierung der einzelnen Gebäudeabschnitte erfolgen. Die automatische Alarmaussendung erfolgt generell ohne zeitliche Begrenzung. Sie kann bei anstehendem Feueralarm an der BMZ nur durch Benutzung des Brandfallmikrofons oder durch Betätigung der Taste „Akustik ab" am FBF oder an der BMZ unterbrochen und wieder aktiviert werden. Das Rückstellen der BMZ darf, wenn kein Feueralarm mehr ansteht, zur Abschaltung des Alarms führen. Eine Verbindungsstörung (Unterbrechung oder Kurzschluss zwischen der BMZ und der SAZ) darf die Alarmaussendung nicht unterbrechen.

Um dies zu gewährleisten, muss die Ansteuerung über eine genormte, von der BMZ überwachte Schnittstelle erfolgen (Bild 5.67).

Die Zeit von der Auslösung eines Brandmelders bis zum Beginn der Alarmierung darf maximal 30 s betragen. Störungen der Sprachalarmanlage sind mindestens als Sammelstörung auf die BMA weiterzuleiten und in die Sammelstörung BMA einzubinden.

Bei vernetzten Sprachalarmzentralen müssen die Betriebszustände aller Unterzentralen an der übergeordneten Zentrale angezeigt werden.

5.13.3.4 Alarmierung bei besonderen Umgebungsbedingungen

Nicht immer können mit den klassischen Internalarmen die gewünschten Wirkungen erreicht werden. Bei hohem Umgebungslärm und geistigen oder

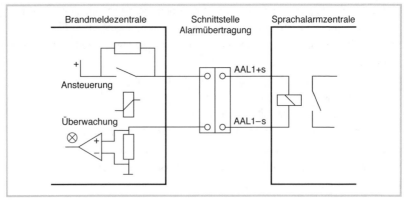

Bild 5.67 *Schnittstelle BMZ – SAZ*

körperlichen Einschränkungen der zu alarmierenden Personen müssen alternative Wege der Alarmierung gefunden werden.

Laute Umgebung
In Industrie- und Gewerbebauten werden durch den Betrieb von Maschinen und Anlagen häufig hohe Dauerschallpegel erreicht. Messwerte von 90 bis 100 dB(A) sind keine Seltenheit. Normale Warntongeber, die bei der Abnahme der Brandmeldeanlage in einer sonst ruhigen Halle als extrem laut empfunden wurden, werden bei laufender Produktion kaum noch wahrgenommen. Nicht selten ist das Personal bereits mit diversen Warntönen und Blinklichtern von Maschinen und Fördergeräten überreizt und desensibilisiert. Bei ständigem Produktionslärm verlangt der Arbeitsschutz zudem das Tragen von Gehörschutz.

Mit herkömmlichen Warntongebern wird hier keine wirksame Alarmierung erreicht. Der Einsatz von Sirenen, die den Umgebungslärm um weitere 10 dB übertrumpfen, grenzt an Körperverletzung. Zusammen mit dem Betreiber müssen alternative Möglichkeiten für die schnelle Alarmierung im Gefahrenfall gefunden werden.

Die folgenden Möglichkeiten sollen als Anregung dienen. Sie stehen in keiner Norm und müssen individuell geplant werden:
- Blitzleuchten (Verwechslung mit Maschinengefahren ausschließen),
- 230-V-Sirenen,
- Warnanzeige auf Bedientableaus der Maschinentechnik,
- großflächige Leuchtanzeigen,
- Abschaltung von Maschinen und Anlagen,

- zyklische Schaltung von Teilen der Allgemeinbeleuchtung,
- Nutzung von Betriebsfunk, Pagern oder Mobiltelefonen.

Die beschriebenen Vorschläge lassen sich kombinieren und durch weitere Maßnahmen ergänzen. Sie sind zusätzlich zur Standard-Alarmierung auszuführen.

230-V-Sirenen, die zusätzlich zu BMA-Warntongebern eingesetzt werden, müssen nicht zwingend ersatzstromversorgt werden, wenn sie direkt vom Gebäudehauptverteiler eingespeist werden. Kommt es zu einem Ausfall der allgemeinen Stromversorgung, bleiben auch die Maschinen stehen und die ersatzstromversorgten Warntongeber sind wieder zu hören. Die Energie- und Steuerzuleitungen werden bis in den Versorgungsabschnitt mit Funktionserhalt E30 geführt.

Krankenhäuser und Heime

In Krankenhäusern, psychiatrischen Kliniken, Alten- und Pflegeheimen halten sich Personen auf, die auf fremde Hilfe angewiesen sind. Ein brutaler Sirenenalarm kann hier zu Verwirrung und Panik führen. In diesen Fällen ist es sinnvoller, eine stille Alarmierung des Personals vorzunehmen, das dann eine geordnete Räumung der gefährdeten Bereiche oder Gebäude durchführen kann. Zu diesem Zweck lassen sich vorhandene Schwesternrufanlagen in Kombination mit weiteren technischen Maßnahmen nutzen. In Frage kommen

- codierte Durchsagen über die elektroakustische Anlage,
- optische/akustische Anzeigen in den Personalräumen,
- automatische Rundrufe über die Telefonanlage.

Wenn die Brandmeldung an ein anderes Kommunikationssystem übertragen wird, sind solche Systeme zu bevorzugen, die den Empfang der Gefahrenmeldung überwachen. Wird eine abgesetzte Meldung nicht innerhalb einer vorgegebenen Zeit quittiert, kann die Meldung automatisch an weitere „Ersatz"-Empfänger weitergeleitet werden.

In Technik-, Lager- und Verwaltungsräumen, in denen sich hilfsbedürftige Personen nicht oder nur selten aufhalten, können Warntongeber oder uncodierte Alarmdurchsagen verwendet werden.

Eine im Dezember 2012 bei der VdS-Fachtagung vorgestellte Untersuchung zeigt, dass in Deutschland im statistischen Mittel alle 14 Tage ein Krankenhaus und alle 7 Tage ein Altenheim brennt, jährlich 25 Menschen in der Folge von Bränden sterben und 232 verletzt werden. Da sich viele Patienten im Brandfall nicht selbst retten können, kommt den Betreibern der Krankenhäuser und Heime eine besondere Fürsorgepflicht und Verantwortung zu.

Die alten Krankenhausbauverordnungen der Länder forderten vielfach nur eine Brandmeldeanlage mit Handfeuermeldern. Eine Alarmierung des Betriebspersonals erfolgt gerade in älteren Objekten nicht oder nur halbherzig. Zurzeit wird selbst in großen Häusern oft wertvolle Zeit bis zum Eintreffen der Feuerwehr verschenkt, weil entweder das Personal nicht informiert wird oder die alarmierten Personen nicht wissen, was zu tun ist.

Bei neueren Objekten geht der Trend klar zu Brandmeldeanlagen mit flächendeckender Überwachung und einer Alarmierung des Betriebspersonals. Eine zügige und effektive Reaktion des Personals setzt neben einer funktionierenden Alarmierungseinrichtung eine gut strukturierte Notfallorganisation voraus. Die alarmierten Mitarbeiter müssen über klare Handlungsvorgaben verfügen. Diese Handlungen müssen regelmäßig geübt werden, damit sie bei dem erhöhten Stress eines Ernstfalles routiniert und sicher durchgeführt werden können.

In einem Großkrankenhaus in Frankfurt am Main wurde das Problem durch die Bildung eines Koordinierungsteams (Ko-Team) gelöst. Das Ko-Team besteht aus einem Arzt, einer leitenden Pflegekraft und einem Haustechniker. Die Funktionen sind personell mehrfach besetzt, damit rund um die Uhr ein vollständiges Team zur Verfügung steht. Der Ko-Arzt leitet das Team und übernimmt im Gefahrenfall automatisch die Leitung des Krankenhauses. Er ist ohne Rücksprache mit Vorgesetzten in vollem Umfang entscheidungs- und weisungsbefugt.

Viele deutsche Krankenhäuser sind sowohl anlagentechnisch als auch organisatorisch von diesem Stand weit entfernt. Es ist keine Besserwisserei, wenn ein Prüfsachverständiger, ein Elektroplaner oder ein Wartungsbetrieb den Betreiber auf vorhandene Defizite hinweist. Wenn eine alte Anlage den Vorschriften zum Zeitpunkt der Errichtung entspricht, heißt das noch lange nicht, dass ein akzeptables Sicherheitsniveau erreicht wurde. Hier geht es um das Leben und die Gesundheit vieler hilfsbedürftiger Menschen.

5.14 Ausführungsunterlagen

5.14.1 Anlagenbeschreibung

Die vollständige und umfassende Dokumentation der Planungsergebnisse bildet die Voraussetzung für eine fachgerechte, dem Brandschutzkonzept entsprechende Brandmeldeanlage. Sie ist das Produkt, an dem sich der Planer messen lassen muss. Während es bei den Starkstrominstallationen häufig Streit gibt, wo die Ausführungsplanung aufhört und die Werkplanung anfängt, gibt VDE 0833-2 für Brandmeldeanlagen klare Forderungen über den Umfang der Ausführungsunterlagen vor.

Eine gute Dokumentation beginnt mit einer kurzen, aber aussagekräftigen Anlagenbeschreibung. Sie umfasst im Wesentlichen die Aussagen des Brandmeldekonzeptes und beschreibt zusätzlich die Art der anlagentechnischen Umsetzung. Die folgenden Bestandteile werden als Anlagen beigefügt.

5.14.2 Installationspläne

In maßstabsgerechten Grundrissplänen sind die Grenzen der Brandabschnitte, der Sicherungsbereiche und Alarmierungsbereiche darzustellen. Aus den Grundrissen, die vorzugsweise im Maßstab 1:50 oder 1:100 geliefert werden, muss die Art der Nutzung der Meldebereiche erkennbar sein. Dies kann durch Übernahme der Raumangaben aus den Architektenplänen erfolgen. Neben der Raumnummer und der Raumbezeichnung (Büro, Archiv, Teeküche, Lager, ...) ist es sinnvoll, auch die Angaben zur Grundfläche und zur Art der geplanten Decke (mit/ohne Zwischendecke, revisionierbare oder geschlossene Zwischendecke) zu übernehmen (**Bild 5.68**).

Dem Errichter der Brandmeldeanlage hilft es enorm, wenn in den Installationsplänen auch die Unterzüge und Einbauten sichtbar sind, durch die eigene Deckenfelder gebildet werden. Da Grundrisspläne üblicherweise als Horizontalschnitte bei 1 m Raumhöhe gezeichnet werden, muss man diese Angaben aus anderen Layern oder Zeichnungen übernehmen. Da die Unterzüge und Einbauten bei der Deckenmelderplanung berücksichtigt wurden (siehe Abschnitt 5.5.2.2), entsteht durch die Wiedergabe kein wesentlicher Mehraufwand.

Die Anlagenteile der Brandmeldeanlage müssen vollständig und lagerichtig dargestellt werden.

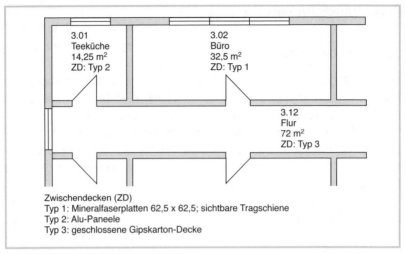

Bild 5.68 *Grundriss mit Raumdaten*

Bei knapp bemessenen Überwachungsflächen oder D_H-Maßen sowie bei kniffligen Anordnungen sind die Melder und Komponenten mit Maßen zu versehen oder in gesonderten Detailplänen (z. B. im Maßstab 1:20) zu zeichnen.

Alle Melder erhalten eine Gruppen- und Meldernummer. Die Darstellung der Leitungswege ist nicht zwingend erforderlich, allerdings kann es sinnvoll sein, Steigepunkte und Haupttrassen darzustellen.

5.14.3 Meldergruppenverzeichnis

Die Meldergruppen sind in tabellarischer Form aufzulisten. Neben der Gruppennummer werden die Art der Melder und deren Montageorte angegeben.

5.14.4 Liste der Anlagenteile

Diese Liste dient als Grundlage für die Materialbestellung und kann außerdem für die Bewertung der Auslastung der Anlage und die Berechnung der Stromaufnahme genutzt werden. In der Liste werden alle Komponenten mit Typ und Anzahl angegeben. In der Werkplanung muss der Errichter die Artikelbezeichnung des eingesetzten Systems ergänzen.

Schema/Blockdiagramm

In einer schematischen Darstellung sind die Komponenten der Brandmeldeanlage mit Angabe der Meldebereiche, Meldergruppen und Melder darzustellen. Dazu gehören neben der Zentrale mit der Übertragungseinrichtung und den Meldern auch Steuerausgänge, Buskoppler, Alarmierungseinrichtungen, abgesetzte Stromversorgungen, Feuerwehr-Bedienfelder sowie die externen Bauteile Feuerwehrschlüsseldepot und Blitzleuchte. An den Verbindungsleitungen sind die erforderliche Aderanzahl, der Leitungstyp und Anforderungen an den Funktionserhalt im Brandfall anzugeben.

Bei vernetzten Zentralen wird die Struktur der Verbindungen vorzugsweise auf einem gesonderten Blatt dargestellt.

Steuerverknüpfungen

Die Darstellung erfolgt am besten tabellarisch. Aus ihr muss klar und einfach erkennbar sein, welche Steuerausgänge mit welchen Funktionen belegt sind und durch welche Ereignisse (z. B. Sammelfeuer, Störung oder Alarm einer bestimmten Meldergruppe) sie ausgelöst werden. Gleiches gilt für Signaleingänge von Fremdanlagen.

FACHBUCH

Nicht quadratisch, aber praktisch und gut!

Jörg Veit
WissensFächer Elektroinstallation
2012, 64 Seiten,
(32 Doppelkarten mit Buchschraube).
€ 16,95 UVP.
ISBN 978-3-8101-0325-3

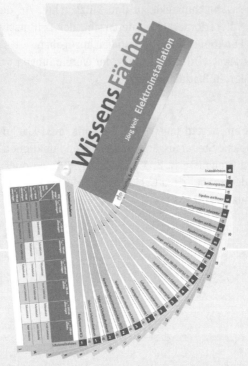

Doppelseitig bedruckt und auffächerbar. Perfekt um schnell nachzuschauen, was gerade nicht präsent ist. Finden Sie wichtiges Fachwissen rund um Planung, Projektierung, Installation und Überprüfung in Elektroinstallationen.

Schwerpunkte

→ Schutzmaßnahmen,

→ Prüfen nach VDE 0100, Teil 600,

→ Geräteüberprüfung nach VDE 0701/0702,

→ sowie Auswahl von Leitungen und Kabeln.

Ideal für Hosen- und Werkzeugtasche

Hüthig & Pflaum Verlag
Im Weiher 10
D-69121 Heidelberg
Tel.: +49 (0) 6221 489-555

Ihre Bestellmöglichkeiten

 Fax:
+49 (0) 6221 489-410

 E-Mail:
buchservice@huethig.de

 http://shop.elektro.net

Hier Ihr Fachbuch direkt online bestellen!

www.elektro.net

6 Errichtung

6.1 Voraussetzungen, Werk- und Montageplanung

Alle Errichtungsarbeiten sind ausschließlich vom verantwortlichen, zertifizierten Fachbetrieb auszuführen. Als Ausnahme lässt DIN 14675 nur die Einbindung eines nicht zertifizierten Nachunternehmers für die Leitungsverlegung und die Montage der Gehäuse und Meldersockel zu. Die Vergabe von Subunternehmerleistungen entbindet den zertifizierten Fachbetrieb nicht von der Verantwortung für die Gesamtleistung[9].

Die Montage der BMA-Komponenten und ihre Installation erfolgen entsprechend dem Brandmeldekonzept (siehe Kapitel 4) und den Ausführungsplänen (siehe Abschnitt 5.14). Vor Beginn der Errichtungsarbeiten müssen daher folgende Unterlagen vorliegen:
- Anlagenbeschreibung[10],
- Installationspläne,
- Schema/Blockdiagramm,
- Meldergruppenverzeichnis,
- Liste der Anlagenteile[10].

Diese Unterlagen entstehen in verschiedenen Planungsphasen, die in der Honorarordnung für Architekten und Ingenieure (HOAI) anders bezeichnet werden als in DIN 14675. Nach Einschätzung des Autors kann jedoch die Zuordnung nach **Tabelle 6.1** getroffen werden.

Der Begriff Werk- und Montageplanung erscheint in der HOAI nur am Rande bei der Abgrenzung des Umfangs der Ausführungsplanung. In DIN 14675 sucht man den Begriff vergeblich.

Tabelle 6.1 *Gegenüberstellung der Planungsphasen nach DIN 14675 und HOAI*

Begriffe nach DIN 14675	Ingenieurleistung nach HOAI	Leistung des Ausführungsbetriebes
Konzept	Grundlagenermittlung	
	Vorplanung	
Planung	Entwurfsplanung	
	Genehmigungsplanung	
	Ausführungsplanung	
	Vorbereitung der Vergabe	
Projektierung		Werk- und Montageplanung

---

9 Diese Regelung steht zurzeit beim Normengremium auf dem Prüfstand – deshalb bitte die neueste Ausgabe der DIN 14675 beachten.
10 Diese Angaben können Bestandteil eines Leistungsverzeichnisses sein.

Aus der klaren Abgrenzung der Verantwortlichkeit für die einzelnen Phasen für Planung, Aufbau und Betrieb von BMA, die DIN 14675 vorgibt, ergibt sich, dass mit der Projektierung (= Ausführungsplanung) eine vollständige, ausführungsreife Planungsunterlage erstellt werden muss. Alle Komponenten müssen qualitativ und quantitativ dimensioniert sein. Technische Festlegungen, die die Funktion der Anlage betreffen, dürfen nicht dem Ermessen des Errichters überlassen werden. Beliebte Vereinfachungen, wie „Die Festlegung der Meldertypen und die Berücksichtigung der Unterzüge sind Bestandteil der Montageplanung" oder „Die Steuerfunktionen und Alarmierungsmaßnahmen sind vom Errichter mit den verantwortlichen Beteiligten abzustimmen", haben in den Vorbemerkungen nichts zu suchen. Hierbei handelt es sich eindeutig um Projektierungsleistungen, die in der Ausführungsplanung umzusetzen sind.

Dennoch hat auch der Errichterbetrieb vor dem Start auf der Baustelle zunächst einige Hausaufgaben zu erledigen. Im Rahmen seiner Werk- und Montageplanung muss er

- das übergebene Projekt fachlich prüfen und auf Fehler und Unstimmigkeiten hinweisen,
- den ausgeschriebenen Komponenten die exakten Artikelbezeichnungen des einzusetzenden Systems zuordnen,
- bei Einsatz eines Alternativfabrikats die funktionale Gleichwertigkeit zur Ausschreibung prüfen und ggf. eine Detail-Umplanung vornehmen, um die geplante Funktion zu erreichen,
- die Abstimmung mit den Bau- und den anderen Haustechnikgewerken führen,
- Änderungen, die sich aus der Werkplanung anderer Gewerke oder kleineren baulichen Änderungen ergeben, in die Planung einarbeiten,
- Aufbau- und Detailzeichnungen für die Brandmelderzentrale und konstruktive Sonderlösungen erstellen,
- Leitungswege und Befestigungssysteme festlegen,
- Brandschutzkomponenten auswählen,
- anlageninterne Kennzeichnungen (z. B. Busadressen) zuordnen und verwalten.

Die Werk- und Montageplanung ist ein lebendiges Produkt. Änderungen und Ergänzungen während der Bauzeit gehören zum Alltag. Eine aktuelle und gut gepflegte Werk- und Montageplanung ist ein wichtiges Instrument zur Qualitätssicherung und die Voraussetzung für eine korrekte Bestandsdokumentation. Außerdem hilft sie bei der Aufmaßabrechnung und Nachtragsverwaltung.

6.2 Leitungsnetze

6.2.1 Grundlegendes zur Installation

Die Installation elektrischer Anlagen beginnt üblicherweise mit der Leitungsverlegung, der sogenannten Rohinstallation. Mit ihr wird bei sorgfältiger Planung und Ausführung die Grundlage für eine dauerhaft sichere Funktion der Anlage gelegt. Eine fehlerhafte Installation kann dazu führen, dass die Anlage störanfällig wird oder im Betrieb versagt. Im ungünstigsten Fall kann eine mangelhafte Installation selbst zu Bränden oder Unfällen führen.

An elektrische Leitungsanlagen werden daher zwei wesentliche Anforderungen gestellt:
- Schutz von Personen und Tieren vor gefährlicher elektrischer Durchströmung,
- Verhinderung der Entstehung und Ausbreitung von Bränden.

Bei Leitungsanlagen für Sicherheitseinrichtungen, wie Brandmelde- und Alarmierungsanlagen, kommt noch eine dritte Forderung hinzu, nämlich
- die sichere Funktion im Gefahrenfall.

Wenngleich bei der Planung von Brandmeldeleitungen immer der „Funktionserhalt im Brandfall" im Mittelpunkt steht, müssen bei der Verlegung auch alle anderen Störfaktoren beachtet werden. Insbesondere Leitungen für Brandmeldeanlagen sind so zu verlegen, dass schädliche Einflüsse auf die Anlagen vermieden werden. Zu den schädlichen Einflüssen gehören
- äußere Wärmequellen,
- Feuchtigkeit,
- chemische Belastung,
- Strahlung,
- mechanische Beanspruchung,
- Tiere, Pflanzen, Schimmelbefall,
- elektromagnetische Einflüsse,
- Brandeinwirkung.

6.2.2 Umgebungsbedingungen

6.2.2.1 Äußere Wärmequellen

Melderleitungen von Brandmeldeanlagen werden nur mit geringen Strömen belastet. Bei Alarmierungsleitungen sind die Ströme etwas stärker. Allerdings treten die Belastungen nur selten und nur für kurze Zeit auf. Die Belastung der Leitungen durch Eigenerwärmung kann somit weitgehend vernachlässigt werden. Die thermische Eignung der Leitungen muss daher nur der zu erwartenden Umgebungstemperatur entsprechen. Die am häufigsten eingesetzten PVC-isolierten Leitungen vertragen eine Umgebungstemperatur bis zu 70 °C.

Wird diese Temperatur längere Zeit überschritten, treten in zunehmendem Maße Weichmacher aus dem PVC aus. Die Isolierung wird spröde, kann brechen und verliert ihre Spannungsfestigkeit. Fehler in der Isolierung von Fernmeldeleitungen können durch Messung mit einer Prüfspannung von 250 V DC festgestellt werden. Der Isolationswiderstand bei neuen Fernmeldeleitungen muss nach VDE 0100-610 mindestens 0,25 MΩ betragen. Für Brandmeldeleitungen verlangt VDE 0833-2 einen Wert von mindestens 0,5 MΩ.

Temperaturen über 70 °C werden innerhalb von Gebäuden nur selten erreicht. Vorsicht ist jedoch in Industrie-, Gewerbe- und Laborbereichen mit thermischen Prozessen geboten. Die Verlegung von Leitungen in diesen Hochtemperaturbereichen ist, wenn irgend möglich, zu vermeiden. Da auch normale Brandmelder bei Temperaturen über 70 °C nicht mehr eingesetzt werden können, stellt eine Leitungsverlegung in solchen Räumen ohnehin einen Ausnahmefall dar. Wenn es sich aus betrieblichen Gründen nicht vermeiden lässt, müssen entweder Leitungen mit einer höheren Temperaturfestigkeit verwendet oder die Leitungen geschützt verlegt werden. Wenn die höheren Temperaturen dauerhaft auftreten, genügt es nicht, die Leitungen thermisch zu isolieren, da dadurch die Anpassung der Leitertemperatur an die Umgebungstemperatur zwar verzögert, aber nicht verhindert wird. In diesem Fall müssen Maßnahmen zur aktiven Wärmeabfuhr, zum Beispiel durch Zwangsbelüftung, getroffen werden.

Auch bei der Verwendung von Leitungen mit Funktionserhalt muss die dauerhaft zulässige Umgebungstemperatur beachtet werden. Diese Leitungen funktionieren zwar auch bei Temperaturen von mehreren hundert Grad Celsius, allerdings nur für eine begrenzte Zeit und nur einmalig. Nach solchen extremen Belastungen müssen die Leitungen generell ersetzt werden.

6.2.2.2 Feuchtigkeit

Die Isolierung von kunststoffisolierten Leitungen wie NYM oder J-Y(St)Y ist gegen normale Feuchtigkeit ohne aggressive chemische Bestandteile unempfindlich. Die Leitungen können auch auf überdachten Rampen, in feuchten Räumen sowie bei Spritz- und Schwallwasser eingesetzt werden.

Eine ungeschützte Verlegung in Erde ist nicht zulässig. NYM- und J-Y(St)Y-Leitungen dürfen unterirdisch oder in Beton nur dann verlegt werden, wenn sie durch ein Schutzrohr ausreichend mechanisch geschützt werden. Für eine offene Verlegung in Erde dürfen nur Kabel (z.B. NYY oder A-2Y(L)2Y...ST III Bd) eingesetzt werden.

Wenn mit Feuchtigkeit im Betrieb zu rechnen ist, sind die verwendeten Geräte und ihre Anschlussstellen zu schützen. Die Schutzarten der Gehäuse werden durch den *IP-Code* angegeben. IP steht für International Protection. Der Code besteht aus dem IP-Zeichen und zwei Ziffern. Die erste Ziffer beschreibt den Berührungs- und Fremdkörperschutz, die zweite Ziffer den Wasserschutz.

Die Schutzarten sind in der **Tabelle 6.2** erläutert.

Geräte, Abzweigdosen und Verteiler in trockenen Räumen können in IPX0 ausgeführt werden. Im Freien sind mindestens Geräte der Schutzart IPX3 auszuwählen. Werden Räume nicht nur am Boden, sondern auch an den Wänden feucht gereinigt oder abgespritzt (zum Beispiel Schlachthäuser, Labore, Spritzkabinen), ist die Schutzart IPX4 bis IPX7 zu wählen.

Tabelle 6.2 *Schutzumfang der IP-Schutzarten*

Kennziffer	Erste Ziffer Berührungsschutz	Fremdkörperschutz	Zweite Ziffer Wasserschutz
0	kein Schutz	kein Schutz	kein Schutz
1	Schutz gegen Berührung mit Handrücken	Schutz gegen feste Körper mit einem Durchmesser > 50 mm	Schutz gegen senkrecht tropfendes Wasser
2	Schutz gegen Berührung mit Fingern	Schutz gegen feste Körper mit einem Durchmesser > 12,5 mm	Schutz gegen schräg (15°) tropfendes Wasser
3	Schutz gegen Berührung mit Werkzeugen	Schutz gegen feste Körper mit einem Durchmesser > 2,5 mm	Schutz gegen schräg (bis 60°) auftreffendes Sprühwasser
4	Schutz gegen Berührung mit einem Draht	Schutz gegen feste Körper mit einem Durchmesser > 1,0 mm	Schutz gegen Spritzwasser aus allen Richtungen
5	Schutz gegen Berührung mit einem Draht	staubgeschützt	Schutz gegen Strahlwasser
6	Schutz gegen Berührung mit einem Draht	staubdicht	Schutz gegen starkes Strahlwasser
7			Schutz gegen zeitweiliges Untertauchen in Wasser
8			Schutz gegen dauerndes Untertauchen in Wasser

6.2.2.3 Chemische Belastung

Ob in einem Verlegebereich verschmutzende oder korrosive Stoffe auftreten, muss vor der Installation beim Betreiber erfragt werden. Die Möglichkeit für das Auftreten solcher Stoffe besteht vor allem in Laboren sowie Industrie- und Gewerbebetrieben mit chemischen Prozessen. Mit dem Betreiber sind im Vorfeld Art und Umfang der Beanspruchungen und wirksame Schutzmaßnahmen zu besprechen. Chemisch aggressive Stoffe können sowohl die Leitungsisolierung schädigen als auch die Metalle angreifen oder die elektronischen Bauteile in Mitleidenschaft ziehen.

Mögliche Schutzmaßnahmen sind
- Verwendung beständiger Materialien (z. B. öl- und säurefeste Leitungen),
- geschützte Verlegung,
- regelmäßige Reinigung.

6.2.2.4 Strahlung

Strahlende Störgrößen, die die Funktion der elektronischen Systeme beeinflussen, werden im Abschnitt 6.2.2.7 behandelt. Durch den UV-Anteil der natürlichen Sonnenstrahlung können PVC-Isolierungen von Leitungen [NYM, J-Y(St)Y] nachhaltig geschädigt werden. Diese Leitungen dürfen nicht der direkten Sonnenstrahlung ausgesetzt werden.

Bei Verlegung im Freien sind geschlossene Verlegesysteme zu verwenden. Auch kurze Anschlussstellen sind durch Überzug mit einem flexiblen Schutzrohr, einem Schrumpfschlauch oder einer UV-beständigen Binde zu schützen.

Der Schutz vor der Wärmestrahlung heißer Anlagenteile erfolgt vorzugsweise durch eine hinterlüftete Abdeckung.

6.2.2.5 Mechanische Beanspruchung

Eine mechanische Beanspruchung der Leitungen kann durch
- herabfallende Teile,
- Quetschen,
- betriebsmäßige Bewegung (Biegung, Streckung, Zug, Druck) sowie
- Schwingungen und Erschütterungen

erfolgen.

Leitungen müssen so verlegt werden, dass diese Beanspruchungen weitgehend ausgeschlossen oder so gering gehalten werden, dass keine schädigende Wirkung auftritt. Dies geschieht durch
- Verlegung in wenig gefährdeten Bereichen,
- Auswahl geeigneter Verlegesysteme (z. B. stabile Schutzrohre),
- Verwendung flexibler Leitungen, wenn mit häufigen Bewegungen zu rechnen ist,

- Druck- und Zugentlastung an den Anschlussstellen,
- Einhaltung der zulässigen Biegeradien.

Bei offener Verlegung in leicht zugänglichen Bereichen gelten die in **Tabelle 6.3** aufgeführten Befestigungsabstände nach VDE 0298-300.

Der zulässige Biegeradius von Fernmeldeleitungen entspricht nach VDE 0891-5 dem 7,5-fachen Außendurchmesser. Bei Leitungen mit Funktionserhalt im Brandfall, die einen mehrlagigen Isolationsaufbau haben, gelten die Vorgaben des Herstellers.

Biegungen fester Leitungen sind nur bei Temperaturen über 5 °C und vorzugsweise mit Schablone auszuführen. Je höher die Temperatur der Leitung ist, desto geringer ist die Gefahr, die Isolierung beim Biegen zu beschädigen. Im Winter sind Leitungen vor der Verlegung zu temperieren. Das geschieht vorzugsweise durch längere Lagerung in einem beheizten Raum. Auf keinen Fall dürfen Biegestellen mit der Lötlampe oder dem Schweißbrenner erwärmt werden.

Tabelle 6.3 *Befestigungsabstände offen verlegter Leitungen*

Außendurchmesser der Leitungen in mm	Maximaler Abstand der Befestigung in mm	
	waagerecht	senkrecht
≤ 9	250	400
9 bis ≤ 15	300	400
15 bis ≤ 20	350	450
20 bis ≤ 40	400	550

6.2.2.6 Tiere, Pflanzen, Schimmelbefall

In bestimmten Fällen können Schäden an Leitungen durch Pflanzen oder Schimmelbefall entstehen. Nicht nur Nager, sondern auch Pferde und andere Stalltiere knabbern aus Neugier oder Langeweile gerne mal an den grauen oder roten „Ästen".

Die wirksamste Schutzmaßnahme besteht auch hier in der Meidung solcher Bereiche für die Verlegung. Ist das nicht möglich, muss eine geschützte Verlegung (unter Putz, in Rohr oder Kanal) gewählt werden. Pflanzenbewuchs und Schimmelbefall können durch Verlegung in trockenen, ausreichend belüfteten Räumen vermieden werden.

6.2.2.7 Elektromagnetische Einflüsse

Wichtige Maßnahmen zum Schutz der Brandmeldeanlage vor elektromagnetischen Störungen wurden bereits im Abschnitt 5.12 beschrieben. Beim Schutz vor gestrahlten Störungen kommt der Leitungsverlegung eine besondere Bedeutung zu. Ziel muss es sein, die Intensität der Störgröße durch ausreichenden Abstand auf ein verträgliches Maß zu reduzieren. Die meisten Störquellen sind in der Planungsphase bekannt und können bei der Installation berücksichtigt werden. Zu ihnen zählen in der Nachbarschaft des Objektes gelegene

- Umspannwerke,
- Bahnstromanlagen,
- Sendestationen,
- Funkantennen.

Im Inneren des Gebäudes müssen

- Leistungstransformatoren,
- Mittel- und Niederspannungsschaltanlagen,
- Starkstromtrassen (insbesondere mit Einleiterkabeln),
- große Motoren und Frequenzumformer sowie
- innere und äußere Blitzableiter

beachtet werden. Auch Leuchten mit Vorschaltgeräten können zu Störungen der Melderelektronik führen.

Um störende Einflüsse zu vermeiden, sind in jedem Fall

- Koppelschleifen in der Nähe von leistungsstarken Geräten zu vermeiden,
- vertikale Leitungen nicht parallel zu Blitzableitungen zu verlegen und
- räumliche Trennungen von Starkstrom- und Signalleitungen vorzusehen.

Die Trennung kann durch Verlegung auf eigenen Kabelrinnen, durch Trennstege oder durch Abstand auf der Rinne oder dem Steigepunkt erfolgen. Für den Abstand gibt es keine normativen Vorgaben. Fehlt ein metaller Trennsteg, sollen 20 cm nicht unterschritten werden.

6.2.3 Funktionserhalt im Brandfall

Die wohl größte Gefahr für Brandmeldeleitungen stellt das Brandereignis selbst dar. Während die meisten anderen Störungen im normalen Betrieb durch die Leitungsüberwachung erkannt und gefahrlos beseitigt werden können, muss im Brandfall die störungsfreie Signalübertragung sichergestellt sein.

Der Funktionserhalt im Brandfall stellt ein zentrales Anliegen der Leitungsverlegung dar. Fehler in der Einschätzung der erforderlichen Maßnahmen können dazu führen, dass die Anlage bauaufsichtlich oder versicherungstechnisch nicht anerkannt wird, weil die sichere Funktion im Brandfall nicht gewährleistet ist. Bestehen Unsicherheiten hinsichtlich der planerischen Festlegungen, empfiehlt es sich, den Prüfsachverständigen frühzeitig zu konsultieren.

Prinzipiell muss unterschieden werden, ob es sich um eine baurechtlich geforderte Brandmeldeanlage oder um eine „private" Anlage handelt, die nach VDE 0833-2 geplant und errichtet wird. Bei Anlagen, die „nur" nach VDE 0833-2 errichtet werden, wird der Ausfall eines Meldebereiches, der aus 32 automatischen oder 10 Handfeuermeldern bestehen kann, toleriert. Bei baurechtlich geforderten Anlagen gelten die Bauordnung und die Leitungsanlagen-Richtlinie des jeweiligen Bundeslandes. Die inhaltlichen Anforderungen lauten in allen Bundesländern gleich:

- Bauordnung:
Elektrische Leitungsanlagen für bauordnungsrechtlich vorgeschriebene Sicherheitseinrichtungen müssen so beschaffen oder durch Bauteile so abgetrennt sein, dass diese Sicherheitseinrichtungen bei äußerer Brandeinwirkung für eine ausreichende Zeitdauer funktionsfähig bleiben.
- Leitungsanlagen-Richtlinie:
Alle Komponenten müssen bei einem Kabelfehler funktionsfähig bleiben, bis das Schutzziel erreicht ist.

Die Dauer des Funktionserhaltes der Leitungen im Brandfall beträgt für Einrichtungen, die der Brandbekämpfung dienen, 90 min. Hierzu zählen
- Anlagen zur Löschwasserversorgung und Druckerhöhung,
- maschinelle Rauchabzugsanlagen,
- Rauchschutzdruckanlagen für notwendige Treppenräume,
- Feuerwehraufzüge.

Der Funktionserhalt von Leitungen für Anlagen, die der Branderkennung und Evakuierung dienen, muss mindestens 30 min betragen. Dazu gehören
- Sicherheitsbeleuchtungsanlagen,
- Personenaufzüge mit Brandfallsteuerung,
- Brandmeldeanlagen,
- Anlagen zur Alarmierung,
- natürliche Rauchabzugsanlagen.

In Gebäuden mit Evakuierungszeiten über 30 min (z. B. in Krankenhäusern) kann ein längerer Funktionserhalt gefordert werden.

Der Funktionserhalt im Brandfall kann auf verschiedenen Wegen erreicht werden. Die preiswerteste und wirkungsvollste Methode wird leider nur selten angewendet. Sie besteht in der Verlegung der Leitungen *auf den Rohdecken* (**Bild 6.1**) unterhalb des Fußbodenestrichs, der eine Dicke von mindestens 30 mm haben muss. Da Estrichdicken unter 35 mm aus statischen

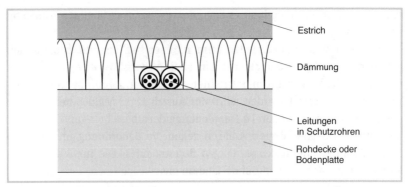

Bild 6.1 *Verlegung auf Rohdecken*

Gründen praktisch nicht vorkommen, kann diese Verlegeart fast immer angewendet werden.

Technisch gleichwertig ist eine *Verlegung mit Schutzrohr* in Beton oder in Erde. Die Verlegeart erfordert einen ausreichenden Planungsvorlauf, da spätere Änderungen nur mit großem baulichem Aufwand möglich sind. Theoretisch können Leitungen, die unter dem Estrich in der Wärme- oder Trittschalldämmung liegen, ohne Hüllrohr verlegt werden. Zum Schutz der Leitungen in der Bauphase wird die Verwendung trittfester Schutzrohre aber dringend empfohlen. Wird anstelle des Estrichs Gussasphalt eingebaut, müssen die Leitungen so im Schutzrohr verlegt und mit Isoliermaterial überdeckt werden, dass beim Einbau eine Berührung mit dem heißen, noch flüssigen Asphalt ausgeschlossen ist.

Die Verlegeart eignet sich zum Überbrücken großer Strecken bei Hallen in Leichtbauweise, wenn an der Stahl- oder Holzkonstruktion eine echte E30-Befestigung nicht möglich ist.

Die zweite Methode zum Erreichen des Funktionserhalts besteht darin, die Leitungen brandschutztechnisch einzuhausen. Hierbei werden normale Leitungen in geprüften Brandschutzkanälen (E30 oder E90) verlegt oder die Kabeltrassen mit Brandschutzplatten verkleidet (**Bild 6.2**). Innerhalb des geschützten Bereiches dürfen keine fremden Leitungen verlegt werden, da von diesen eine schädigende Wirkung auf die Sicherheitsleitungen ausgehen kann.

Die dritte Methode heißt *offene Verlegung* und ist nur möglich, wenn die Leitungen und die Verlegesysteme DIN 4102-12 (Funktionserhaltsklasse E30 oder E90) entsprechen. Die Eignung der Leitungen und Verlegesysteme muss von einer staatlich anerkannten Materialprüfanstalt im Brandversuch nachgewiesen und durch ein Allgemeines Bauaufsichtliches Prüfzeugnis (ABP) bestätigt sein.

Der Funktionserhalt einer Leitung im Brandfall kann durch die ausschließliche Verwendung nicht brennbarer Materialien erreicht werden. Diese Leitungen bestehen nur aus den metallenen Leitern und mineralischen Isolierschichten. Aufgrund der schwierigen Verlegung haben sie in Deutschland noch keine breite Anwendung gefunden.

Gängige Praxis ist dagegen die Verlegung *halogenfreier Leitungen* mit Funktionserhalt im Brandfall. Die Widerstandsfähigkeit bei Brandeinwirkung wird durch eine mehrlagige Umhüllung mit halogenfreiem Kunststoff und Glasfaserschichten erreicht. Ein Beispiel für den Leitungsaufbau zeigt **Bild 6.3**.

Halogenfreie Leitungen haben zusätzliche positive Eigenschaften im Brandfall. Sie entwickeln keine korrosiven Brandgase, sind selbstverlöschend und haben eine geringe Brandfortleitung. Die Angabe FE180 bei diesen Leitungen bedeutet aber nicht 180 min Funktionserhalt, sondern beziffert deren Isolationserhalt. Für die Verwendbarkeit als Sicherheitsleitung ist nur die Angabe E30 oder E90 relevant.

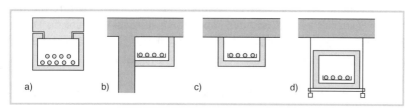

Bild 6.2   *Brandgeschützte Verlegung*
a) E30/E90-Kanal; b) L-förmige Einhausung; c) U-förmige Einhausung;
d) allseitige Einhausung und Aufhängung mit Funktionserhalt

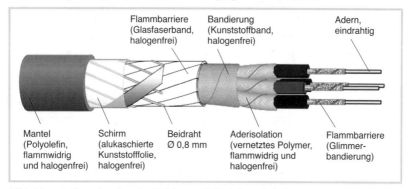

Bild 6.3   *Aufbau einer Brandmeldeleitung mit Funktionserhalt E30*

Die Anerkennung einer Leitung gilt immer nur zusammen mit einem *Befestigungssystem*. So steht beispielsweise im Prüfzeugnis für eine E30-Leitung, welche geprüften Befestigungsmittel welcher Hersteller verwendet werden dürfen. Aus dem Prüfzeugnis des Befestigungsmittels müssen Angaben wie Befestigungsabstände und zulässige Belegungen entnommen werden. Nach Fertigstellung der Leitungsanlage muss die Errichterfirma in einer Übereinstimmungsbestätigung erklären, dass die Leitungsanlage in allen Einzelheiten nach den Vorgaben der Allgemeinen Bauaufsichtlichen Prüfzeugnisse errichtet wurde. Ein Muster für eine solche Erklärung hinsichtlich Kabelabschottung befindet sich im Anhang 3.2 dieses Buches.

Übliche Verlegearten mit geprüften Tragsystemen sind
- Kabelleitern,
- Kabelrinnen,
- Weitspannkabelbahnen,
- Einzelschellen,
- Sammelschellen.

Bei der vertikalen Verlegung muss in Abständen von maximal 3,5 m eine wirksame Abstützung vorgenommen werden. Das ist erforderlich, da die Kunststoffhülle der E30- oder E90-Kabel bei Brandeinwirkung ihre mechanische Festigkeit verliert und das Kabel durch die Schellen rutscht. Damit hängt das gesamte Gewicht des Kabels am obersten Auflager des Steigepunktes. Durch die hohe punktförmige Belastung kann es dort zur Unterbrechung oder zum Kurzschluss kommen.

Die Abstützung kann durch Brandschottung in den Geschossübergängen ($H < 3{,}5\,\text{m}$) oder durch eine mäanderförmige Verlegung erfolgen (**Bild 6.4**), die sich allerdings nur in geräumigen Schächten realisieren lässt.

Für den Funktionserhalt von Brandmelde- und Alarmierungsleitungen lässt die Leitungsanlagen-Richtlinie einige Erleichterungen zu:

Leitungen, die nur der Funktion „Melden" dienen, haben ihre Aufgabe mit dem Absetzen der Meldung erfüllt. In Räumen, die mit automatischen Brandmeldern überwacht sind, kann man davon ausgehen, dass ein Brand erkannt wird, bevor er die Brandmeldeleitung zerstört hat und eine Übertragung verhindern kann. In diesen Räumen ist daher die Verlegung von Melderleitungen ohne Funktionserhalt im Brandfall zulässig.

Kritisch stellt sich die Situation für im Stich verlegte Melderleitungen in nicht überwachten Bereichen dar. Diese müssen gemäß Leitungsanlagen-Richtlinie (LAR) mit Funktionserhalt ausgeführt werden. Ein Brand in einem solchen Raum zerstört die Melderleitungen zwar frühestens nach 30 min,

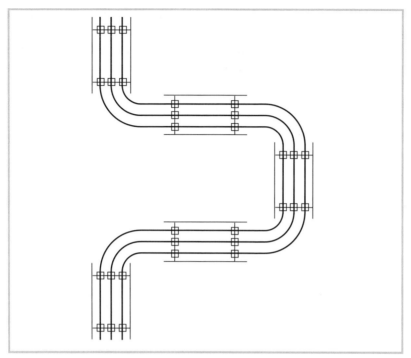

Bild 6.4 *Mäanderförmige Verlegung von Steigeleitungen*

ein Brandalarm wird jedoch nicht ausgelöst. Die durch den Funktionserhalt um 30 min verzögerte Störungsmeldung muss dann durch die Instandhaltungsfirma, die nicht mit einem Brand rechnet, innerhalb von 24 h bearbeitet werden, sofern das Gebäude bis dahin noch existiert.

Die bessere Alternative ist auf jeden Fall die Installation von Ringbusleitungen. Durch die Entwicklung der Ringbustechnik für Melderleitungen konnte die Störfestigkeit deutlich verbessert werden. Wenn die Busleitung an beliebiger Stelle unterbrochen oder kurzgeschlossen ist, wird der defekte Leitungsabschnitt automatisch abgeschaltet. Die intakten Teile arbeiten im Stich ohne Funktionseinschränkung weiter (**Bild 6.5**).

Wird bei baurechtlich vorgeschriebenen Anlagen auf den Funktionserhalt der Leitungen verzichtet, müssen die Trennelemente an jedem Busteilnehmer angeordnet werden. Bei Anlagen, die „nur" nach VDE 0833-2 errichtet werden, sind die Trennelemente so anzuordnen, dass bei Unterbrechung oder Kurzschluss maximal 10 Handfeuermelder oder 32 automatische Melder eines Meldebereiches ausfallen. Da Meldebereiche einen

Brandabschnitt nicht überschreiten dürfen, sind die Trennelemente immer an den Brandabschnittsübergängen anzuordnen.

Beispiele für die Verlegung von baurechtlich geforderten Melderleitungen in Stichleitungstechnik zeigt **Bild 6.6**. Beispiele für Ringbusleitungen sind in **Bild 6.7** dargestellt.

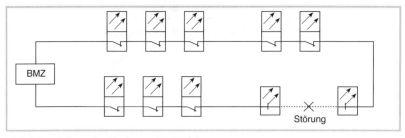

Bild 6.5 *Teilung des Ringbusses im Störfall*

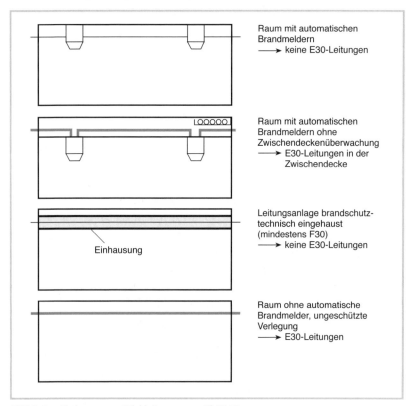

Bild 6.6 *Verlegung von Stichleitungen gemäß MLAR*

6.2 Leitungsnetze

Leitungen für Alarmierungseinrichtungen müssen auch nach Absetzen der Meldung bis zum Abschluss der Evakuierung weiterfunktionieren. Die Leitungsanlagen-Richtlinien fordern für diese Leitungen einen Funktionserhalt im Brandfall von 30 min. Ausgenommen sind die Leitungen und Verteiler, die nur der Versorgung von Geräten innerhalb eines Brandabschnitts

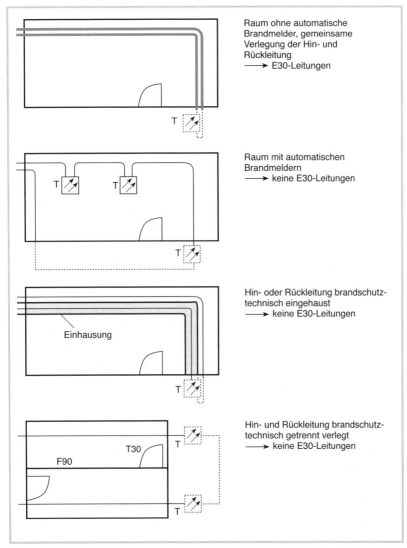

Bild 6.7 *Verlegung von Ringbusleitungen* T Trennelemente

eines Geschosses oder eines Treppenhauses dienen. Für sie ist kein Funktionserhalt im Brandfall erforderlich.

Diese Erleichterung hat praktische Hintergründe. Zum einen besitzen die Warntongeber und Lautsprecher selbst keinen Funktionserhalt. Zum anderen geht der Gesetzgeber davon aus, dass Personen, die sich im betroffenen Geschoss eines Brandabschnitts aufhalten, die Gefahr auch ohne Alarmierung selbst bemerken, wohingegen Personen in benachbarten Bereichen oder Geschossen unbedingt gewarnt werden müssen. In der Regel wird die Alarmierung im betroffenen Bereich, dessen Grundfläche maximal $1600\,m^2$ betragen darf, zumindest in den ersten Minuten nach der Branderkennung funktionieren, sodass auch schlafende oder entfernt beschäftigte Personen des betroffenen Bereiches alarmiert werden.

Beispiele für die Verlegung baurechtlich geforderter Alarmierungsleitungen zeigt **Bild 6.8**.

In Räumen mit Grundflächen $>1600\,m^2$ (das sind meist Hallen) müssen Versorgungsabschnitte $<1600\,m^2$ gebildet werden. Da es für die Versorgungsabschnitte noch keinen normativ festgelegten Fachausdruck gibt, werden auch Bezeichnungen wie „Elektrobrandabschnitt" oder „virtueller Brandabschnitt" verwendet.

Die Leitungen werden von der Brandmelderzentrale (BMZ) oder dem Sprachalarmsystem (SAS) bis in den Versorgungsbereich in E30 verlegt.

Ein Problem, das bei vielen Anlagen vernachlässigt wird, ist der Kurzschluss infolge Brandeinwirkung. Alle E30-Leitungen der Warntongeber oder Lautsprecher in den verschiedenen Geschossen und Brandabschnitten treffen sich häufig an einer Klemme in der Brandmelder- oder Sprachalarmzentrale. Kommt es in einem beliebigen Versorgungsabschnitt zu einem Kurzschluss, fällt die Alarmierung im gesamten Gebäude aus. Die E30-Versorgungsleitungen müssen daher nicht nur als Stich in jeden Versorgungsbereich verlegt, sondern auch einzeln abgesichert und überwacht werden (**Bild 6.9**).

Energie- und Steuerleitungen können auch getrennt verlegt werden. In diesem Fall kann die Ansteuerung über den multifunktionalen Primärbus erfolgen, die Energiezuleitung muss von der BMZ bis in den Brandabschnitt in E30 verlegt sein. Ein Beispiel zeigt **Bild 6.10**.

Die Energieversorgung muss auch nicht zwangsläufig über die BMZ erfolgen. Bei ausgedehnten Anlagen kann es sinnvoll sein, zur Verringerung der Spannungsverluste auf langen Leitungen mehrere akkugepufferte Energieversorgungen anzuordnen. Die Überbrückungszeit muss – wie bei der zuge-

6.2 Leitungsnetze

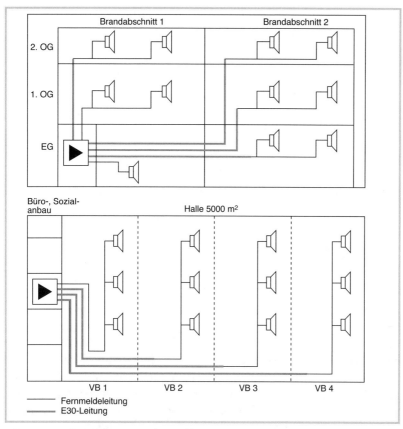

Bild 6.8 *Verlegung von Alarmierungsleitungen*
VB Versorgungsbereich < 1600 m²

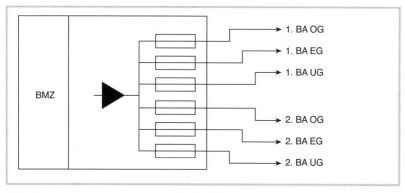

Bild 6.9 *Selektiver Kurzschlussschutz der Stichleitungen*

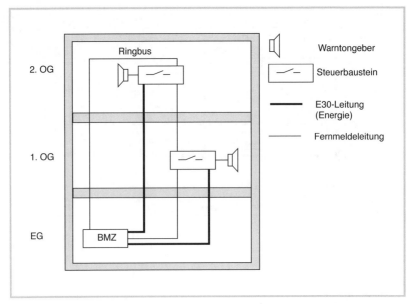

Bild 6.10 Anschluss der Alarmierungseinrichtungen mit separaten Energieleitungen

hörigen BMZ – 4, 30 oder 72 h betragen. Befinden sich die Energieversorgung und die Warntongeber im selben Brandabschnitt, kann man auf eine E30-Verlegung der Leitungen verzichten. Werden mehrere Brandabschnitte oder Geschosse versorgt, müssen die abgesetzte Energieversorgung brandschutztechnisch in F30 eingehaust und die Leitungen zu den anderen Brandabschnitten in E30-Qualität verlegt werden. Im **Bild 6.11** sind dafür zwei mögliche Varianten dargestellt.

Seit einigen Jahren werden Alarmierungseinrichtungen angeboten, die über den *multifunktionalen Primärbus* versorgt werden. Diese Technik führt zu einer deutlichen Reduzierung des Verkabelungsaufwandes und bietet die Option, zusätzliche Warntongeber unkompliziert nachinstallieren zu können (**Bild 6.12**). Um die Anforderungen an den Funktionserhalt der Leitungsanlage zu erfüllen, müssen Hin- und Rückleitung konsequent brandschutztechnisch getrennt verlegt werden. Ist dies, zum Beispiel in der Nähe der Zentrale, nicht möglich, muss die Ringleitung bis zur räumlichen Trennung mit Funktionserhalt E30 verlegt werden. Die räumliche Trennung kann aus einer F30-Wand oder einer Geschossdecke bestehen. Bei Unterbrechung oder Kurzschluss der Busleitung müssen alle Alarmgeber im Stich weiterbetrieben werden. Da die übertragene elektrische Leistung wesent-

6.2 Leitungsnetze 243

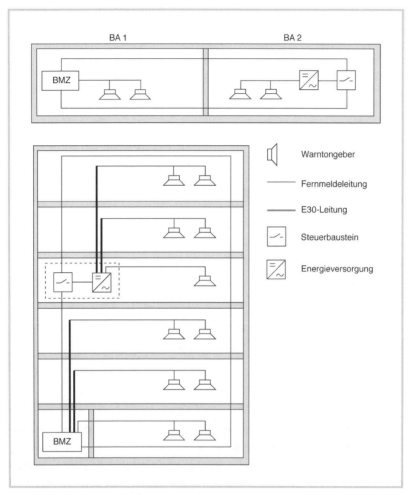

Bild 6.11 *Alarmierungseinrichtungen mit abgesetzter Energieversorgung*

lich größer als bei reinen Melderleitungen ist, bestehen Einschränkungen hinsichtlich der Länge der Busleitung und der Anzahl der anzuschließenden Geräte. Die Hersteller geben in Diagrammen vor, wie viele Geräte bei welchen Leitungslängen betrieben werden können.

Eine besondere Stellung nehmen die Steuerleitungen ein. Da nicht alle Steuerbefehle zusammen mit der Übertragungseinrichtung ausgelöst werden, bestehen die gleichen Anforderungen an den Funktionserhalt wie bei Alarmierungsleitungen. Beispielsweise werden bestimmte Brandschutzein-

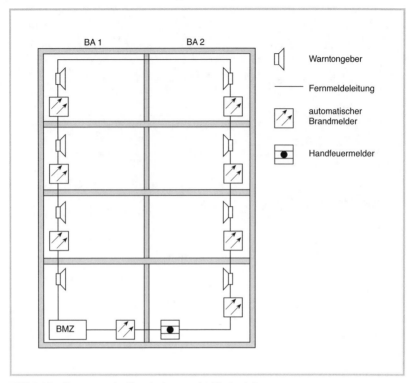

Bild 6.12 *Versorgung der Signalgeber aus der Ringbusleitung*

richtungen nicht bei Sammelfeuer, sondern nur durch bestimmte Melder angesteuert. Da diese Melder nicht zwangsläufig schon bei der Brandentstehung, sondern möglicherweise erst bei einer fortgeschrittenen Brandausbreitung ansprechen, müssen die Leitungen auch bis zu diesem Zeitpunkt noch funktionieren.

Erleichterungen für Steuerleitungen werden in der Leitungsanlagen-Richtlinie nicht beschrieben. Wenn Brandschutzeinrichtungen über Busleitungen ohne Funktionserhalt angesteuert werden, ist eine ausführliche Worst-case-Betrachtung anzustellen.

Beispiel:
Mehrere Hallen sind durch automatisch schließende Brandschutztore (BS-Tore) verbunden. Die Hallen werden durch Rauchmelder, die an eine multifunktionale Primärleitung angeschlossen sind, überwacht (**Bild 6.13**). Bei Alarm der dem jeweiligen Tor am nächsten liegenden Meldergruppe erhält das Brandschutztor über einen Buskoppler einen Schließbefehl.

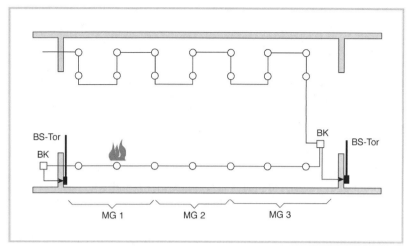

Bild 6.13 *Beispiel für die Verlegung von Steuerleitungen*
MG Meldergruppe; BK Buskoppler

Wenn der Brand an der gegenüberliegenden Hallenseite ausbricht und sich in Querrichtung ausbreitet, ist es wahrscheinlich, dass die getrennt verlegten Hin- und Rückleitungen des Busses ausfallen, bevor ein Melder am anderen Hallenende den Alarmzustand erreicht und den Schließbefehl des Tores veranlassen kann. Um diesen Fall auszuschließen, bestehen folgende Möglichkeiten:
- Ansteuerung des Tores über eine eigene Leitung mit Funktionserhalt von der Brandmelderzentrale,
- autarke Rauchschalter an der Torsteuerung,
- Ansteuerung des Tores bei Sammelfeuer.

Die Zuordnung von Meldern zu Steuerbefehlen kann im späteren Betrieb noch des Öfteren verändert werden. Um eine sichere Funktion zu gewährleisten, muss der Steuerbefehl über E30-Leitungen übertragen werden. Die Ansteuerung über Buskoppler ist möglich, wenn der Steuerbefehl als Impuls unmittelbar nach Einlaufen des Feueralarms durch einen beliebigen Melder ausgelöst wird und das angesteuerte Gerät seine Sicherheitsfunktion auch bei Abfall des Steuersignals weiter ausführt.

Beispiele:
a) Der Steuerbefehl für die Evakuierungsfahrt eines Personenaufzuges wird durch den potentialfreien Schließer eines Buskopplers ausgelöst. Wenn die Busleitung durch Brandeinwirkung beschädigt wird, kann an dem Koppler ein undefinierter Zustand auftreten. Der Aufzug muss seine Evakuierungsfahrt auf jeden Fall fortführen und darf nicht auf Normalbetrieb zurückschalten.

b) Eine Brandmeldeanlage steuert ein Sprachalarmsystem an. Auch hier muss die Akustiksteuerung bei Empfang eines Impulses von der Brandmelderzentrale (BMZ) in Selbsthaltung gehen. Mitunter befindet sich die Sprachalarmzentrale nicht unmittelbar neben der BMZ. Trotzdem muss es möglich sein, die Alarmdurchsage von der BMZ aus zu stoppen. Wurde der Befehl „Alarm ein" durch einen Buskoppler übertragen, muss für den „Alarm aus"-Befehl ein zweiter Buskoppler eingesetzt werden. Wenn die Leitungen durch Brandeinwirkung zerstört wurden, ist der Befehl „Akustik ab" an der BMZ nicht ausführbar. Wichtiger ist jedoch, dass der Alarm nicht zufällig durch einen Leitungsschaden abgestellt werden kann.

Zwischen vernetzten Brandmelderzentralen und zwischen der BMZ und einem abgesetzten Feuerwehrbedienfeld und -anzeigetableau werden die Verbindungsleitungen redundant ausgeführt und brandschutztechnisch getrennt verlegt. Ungeachtet dessen ist eine Verlegung mit 30 min Funktionserhalt im Brandfall zu empfehlen.

Die Forderung nach Funktionserhalt im Brandfall betrifft nicht nur die Leitungsanlagen, sondern auch die „Verteiler", d. h. die Brandmelder- und Sprachalarmzentralen. Bei BMZ, die sich in überwachten Räumen befinden und deren einzige Funktion im Erkennen und Melden des Brandes besteht, kann auf eine geschützte Aufstellung verzichtet werden. Ein Brand in der Nähe der BMZ wird mit hoher Wahrscheinlichkeit durch den Rauchmelder erkannt und gemeldet, bevor es zur Schädigung der Zentrale kommt.

Sprachalarmzentralen und Brandmelderzentralen mit Alarmierungs- und/oder Steueraufgaben, die auch während des Brandes benötigt werden, sind für 30 min zu schützen.

Die gelegentlich praktizierte Einhausung oder Unterbringung in selbstgebauten oder systemfremd zugekauften Brandschutzgehäusen führt in den seltensten Fällen zur Erreichung des Schutzzieles. Die Hauptprobleme bestehen in Folgendem:
- nicht mehr vorhandener freier Zugang zur Anzeige und zu den Bedienelementen,
- unzureichende Wärmeabfuhr (z. B. beim Laden der Akkus),
- vorzeitiger Ausfall durch thermische Überlastung bei äußerer Brandeinwirkung.

Der Einbau der Zentralen in Brandschutzgehäuse ist nur zulässig, wenn ein Verwendbarkeitsnachweis durch eine amtlich anerkannte Prüfstelle vorliegt und die ungehinderte Anzeige und Bedienung (ohne Öffnen einer Tür) sichergestellt ist.

Die bessere und unkompliziertere Lösung besteht in der Schaffung eines eigenen Raumes für die Aufstellung der Zentrale(n). Der Raum muss mindestens F30-Wände, F30-Decken und eine feuerhemmende Tür (T30) aufweisen. Wenn sich der Raum nicht am Anfang des Sicherungsbereiches befindet, müssen Feuerwehrbedienfeld und -anzeigetableau und die Laufkarten am Hauptzugang der Feuerwehr getrennt von der BMZ installiert werden.

Der Raum für die Gefahrenmeldeanlage darf nicht für andere Nutzungen (Lager, Werkstatt, Raucherzimmer) missbraucht werden. Immer wieder umstritten ist die Frage, ob BMZ und SAZ und ggf. andere sicherheitstechnische Anlagen, wie Videotechnik, RWA-Zentralen, EMA-Zentralen, gemeinsam untergebracht werden dürfen. Dies muss man sicher im Einzelfall untersuchen. Hierzu stellen sich die Fragen:
- Welche Gefahren gehen von den Anlagen aus?
- Was passiert, wenn durch einen Brand in diesem Raum mehrere Anlagen ausfallen?

In den meisten Fällen kann die von den Anlagen ausgehende Gefährdung als gering eingestuft werden. Wenn ein Brand in diesem Raum automatisch erkannt und gemeldet wird, bis zum Eintreffen der Rettungskräfte auf diesen Raum beschränkt bleibt und die Funktion der anderen Anlagen entbehrlich ist, weil ja keine Personengefährdung außerhalb des Raumes besteht, kann der gemeinsamen Aufstellung mit ruhigem Gewissen zugestimmt werden.

6.2.4 Schutz von Rettungswegen

Obwohl Facherrichter von Brandmeldeanlagen mit den Aufgaben des Brandschutzes vertraut sind, werden bei baurechtlichen Prüfungen noch erstaunlich oft Mängel bei der Leitungsverlegung in Fluren und Treppenhäusern festgestellt.

Die in den letzten Jahren in allen Bundesländern baurechtlich eingeführte *Leitungsanlagen-Richtlinie* (die Abkürzungen variieren in den Ländern von LAR, MLAR bis RbALei) behandelt in ihrem ersten Schwerpunkt den Schutz von Rettungswegen vor Rauchgasen brennender technischer Leitungsanlagen.

Der Flughafenbrand in Düsseldorf im Jahr 1996 steht als traurige Mahnung für die Gefahr, die im Brandfall von halogenhaltigen Materialien, wie Leitungsisolierungen und Kunststoffrohren, ausgeht. Bei der Verbrennung dieser Stoffe entstehen aggressive Rauchgase, die schon bei geringer Konzentration zu Atemreizungen und Rauchvergiftungen führen. Lange bevor eine Personengefährdung durch Wärme oder die eigentliche Flamme besteht, führen die Rauchgase zur Bewusstlosigkeit und zum Erstickungstod.

Bereits mit dem Vorgänger der heute eingeführten Leitungsanlagen-Richtlinie sollte diese Gefahr gebannt werden. Der damalige Lösungsansatz bestand darin, die Verlegung von Leitungen in Fluren und Treppenhäusern quantitativ zu begrenzen. Als zulässige Obergrenze wurde eine *Brandlast* von $7\,kWh/m^2$ festgeschrieben. Die Brandlast hat keinen Bezug zur elektrischen Belastung der Leitungen, sondern resultiert aus der Verbrennungswärme der verwendeten Kunststoffe. Zur Ermittlung der Brandlasten wurden Tabellen erstellt (siehe auch Anhang 3.1). In der Praxis kam es trotz eindeutiger Vorgaben immer wieder zu Überschreitungen der Grenzwerte, da jedes Gewerk nur seine Brandlasten ermittelte, der Betreiber keine vollständige Dokumentation erhielt und spätestens bei Nachinstallationen niemand mehr genau wusste oder wissen wollte, ob die zulässige Grenze schon erreicht war oder welche Reserve noch bestand.

Da das angestrebte Schutzziel mit der quantitativen Begrenzung nicht erreicht wurde, entschloss sich die ARGE Bau (Arbeitsgemeinschaft der obersten Baubehörden der Bundesländer) zu einer rigorosen Festlegung, die heute in allen Bundesländern gilt:

Eine offene Verlegung von Leitungen in notwendigen Treppenräumen und Fluren ist nur noch für die Leitungen zulässig, die unmittelbar der Versorgung des Flures oder Treppenraumes dienen.

Alle übrigen Leitungen müssen entweder durch andere Räume geführt oder wie folgt verlegt werden:
- in Schlitzen von massiven Wänden mit mindestens 15 mm Putzüberdeckung,
- einzeln in mindestens feuerhemmenden Leichtbauwänden,
- in Installationsschächten oder -kanälen mit Brandschutzeigenschaften,
- in Hohlraum-Estrichen oder brandschutztechnisch zertifizierten Zwischenböden,
- über Zwischendecken mit Brandschutzeigenschaften.

Diese Verlegearten sind natürlich auch für Leitungen, die der Funktion des Rettungsweges dienen, zu bevorzugen.

Die Brandschutzeigenschaften der Decken, Kanäle, Schächte und Zwischenböden beziehen sich auf die Feuerwiderstandsdauer. Anders als beim Funktionserhalt von Leitungen geht es hierbei um den Schutz des Fluchtweges vor brennenden Leitungen. Die Feuerwiderstandsdauer der umgebenden Bauteile muss der Feuerwiderstandsdauer der Geschossdecken (gekennzeichnet durch den Buchstaben F) entsprechen. In Neubauten beträgt diese in der Regel 90 min. Für Flure, die keine Geschossdecken überbrücken, genügt eine Feuerwiderstandsdauer von 30 min. Bei Schächten und Kanälen wird der Feuerwiderstandsdauer der Buchstabe „I" vorangestellt. Ein I30- oder I90-Kanal soll vor innerer Beflammung schützen.

Die offene Verlegung von Leitungen ist streng reglementiert. Sie ist nur zulässig für
- Leitungen, die nicht brennbar sind, oder
- Leitungen, die ausschließlich der Versorgung des Flures oder Treppenraumes dienen,
- kurze Stichleitungen in Fluren.

Werden für die offene Verlegung Rohre oder Installationskanäle verwendet, müssen diese nicht brennbar sein. Unzulässig eingebaute Kunststoffrohre oder PVC-Kanäle müssen durch Metallrohre oder Blechkanäle ersetzt werden. Die Leitungsanlagen-Richtlinie hat als baurechtlich eingeführte Bauregel Gesetzescharakter. Ausnahmen und Kompensationsmaßnahmen sind nicht zulässig. Praktische Anwendungen zeigt **Bild 6.14**.

Bei der Verlegung in einer Flurzwischendecke sind Befestigungsmittel zu verwenden, die einer Brandbelastung 30 min standhalten. Die Zerstörung der F30-Decke durch herabstürzende Kabelrinnen oder andere Installationen ist konstruktiv zu verhindern (**Bild 6.15**).

Geklärt werden sollen in diesem Zusammenhang die Begriffe *notwendiges Treppenhaus, notwendiger Flur* und *geringe Nutzung*.

Nach der Bauordnung muss jedes nicht ebenerdige nutzbare Geschoss über mindestens eine notwendige Treppe zugänglich sein. Gleichzusetzen sind Rampen mit flacher Neigung. Jede notwendige Treppe muss zur Sicherstellung des Rettungsweges in einem eigenen Treppenraum liegen. Notwendige Flure sind die Flure, über die Rettungswege aus Aufenthaltsräumen oder aus Nutzungseinheiten in notwendige Treppenräume oder ins Freie führen.

Notwendige Flure sind nicht erforderlich
- in Gebäuden der Klasse 2 (max. 2 Nutzungseinheiten, Gebäudehöhe $H < 7$ m, Nutzfläche $< 400\,m^2$), ausgenommen die Kellergeschosse,
- innerhalb von Wohnungen oder Nutzungseinheiten $< 200\,m^2$,
- innerhalb von Büro- oder Verwaltungseinheiten $< 400\,m^2$.

Die oben beschriebenen Anforderungen gelten also z. B. nicht für den Flur in der Zahnarztpraxis oder innerhalb kleiner Büroeinheiten.

Notwendige Treppenräume geringer Nutzung bestehen in Wohngebäuden geringer Höhe (Fußboden des obersten Geschosses < 7 m über Gelän-

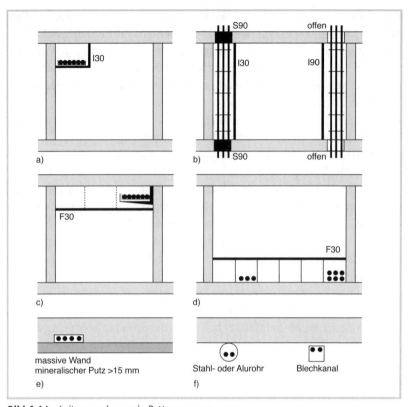

Bild 6.14 *Leitungsverlegung in Rettungswegen*
a) Installationskanal; b) Installationsschacht; c) Zwischendecke; d) Hohlraum- oder Zwischenboden; e) unter Putz; f) nicht brennbare Rohre oder Kanäle (nur für Leitungen, die der Funktion des Rettungswegs dienen)

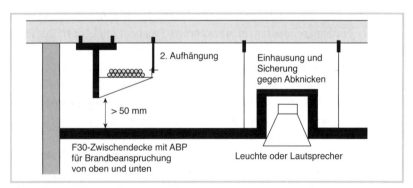

Bild 6.15 *Zwischendecken in notwendigen Fluren*
ABP Allgemeines Bauaufsichtliches Prüfzeugnis

de) oder wenn der Treppenraum maximal 10 Wohnungen oder 10 andere Nutzungseinheiten < 200 m² mit einer Gesamtfläche < 1000 m² erschließt.

Zu notwendigen Fluren geringer Nutzung dürfen maximal 10 Wohnungen oder 10 andere Nutzungseinheiten < 200 m² mit einer Gesamtfläche < 1000 m² gehören. Notwendige Flure geringer Nutzung müssen direkt ins Freie oder in einen Treppenraum geringer Nutzung führen. Sind für den Treppenraum die Kriterien für eine geringe Nutzung nicht erfüllt, darf auch der Flur nicht mit geringer Nutzung eingestuft werden.

In notwendigen Fluren geringer Nutzung sind die Anforderungen weniger streng. Hier dürfen auch Leitungen, die nicht der Installation des Flures dienen, installiert werden, wenn es sich um Leitungen mit verbessertem Brandverhalten handelt. Weitere Erleichterungen bestehen für Schächte und Kanäle, die keine Geschossdecken überbrücken, und für Zwischendecken. Bei den Schächten und Kanälen genügt an Stelle der I30-Verkleidung eine geschlossene, nicht brennbare Oberfläche, das heißt z. B. einfacher Gipskarton oder Blech. Bei Zwischendecken entfallen die F30- Anforderungen. Auch hier genügen nicht brennbare Baustoffe mit geschlossenen Oberflächen. Ausschnitte für Lautsprecher und Leuchten brauchen nicht berücksichtigt zu werden.

Die Planung von Treppenräumen und Fluren geringer Nutzung ist in der Regel nur in Gebäuden geringer Nutzung möglich und stellt für Brandmeldeanlagen, die vornehmlich in Sonderbauten und größeren Gebäuden installiert werden, einen seltenen Ausnahmefall dar.

6.2.5 Verhinderung der Brandübertragung

6.2.5.1 Gesetzliche Vorgaben

Ein weiterer Schwerpunkt der Leitungsanlagen-Richtlinie ist die Verhinderung der Übertragung von Rauch und Wärme durch Wände und Decken. Die Herstellung feuerbeständiger Wände und Decken wäre ad absurdum geführt, wenn für Lüftungskanäle, Rohre und elektrische Leitungsanlagen große Durchbrüche hergestellt würden, die nach Fertigstellung der Installationen offen blieben.

Gemäß *Musterbauordnung* (MBO) dürfen Leitungen durch Brandwände und feuerbeständige Wände und Decken nur hindurchgeführt werden, wenn eine Übertragung von Wärme und Rauch nicht zu befürchten ist. Um dieses Ziel zu erreichen, muss bei allen Durchführungen der verbleibende

Querschnitt so verschlossen werden, dass die Feuerwiderstandsdauer der Wand oder Decke nicht geschwächt wird. Dafür gibt es zwei Möglichkeiten:
- Herstellung von Schottungen,
- Führung der Leitungen innerhalb von feuerbeständigen Installationsschächten oder Kanälen.

6.2.5.2 Brandschotte

Einzelne elektrische Leitungen dürfen durch jeweils eigene Durchbrüche oder Bohrungen geführt werden, wenn der Raum zwischen dem umgebenden Bauteil oder dem Hüllrohr vollständig mit Mineralfasern (Schmelzpunkt >1000 °C) oder mit Baustoffen verschlossen wird, die im Brandfall aufschäumen. Der größte zulässige lichte Abstand zwischen Leitung und umgebendem Bauteil beträgt bei Verwendung von Mineralfasern 50 mm und bei Verwendung von aufschäumenden Baustoffen 15 mm. Die Mineralwolle dient als Mörtelersatz und muss eine Rohdichte >90 kg/m^3 aufweisen. Kann die Rauchdichtheit nicht sichergestellt werden, ist eine zusätzliche Versiegelung mit Brandschutzsilikon erforderlich (**Bild 6.16**).

Die Durchführung von Einzelleitungen in gemeinsamen Durchbrüchen ist nur unter folgenden Voraussetzungen zulässig:
- Wand- oder Deckendicke > 80 mm.
- Der verbleibende Raum wird mit Zementmörtel oder Beton vollständig verschlossen.
- Der lichte Abstand zwischen zwei elektrischen Leitungen entspricht mindestens dem Durchmesser der größeren Leitung.
- Der lichte Abstand zwischen elektrischen Leitungen und Rohren (auch Installationsrohren) muss mindestens dem 5-fachen Rohrdurchmesser entsprechen.

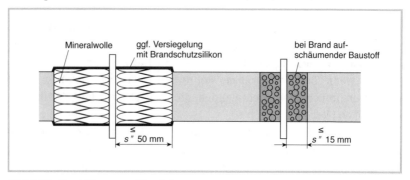

Bild 6.16 *Durchführung von Einzelleitungen*

In allen anderen Fällen sind für die Leitungsdurchführung Schotte mit einer Allgemeinen Bauaufsichtlichen Zulassung (ABZ) und einer Feuerwiderstandsklasse (S30, S60, S90), die der Feuerwiderstandsdauer der Wand oder Decke (F30, F60, F90) entspricht, zu verwenden.

Die Bauarten mit der größten Verbreitung sind das Mörtelschott und das Mineralfaserplattenschott. Letzteres hat Vorteile bei der Nachinstallation, muss jedoch bei Deckendurchführungen mechanisch geschützt werden (Trittschutz). Bei Plattenschotts darf in der Regel die Wand- oder Deckenöffnung maximal zu 60 % mit Kabeln belegt sein.

Zum Schutz während der Bauphase und bei Umbauten im laufenden Betrieb eignen sich Brandschutzkissen. Bei modularen Systemen werden Rahmen mit Fachaufteilung einbetoniert oder eingemauert. Durch jedes Fach kann eine einzelne Leitung geführt werden. Die Abdichtung erfolgt nach dem Zwiebelschalenprinzip entsprechend dem Leitungsdurchmesser. Diese hochwertigen und entsprechend teuren Systeme werden z. B. im Schiffbau, bei elektronischen Stellwerken und in Telekommunikationsanlagen verwendet, wo eine hohe Flexibilität gefragt ist.

Der Einbau jeder Art von Brandschott muss exakt nach den Vorgaben der Allgemeinen Bauaufsichtlichen Zulassung erfolgen. Typische Installationsfehler sind die Vernachlässigung von Zwickeln und die Überbelegung.

Jedes Brandschott ist mit einem Schild, das folgende Angaben enthält, zu kennzeichnen:
- Hersteller und Typ,
- Feuerwiderstandsdauer,
- Nummer der Allgemeinen Bauaufsichtlichen Zulassung,
- Errichterfirma (Wer hat das Schott eingebaut?),
- Datum des Einbaus.

Der fachgerechte Einbau der Brandschotts ist dem Auftraggeber in einer vom Errichter zu erstellenden Übereinstimmungsbestätigung zu belegen. Ein Muster für die Übereinstimmungsbestätigung befindet sich im Anhang 3.2 dieses Buches.

Einen Sonderfall bilden Installationsrohre, die in Beton oder Estrich verlegt sind und Geschossdecken, Brand- oder Rauchabschnitte verbinden. Diese müssen nicht mit Brandschotts versehen werden. Sie sind jedoch an den Austrittstellen vorzugsweise mit Mineralwolle rauchdicht zu verschließen.

6.2.5.3 Installationsschächte und Kanäle

Installationsschächte, die Geschossdecken überbrücken, oder Kanäle, die Brandwände, feuerbeständige (F90) oder feuerhemmende Wände (F30) durchdringen, müssen die gleiche Feuerwiderstandsdauer haben wie die durchdrungene Wand oder Decke. Die Austrittstellen von Leitungen sind mit Brandschotts der gleichen Feuerwiderstandsklasse zu verschließen. Ein Beispiel zeigt **Bild 6.17**.

Die in diesem Abschnitt beschriebenen Anforderungen geben nur einen Auszug aus der Leitungsanlagen-Richtlinie für die typischsten Anwendungsfälle bei der Installation der Brandmeldeleitungen wieder. Für andere Anwendungen und im Zweifelsfall muss auf den Originaltext der Muster-Leitungsanlagen-Richtlinie (MLAR) zurückgegriffen werden.

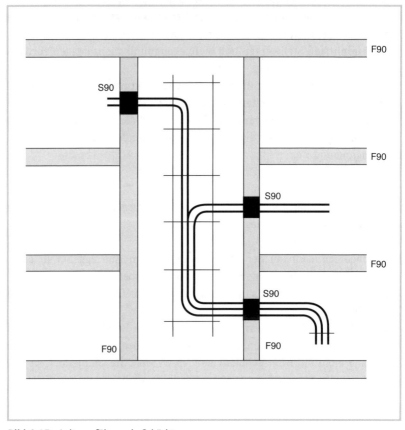

Bild 6.17 *Leitungsführung in Schächten*

6.2.6 Farbkennzeichnung und Leitungsquerschnitte

Um die Leitungen für Brandmeldeanlagen in gemeinsamen Verteilern mit anderen Fernmeldeanlagen jederzeit zu erkennen, müssen die Anschlussstellen rot gekennzeichnet werden. Die generelle Verwendung von Leitungen mit rotem Mantel gehört zur gängigen Praxis, beruht aber nicht auf einer normativen Forderung. Sie wird lediglich in den Aufschaltbedingungen einzelner Feuerwehren gefordert. Die Verwendung andersfarbiger Leitungen ist nach der Normenlage zulässig.

Anders als bei Starkstromkabeln wird bei Fernmeldeleitungen die Adergröße mit dem Durchmesser und nicht mit der Querschnittsfläche angegeben. Der Durchmesser der Kupferader in Brandmeldeleitungen muss mindestens 0,6 mm betragen. Bei größeren Leitungslängen und bei Alarmierungsleitungen wird zur Verringerung des Spannungsfalls ein Durchmesser von 0,8 mm empfohlen.

Die Bezeichnung J-Y(St)Y 2x2x0,6 beschreibt die gängigste Leitung mit 2 verdrillten Aderpaaren von jeweils 0,6 mm Durchmesser, was einem Querschnitt von je 0,28 mm^2 entspricht. Die Buchstaben beschreiben den Leitungsaufbau von innen nach außen:

J steht für Installationsleitung und müsste daher „I" heißen.
   Der Buchstabe „J" wird verwendet, um Verwechslungen
   mit der römischen Eins zu vermeiden, die als Anfangszeichen
   für andere Leitungstypen steht.
Y Aderisolierung aus Kunststoff (PVC),
(St) statischer Schirm,
Y Mantelisolierung aus Kunststoff (PVC).

6.3 Montage der Geräte

6.3.1 Berücksichtigung der tatsächlichen Baustellensituation

Die Anordnung der Geräte erfolgt exakt nach den Angaben des Installationsplanes. Da aber jede Baustelle lebt, ist es gut möglich, dass Voraussetzungen aus der Planungsphase durch bauliche Änderungen überholt sind. Nicht selten wird der Monteur an dem geplanten Melderstandort durch einen Lüftungskanal, eine Leuchte oder eine Rohrtrasse überrascht. Da Brandmelder leichter zu versetzen sind als z.B. Rohrtrassen und das Machtwort des Architekten zur Lage der Leuchten oft mehr wiegt als die Einwände eines Fachbauleiters, muss wohl auf jeder Baustelle improvisiert werden.

Der korrekte Weg bei derartigen Problemen ist die sofortige Einschaltung des Fachplaners, denn der trägt die Verantwortung für die Projektierung. Kleine Änderungen können in der Praxis vom ausführenden Fachbetrieb selbst vorgenommen werden. Auf jeden Fall ist bei Änderungen aller Art gewissenhaft zu prüfen, ob alle Anforderungen nach VDE 0833-2 erfüllt werden. Das betrifft primär die Überwachungsflächen und die D_H-Maße. Aber auch Abstände zu Wänden, Leuchten und Einbauten sind zu beachten. Erhält ein Raum, was nicht selten vorkommt, plötzlich doch eine Zwischendecke, muss geprüft werden, ob auf die Überwachung des Zwischenraumes verzichtet werden kann oder ob zusätzliche Melder anzuordnen sind. Nur wenn alle fünf im Abschnitt 4.3.3 genannten Kriterien erfüllt sind, kann auf die Überwachung des Raumes über der Zwischendecke verzichtet werden.

6.3.2 Beschriftung

Alle Melder sind eindeutig nach dem Schema „GGG / MM" zu kennzeichnen, wobei GGG für die Meldergruppennummer und MM für die Meldernummer (1 bis 32) steht. Hat ein Objekt mehrere Brandmelderzentralen und besteht keine klare Zuordnung zu einem Bauteil, kann es erforderlich werden, vor die Gruppennummer noch die Nummer der Zentrale zu stellen. Da eine dreigliedrige Kennzeichnung sowohl an den Meldern als auch auf den Laufkarten unübersichtlich wird, ist es auf jeden Fall besser, die Gruppennummern innerhalb eines Objektes nur einmal zu vergeben. Beispielsweise können der Zentrale 1 die Meldergruppen 1 bis 199, der Zentrale 2 die Meldergruppen ab 201 usw. zugeordnet werden.

Um bei späteren Nutzungsänderungen oder Erweiterungen keine Probleme zu bekommen, sind ausreichende Reserven in der Kennzeichnung vorzusehen.

Die Schriftgröße richtet sich nach der Leseentfernung. Bei Brandmeldeanlagen muss von unterschiedlichem Sehvermögen der Betrachter und möglicherweise schlechten Sichtverhältnissen ausgegangen werden. Dazu kommt bei Deckenmeldern ein ungünstiger Blickwinkel nach schräg oben.

DIN 1450 behandelt die Lesbarkeit und Schriftgrößen. Die Schriftgröße h in mm ermittelt man nach DIN 1450 anhand der Formel

$$h = \frac{E}{f \cdot 100} \ ;$$

E Leseentfernung in m,
f Sehweitenfaktor (kann für BMA mit 0,12 angesetzt werden).

Bei einer angenommenen Augenhöhe von 1,6 m, einer um 30° zur Senkrechten geneigten Blickrichtung und ungünstigen Lesebedingungen ergeben sich die Werte nach **Tabelle 6.4**.

Tabelle 6.4 *Schriftgröße für die Melderkennzeichnung*

Schriftgröße h in mm	10	15	25	35	50	75	100	150
Leseentfernung in m	2,5	3,3	4,5	5,8	7,4	11,0	13,5	18,0

6.3.3 Handfeuermelder

Der Standort der Handfeuermelder wird in der Planung vorgegeben. Die exakte Lage muss der Errichter festlegen. Die Melder müssen in Fluchtrichtung gut sichtbar und frei zugänglich sein. Die Einbauhöhe liegt bei (1,4 ±0,2) m. Der Melder soll mind. 15 mm aus der umgebenden Fläche herausragen.

Nicht selten werden Handfeuermelder durch Einbauten verdeckt oder verstellt. In diesem Fall muss eine einvernehmliche Lösung mit dem Nutzer gefunden werden. Bei fest eingebauten Möbeln kann der Melder auch an diesen befestigt werden.

Bei Bedarf bringt man ein zusätzliches Hinweisschild an (**Bild 6.18**).

Erhält das Gebäude eine Sicherheitsbeleuchtung, ist darauf zu achten, dass die Beleuchtungsstärke der Notbeleuchtung vor dem Melder mindestens 5 lx beträgt. Die Beleuchtungsstärke wird horizontal auf dem Boden gemessen.

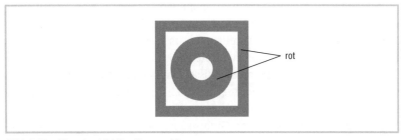

Bild 6.18 *Hinweisschild Handfeuermelder*

Die Entscheidung, ob der Handfeuermelder vor oder hinter der Fluchttür installiert wird, ist individuell zu treffen. Beide Varianten sind möglich. Ein Melder vor der Fluchttür wird oft besser erkannt. Andererseits können Personen, die vor einem Brand flüchten, im geschützten Flur oder Treppenhaus ruhiger und vor allem gefahrloser verweilen, die Scheibe einschlagen und den schwarzen Knopf betätigen.

Handfeuermelder sind mit Kunststoff- oder mit Metallgehäuse lieferbar. Die stabileren und etwas teureren Metallgehäuse sind überall dort zu verwenden, wo mit mechanischer Beanspruchung oder Vandalismus zu rechnen ist.

6.3.4 Punktförmige automatische Melder

Die Lage der Melder wird den Plänen entnommen. Der Errichter muss sich vergewissern, ob die Planung zur Deckenform passt, ob Unterzüge und Einbauten sowie Lüftungskanäle berücksichtigt wurden. Die Melder sind mechanisch geschützt zu installieren. Der Untergrund muss baulich fest und in einwandfreiem Zustand sein. Loser, sandender Putz oder der Abrieb von Lehmdecken können durch die Leitungseinführung leicht in den Melder eindringen und zu Störungen führen.

Der Abstand von Rauchmeldern zur Decke wird in den Plänen selten vorgegeben und muss vom Errichter nach Tabelle 3 in VDE 0833-2 ermittelt werden. Bei geneigten Decken dürfen die Rauchmelder nicht mehr direkt an der Decke befestigt werden. Wärmemelder werden dagegen immer direkt an die Decke montiert.

Vorsicht ist bei ungedämmten Metall- oder Glasdecken (sog. Kaltdecken) geboten. Hier bildet sich bei hoher Luftfeuchtigkeit und Abkühlung Kondenswasser. Das Wasser kann in die Melder eindringen und zu Störungen oder Falschalarmen führen. Die Melder müssen mit thermischer Isolation und Feuchtigkeitsschutz zur Kaltdecke montiert werden.

Ionisationsmelder, die sich im Handbereich befinden, sind wegen ihrer radioaktiven Bestandteile mit einer Entnahmesicherung zu versehen. Ein Melder befindet sich selbst bereits dann im Handbereich, wenn er von einem Stuhl oder Tisch stehend zu erreichen ist.

Funkmelder und Funkkoppler müssen immer im selben Geschoss desselben Brandabschnitts angeordnet werden. Die Netzzuleitungen der Funkkoppler sind einzeln abzusichern.

Werden Rauchmelder unter Gitterrosten montiert, müssen Rauchstauflächen von mindestens 0,5 m x 0,5 m über dem Melder geschaffen werden, damit sich aufsteigender Rauch sammeln kann und die Rauchdichte zum Ansprechen des Melders führt.

Versteckt angeordnete Melder müssen für Revision und Instandhaltung zugänglich sein. In Zwischendecken, Schächten und Hohlraumböden sind Revisionsöffnungen vorzusehen, die einen zerstörungs- und beschädigungsfreien Zugang zum Melder (mindestens viermal pro Jahr) ermöglichen. An den Revisionsöffnungen sind zusätzliche Melderkennzeichnungen anzubringen. Die Kennzeichnung an der Revisionsklappe ersetzt nicht die Kennzeichnung am Melder selbst.

Mitunter sind die Melder in hohen Räumen für die spätere Revision schwer zugänglich. Zum Beispiel können in dicht belegten Produktionshallen oder in Spitzböden über Kirchengewölben keine Leitern oder Hebebühnen eingesetzt werden. In diesen Fällen ist es möglich, die Melder an Schwenkarmen zu befestigen, die zur Revision oder zum Meldertausch herabgelassen werden (**Bild 6.19**).

Werden die Melder während der Bautätigkeit montiert, müssen sie vor Verschmutzung durch Staub und Malerarbeiten geschützt werden. Das Anbringen von Staubschutzkappen dient dem Errichter zum Schutz der eigenen Leistung.

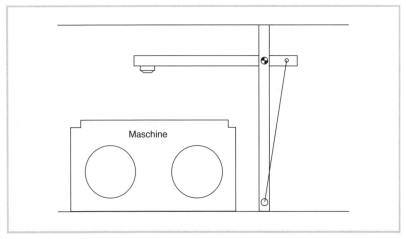

Bild 6.19 *Schwenkbare Melderbefestigung*

6.3.5 Flammenmelder

Flammenmelder werden vorzugsweise in Raumecken montiert, um das Überwachungsfeld voll auszunutzen. Der Melder muss einen freien Blick auf das zu überwachende Objekt haben.

Große Beachtung ist den möglichen Täuschungsgrößen zu schenken. Flackernde Beleuchtung, schwingende oder rotierende Maschinenteile, reflektierende Flächen oder Oberflächen von Flüssigkeiten können zur Täuschung von Infrarotmeldern führen. UV-Flammenmelder lassen sich durch bestimmte Leuchtmittel und Lichtbögen beeinflussen.

Besteht eine direkte Sichtverbindung ins Freie, müssen mögliche Täuschungsgrößen von außen bei verschiedenen Tageszeiten und Wetterlagen beachtet werden. Bei Bedarf sind die Melder zu versetzen oder optische Störquellen durch Blenden abzudecken.

Zu den bevorzugten Einsatzgebieten von Flammenmeldern gehören Lager für brennbare Flüssigkeiten. Werden Melder in explosionsgefährdeten Bereichen installiert, muss der Errichter Einsicht in das Explosionsschutzdokument nehmen, die dort enthaltenen Auflagen und Festlegungen mit den Explosionsschutzanforderungen der Planung vergleichen und die geforderten Schutzmaßnahmen bei der Errichtung umsetzen.

6.3.6 Linienförmige Rauchmelder

Linienförmige Rauchmelder dürfen nur auf erschütterungs- und schwingungsfreien, verwindungssteifen Bauteilen montiert werden. Der Lichtstrahl muss eine dauerhaft freie „Schussbahn" haben. Befinden sich unter der Decke Wartungsgänge, sind am Aufstieg Hinweisschilder anzubringen, die auf eine mögliche Fehlauslösung hinweisen. Die Meldergruppen sind dann während der Arbeiten abzuschalten. Gegebenenfalls ist ersatzweise für die Dauer der Abschaltung eine Brandwache zu organisieren.

Die aktiven Bauteile (Sender, Empfänger) müssen für Revision und Wartung frei zugänglich sein. Ein freier Zugang ist auch gegeben, wenn örtlich vorhandene Hilfsmittel wie Stehleitern oder Hebebühnen genutzt werden können.

6.3.7 Ansaugrauchmelder

Die Auswerteeinheit kann direkt auf die Wand oder spezielle Geräteträger montiert werden. Die Anzeige soll gut einsehbar sein. Erfolgt der Luftaustritt direkt aus dem Gerät, ist auf ausreichenden Abstand (mindestens 10 cm) zu benachbarten Bauteilen zu achten. Erfolgt der Luftaustritt nach oben, muss sichergestellt sein, dass kein Tropfwasser und keine Fremdkörper in das Gerät eindringen können. Am einfachsten geschieht das mit einem kurzen, nach unten abgewinkelten Rohr (**Bild 6.20**).

Der schwierigste Teil bei der Montage von Ansaugrauchmeldern besteht in der richtigen Detailplanung und Dimensionierung der Ansaugöffnungen. Die Hersteller geben hierzu detaillierte Rechenvorschriften für alle in Frage kommenden Rohrtopologien (I, U, H, Doppel-U; siehe Bild 5.29) an. Ziel der Berechnung ist ein pneumatischer Abgleich, in dessen Ergebnis an allen Ansaugöffnungen der gleiche Volumenstrom gezogen wird. Der Volumenstrom wird neben der Länge und dem Lochdurchmesser von weiteren Faktoren, wie der Anzahl und dem Radius der Krümmungen, von Hindernissen im Rohrinneren und von Druckunterschieden an den Ansaugöffnungen, beeinflusst. Um diese Störgrößen weitgehend auszublenden, sind folgende Hinweise zu beachten:

- Bei Richtungsänderungen ist Bogen der Vorzug vor Winkeln zu geben. Winkel haben sehr hohe Strömungswiderstände und sollen nur dort eingesetzt werden, wo es baulich unumgänglich ist.
- Anschlussstellen sind luftdicht zu verkleben, ohne dass Klebstoffreste in das Innere des Rohres gelangen.

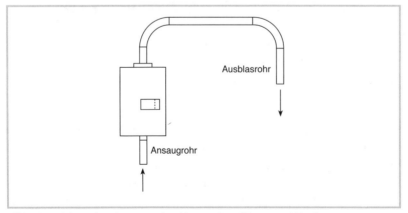

Bild 6.20 *Schutz eines Ansaugrauchmelders vor Fremdkörpern und Tropfwasser*

- Zur Aufnahme wärmebedingter Längenänderungen des Rohres sind die Rohre gleitend zu lagern. Es dürfen keine Schellen mit Gummieinlagen verwendet werden.
- Die Rohrenden sind mit Kappen zu verschließen.
- Alle Ansaugöffnungen und der Luftaustritt müssen sich in Bereichen gleicher statischer Druckverhältnisse befinden. Abweichende Druckverhältnisse bestehen beispielsweise in Lüftungskanälen und zwangsbe- oder -entlüfteten Räumen. Befindet sich die Auswerteeinheit in einem Raum mit anderen Druckverhältnissen als die Ansaugöffnungen, muss die Luft über Rohre zurückgeführt werden.
- Bohrungen für Ansaugöffnungen sind zu entgraten, ohne dabei die Bohrung aufzuweiten. Ein bekannter Hersteller bietet hierfür eine Lösung an, bei der Einheitsbohrungen von 10 mm gesetzt werden, die bei dieser Größe auch einfach zu entgraten sind. Über die Bohrung wird eine gestanzte Folie mit der erforderlichen vorkonfektionierten Lochgröße geklebt.

Bei der Montage auf Leichtbauwänden kann es zu einer Übertragung von Schwingungen und einer störenden Geräuschbelästigung kommen. Zur Reduzierung der Schallbelastung bieten die Hersteller verschiedene Hilfsmittel an:

- Schwingungsdämpfer (als Unterlage bei der Wandmontage),
- flexible Schläuche zur Körperschallentkopplung zwischen Gerät und Rohrsystem,
- schalldämmende Einhausungen.

Die Montage an Leichtbauwänden, die an geräuschsensible Räume (Wohnräume, Krankenzimmer, Büros, Tonstudios) grenzen, ist möglichst zu vermeiden.

Die Messkammer muss vor Feuchtigkeit, Staub und Fremdkörpern geschützt werden. Hierzu werden im Ansaugrohr vor der Auswerteeinheit Luftfilter eingebaut. Im Normalfall setzt man dreilagige Staubfilter (Vorfilter – Grobfilter – Feinfilter) ein. In Räumen mit überwiegend feinen Staubanteilen können alternativ drei Feinstaubfilter in Reihe verwendet werden. In staub- und flusenbelasteten Räumen setzen sich die Ansaugöffnungen mit der Zeit zu. Eine regelmäßige Reinigung mit Druckluft ist entgegen der Ansaug-Strömungsrichtung durchzuführen. Als Anschluss für die Druckluftleitung wird vor der Auswerteeinheit ein Drei-Wege-Kugel-Hahn installiert.

Bei Gefahr von Kondenswasserbildung schützt ein Kondensatabscheider die Messkammer vor eindringender Feuchtigkeit.

Werden die Ansaugrauchmelder zur Überwachung von explosionsgefährdeten Bereichen genutzt, sind im Ansaug- und im Ausblasrohr Detonationssicherungen einzubauen.

6.3.8 Brandmelderzentrale und Übertragungseinrichtung

Die Lage der Zentrale wird schon in der Phase der Konzepterstellung, spätestens jedoch mit der Ausführungsplanung festgelegt. Ungeachtet dessen muss der Errichter prüfen, ob der Raum aufgrund seiner Umgebungsbedingungen, seiner Nutzung und seiner Zugänglichkeit als Aufstellraum für Gefahrenmeldeanlagen geeignet ist. Insbesondere unbefugter Zugriff, Vandalismus und Störungen durch benachbarte Anlagen müssen durch die Anordnung und durch konstruktive Maßnahmen ausgeschlossen oder weitgehend verhindert werden.

Wenn sich die Akkumulatoren der Ersatzstromversorgung außerhalb der Zentrale befinden, sind die Anschlussleitungen kurzschlusssicher zu verlegen oder am Batterieabgang abzusichern. Isolationsfehler oder Kurzschlüsse an mechanisch beschädigten Gleichstromleitungen stellen auch bei 12 oder 24 V eine ernst zu nehmende Brandgefahr dar.

Die Übertragungseinrichtung wird im selben Raum in unmittelbarer Nähe zur Brandmelderzentrale montiert. Steckverbindungen und Anschlussstellen sind mit stabilen Gehäusen vor Beschädigung und versehentlichem Zugriff zu schützen. Die Telefonzuleitung ist vorzugsweise direkt in die Übertragungseinrichtung einzuführen und fest anzuschließen. Auf keinen Fall dürfen normale Telefondosen aus der Rauminstallation genutzt werden.

Beim netzseitigen Starkstromanschluss, der üblicherweise bauseitig bereitgestellt wird, ist darauf zu achten, dass die Brandmeldeanlage und auch zusätzliche abgesetzte Stromversorgungen einen eigenen, besonders gekennzeichneten Stromkreis erhalten. Die Bezeichnung des versorgenden Stromkreises (Verteilername und Stromkreisnummer) ist im Interesse einer schnellen Fehlersuche bei Netzausfall am Gehäuse der Brandmelderzentrale bzw. der zusätzlichen Stromversorgung fest anzubringen.

Die Abschaltung der Stromversorgung von Räumen, Anlagen oder Geräten darf nicht zum Netzausfall der Brandmeldeanlage führen. Das bedeutet, dass für die Brandmeldeanlage und andere Stromkreise keine gemeinsamen Vorsicherungen und Fehlerstromschutzschalter (RCD) verwendet werden dürfen. Die Netzzuleitung ist vor Überspannungen zu schützen. Dazu müssen auf dem Versorgungsweg vom Hausanschluss zur Brandmelderzentrale ein blitzstromtragfähiger Überspannungsableiter (mindestens 25 kA, 10/350 µs) und ein zweiter Überspannungsableiter (15 kA, 8/20 µs) installiert sein. Erfolgt die Versorgung direkt aus der Hauptverteilung, was hinsichtlich Ausfallsicherheit die beste Lösung ist, müssen beide Überspannungsableiter mit energetischer Entkopplung in der Hauptverteilung installiert werden. Alternativ ist die Anordnung des zweiten Überspannungsableiters als zweipoliges Gerät in der Zuleitung möglich, z. B. in einem separaten Gehäuse vor der Brandmeldeanlage. Um die energetische Entkopplung zum integrierten Feinschutz der Brandmeldeanlage sicherzustellen, darf eine vom Hersteller vorgegebene Mindestleitungslänge (üblicherweise 5 m) zwischen dem externen Ableiter und der Brandmeldeanlage nicht unterschritten werden.

6.3.9 Feuerwehrschlüsseldepot

Schlüsseldepots der Klassen 2 und 3 dürfen nur in massive Wände eingemauert oder einbetoniert werden. Bei vorgehängten, wärmegedämmten oder hinterlüfteten Fassaden kann bei einem wandbündigen Einbau die erforderliche Entnahmefestigkeit nicht erreicht werden. In diesem Fall wird die Außentür des Feuerwehrschlüsseldepots bündig mit der massiven Wand gesetzt und eine ausreichend große Nische in der Fassade geschaffen. Die Ausführung darf nicht zu filigran ausfallen, damit auch ein kräftiger Feuerwehrmann mit Handschuhen die Klappe öffnen kann. Steht keine geeignete Fassadenfläche zur Verfügung, kann eine freistehende Säule mit ausreichender Festigkeit und starkem Fundament verwendet werden. Die Leitungseinführung erfolgt über ein mindestens 1 m langes Panzerrohr.

Um Korrosionsschäden durch Tauwasser und ein Einfrieren der Klappe zu verhindern, müssen Feuerwehrschlüsseldepots der Klassen 2 und 3 beheizt werden. Die Heizung braucht jedoch nicht von der Brandmeldeanlage versorgt und muss auch nicht an eine Ersatzstromversorgung angeschlossen werden.

Weitere Details regelt Anhang C zu DIN 14675.

6.3.10 Feuerwehr-Bedienfeld und Feuerwehr-Anzeigetableau

Das Feuerwehr-Bedienfeld muss neben der Brandmelderzentrale oder neben der Anzeigeeinrichtung installiert werden. Erfolgt die Montage nicht an der Brandmelderzentrale, sondern an einem mit der Feuerwehr abgestimmten Platz in der Nähe des Gebäudezugangs, werden dort auch das Feuerwehr-Anzeigetableau und das Laufkartendepot angebracht. Feuerwehr-Bedienfeld und Feuerwehr-Anzeigetableau können in die Brandmelderzentrale, nicht jedoch in Pulte oder gewerkeübergreifende Bedienfelder eingebaut werden. Die Einbauhöhen sind vorgegeben:

Feuerwehr-Bedienfeld: 1600^{+100}_{-200} mm,

Feuerwehr-Anzeigetableau: 1700^{+100}_{-200} mm.

Feuerwehrlaufkarten

Das Laufkartendepot gehört neben die Zentrale bzw. das Bedienfeld. Die Laufkarten sind in öffentlich zugänglichen Räumen gegen Entnahme zu sichern.

Die Feuerwehrlaufkarten werden im Format A4, in Ausnahmefällen mit Zustimmung der Feuerwehr im Format A3 erstellt. Die Karten müssen aus formstabiler Folie bestehen. Üblicherweise wird laminierter Karton verwendet. Die Gestaltung der Laufkarten regelt DIN 14675. Folgende Angaben müssen auf beiden Seiten enthalten sein:
- Meldergruppe,
- Gebäude bzw. Bauteil,
- Geschoss und Raum,
- Melderanzahl und Melderart.

Die Vorderseite zeigt auf einem Grundrissauszug den Angriffsweg von der Zentrale bzw. dem Feuerwehr-Bedienfeld zu dem betroffenen Gebäudeabschnitt. Auf der Rückseite werden detailliert die von der Meldergruppe überwachten Räume und natürlich die Melder selbst dargestellt. Im Bemerkungsfeld ist auf eine versteckte Melderanordnung oder besondere Gefährdungen hinzuweisen. Wenn in Absprache mit der Feuerwehr kein Generalschlüssel, sondern gekennzeichnete Einzelschließungen eingebaut wurden, sind im Bemerkungsfeld alle erforderlichen Schlüsselnummern anzugeben. Diese Schlüsselnummern werden außerdem in die im Angriffsweg dargestellten Türen eingetragen.

Alternativ oder zusätzlich zu den Laufkarten können Lageplantableaus verwendet werden. Deren Lage ist mit der Brandschutzbehörde abzustimmen. Das Tableau muss eine vereinfachte Darstellung der Geschossgrundrisse zeigen und mit Leuchtanzeigen die Bereiche mit Feueralarm ausweisen.

6.3.11 Alarmgeber

Alarmgeber sind so zu installieren, dass sich der Schall möglichst allseitig ungehindert ausbreiten kann. Die Planung von Warntongebern erfolgt in der Regel nach Erfahrungswerten. Umgebungsschallpegel unter Betriebsbedingungen und reale Schalldämmwerte von Bauteilen können in der Planungsphase meist nur abgeschätzt werden. Eine schallakustische Berechnung ist aufgrund des hohen Rechenaufwandes und der zahlreichen Unbekannten wirtschaftlich nicht sinnvoll. Der Planer steht hier vor einem gewissen Dilemma. Geht er auf Nummer sicher und platziert sehr viele Alarmgeber, muss er sich sorglosen Umgang mit dem Budget des Auftraggebers vorwerfen lassen. Plant er sparsam nach Erfahrungswerten, müssen unter Umständen einzelne Alarmgeber nachgerüstet werden, was ihm als Planungsfehler angelastet werden kann.

Einen Ausweg aus der Misere bringt folgende Vorgehensweise:
- Die Alarmgeber werden nach Erfahrungswerten geplant.
- Die Stromkreise und Energieversorgungen werden
mit 30 bis 50 % Reserve ausgelegt.
- Zu Räumen, in denen u. U. mit einem unzureichenden Alarmschallpegel gerechnet werden muss, werden vorsorglich Alarmierungsleitungen verlegt, die in den Zwischendecken oder in Abzweigdosen enden. Hierfür kommen entfernt liegende Zimmer, Räume mit mehr als einer Tür zum nächsten beschallten Raum und Bereiche mit erhöhtem Umgebungsschallpegel in Frage.
- Nach der Ingebrauchnahme des Gebäudes wird eine Messung unter realen Bedingungen durchgeführt. In unterversorgten Räumen können zusätzliche Warntongeber unkompliziert nachinstalliert werden.

Die Warntonsirenen der meisten Hersteller ermöglichen über versteckt angeordnete Mini-Schalter die Auswahl verschiedener Warntöne. Wenn keine betrieblichen Belange dagegensprechen, ist das genormte Gefahrensignal nach DIN 33404-3 zu verwenden. Der „DIN-Ton" schwillt zyklisch einmal pro Sekunde von 500 auf 1200 Hz an. Werden zusätzliche optische Anzeigen verwendet, sind diese mit einem Hinweisschild „Brandalarm" zu versehen.

6.3.12 Sprachalarmsysteme

Aufstellung der Sprachalarmzentrale (SAZ)

Die brandschutztechnischen Anforderungen an den Aufstellraum der Sprachalarmzentrale können höher sein als bei der Brandmelderzentrale. Während die BMA mit der Erkennung des Brandes und der Weiterleitung des Alarmes in vielen Fällen ihren Zweck erfüllt hat, muss die SAZ auch unter äußerer Brandeinwirkung weiterarbeiten, bis alle Personen das Gebäude verlassen haben. Dazu müssen unter Brandeinwirkung nicht nur die Leitungen, sondern auch die Zentrale einen Funktionserhalt von mindestens 30 min haben.

Eine Einhausung der Zentrale ist aufgrund der starken Wärmeentwicklung nicht praktikabel. Folgerichtig benötigt die SAZ einen eigenen Raum mit F30-Wänden und F30-Decken und einer T30-Tür!

Eine gemeinsame Aufstellung mit der Brandmelderzentrale und anderen fernmeldetechnischen Sicherheitseinrichtungen, wie BOS-Funkzentrale, RWA-Zentralen, ist in der Regel unkritisch, wenn von diesen Anlagen keine erhöhte Gefährdung ausgeht und der Raum mit automatischen Rauchmeldern überwacht wird. Sollte es dennoch zu einem Brand kommen, ist durch die Brandmeldeüberwachung die frühzeitige Alarmierung der Rettungskräfte sichergestellt. Selbst wenn die Alarmierung ausfällt, besteht keine Personengefahr, da der Brand auf den Raum begrenzt bleibt und vor einer weiteren Ausbreitung gelöscht werden kann.

Installation

Die Lautsprecher und alle Komponenten der SAA sind so zu montieren, dass unter normalen Betriebsbedingungen eine Schädigung vermieden wird. Bei rauen Umgebungsbedingungen sind zusätzliche Schutzmaßnahmen zu treffen. Hierzu zählen

- Verwendung von Betriebsmitteln mit erhöhtem Schutzgrad (IP) bei staubiger oder feuchter Umgebung,
- Anprallschutz, z. B. in Sporthallen,
- Rammschutz in Hallen mit Kran- oder Staplerverkehr,
- Montage außerhalb des Handbereiches in Schulen und auf öffentlichen Verkehrsflächen.

Die Lage und Anzahl der Lautsprecher wurde bereits mit der Projektierung vorgegeben (siehe Abschnitt 5.13.3) und darf keinesfalls nach architektonischen Befindlichkeiten und bequemen Montagemöglichkeiten freizügig auf der Baustelle festgelegt werden. Sicher ist es möglich, die Deckenlautsprecher um einige Dezimeter zu verschieben, um einen architektonisch gepflegten Deckenspiegel zu erreichen. Gravierenderen Eingriffen, wie der Verwendung von Trichterlautsprechern statt Deckenlautsprechern oder einer drastischen Reduzierung der Lautsprecheranzahl, muss auch bei gleicher Schallleistung immer eine akustische Bewertung durch den verantwortlichen Planer vorangestellt werden.

Das Thema Verkabelung und Anforderungen an den Funktionserhalt wurde bereits im Abschnitt 6.2 ausführlich behandelt.

Beschallungsanlagen, die nicht Bestandteil des SAS sind, müssen im Brandfallbetrieb stummgeschaltet werden, um die Wirksamkeit der Alarmdurchsage nicht einzuschränken. Zu diesen Anlagen gehören Filmvorführgeräte, Theater- und Konzerttechnik, aber auch die kleine Stereoanlage im Schuhladen des Einkaufszentrums. Wenn die Fremdanlage keine Möglichkeit zum Eingriff in die Audiokette hat, kann auch einfach die Stromversorgung unterbrochen werden.

Wenn die SAZ über zugängliche Lautstärkeregler verfügt, darf sich deren Einstellung nicht auf den Alarmschallpegel auswirken. Befinden sich in den Lautsprecherkreisen Schalter, z. B. um die Hintergrundmusik in Konferenzräumen zu unterbrechen, müssen diese im Alarmfall automatisch überbrückt werden.

Im Brandfall müssen die Einsatzkräfte das Brandfallmikrofon schnell finden und einfach bedienen können. Der Weg zum Brandfallmikrofon ist mit dem Schild nach DIN 4066 auszuweisen. Das Mikrofon ist dem unbefugten Zugriff zu entziehen und vorzugsweise in der Nähe des Feuerwehrhauptzuganges anzuordnen, z. B. neben dem Feuerwehrbedienfeld.

Überprüfung der Wirksamkeit
Selbstverständlich können SAA nur dann ihre Aufgabe erfüllen, wenn die Durchsagen auch verstanden werden. Die subjektive Bewertung durch den Errichter oder einen Prüfsachverständigen liefert keine reproduzierbaren Prüfergebnisse. Großversuche mit vielen Testpersonen und einer statistischen Auswertung sind in der Praxis selten durchführbar. Die VDE 0833-4 fordert daher die messtechnische Ermittlung der *Sprachverständlichkeit CIS* (engl.: common intelligibility scale = allgemeine Verständlichkeitsskala) und enthält im Anhang F konkrete Hinweise zu deren Durchführung.

Die Sprachverständlichkeit CIS kann nicht direkt gemessen werden. Sie steht aber in einer festen mathematischen Beziehung zum *Sprachübertragungsindex STI* (engl.: speech transmission index):

$CIS = 1 + \log(STI)$

Der STI kann über die Modulationsübertragungsfunktion bestimmt werden. Zur Ermittlung des vollständigen STI werden über einen Zeitraum von ca. 15 min 7 Frequenzbänder von 125 Hz bis 8 kHz mit jeweils 14 zeitlichen Modulationen zwischen 0,2 und 12,5 Hz in das System eingespeist. Im beschallten Raum werden die ausgestrahlten 98 Signale (7 Frequenzen · 14 Modulationen = 98 Signale) aufgezeichnet und mit den Ursprungssignalen verglichen, um festzustellen, wie gut die einzelnen Modulationen in jedem Frequenzband erhalten bleiben. Computergestützte Verfahren berechnen dann aus den gemessenen Abweichungen den Sprachübertragungsindex STI für diesen einen Messpunkt.

Um dieses genaue, aber sehr aufwändige und langwierige Verfahren abzukürzen, wird in der Praxis eine vereinfachte Bestimmung namens STI-PA (engl.: STI for public address systems) durchgeführt. Die STI-PA-Bestimmung beschränkt sich auf die 14 wichtigsten Testsignale (2 Modulationen je Frequenzband). Wohl wissend, dass die Anforderungen in einem Warenhaus oder in einer Sportstätte geringer sind als in einem Konzertsaal, werden also bewusst kleine Qualitätsabstriche zugunsten einer zeiteffektiven Messung mit hinreichender Genauigkeit zugelassen.

Die Einspeisung der Testsignale erfolgt über digitale Tonträger, die vom Messgerätehersteller mitgeliefert werden und zum Messgerät kompatibel sein müssen. Wenn auch die Mikrofonstrecke zu überprüfen ist, kommen sogenannte Sprachboxen zum Einsatz. Hierbei wird das Signal über einen Präzisionslautsprecher im normalen Sprechabstand vor dem Anlagenmikrofon abgespielt.

Die STI-PA Messung kann mit handgeführten Messgeräten durchgeführt werden (**Bild 6.21**). Leichte Hintergrundgeräusche bei der Messung sind tolerierbar, vorausgesetzt der STI beträgt bei abgeschaltetem Messsignal < 0,2.

Bild 6.21 Messgerät AL1 (Schalltechnik Süd & Nord)

Das Schema in **Bild 6.22** zeigt den Ablauf einer Messung. Eine Formvorlage für ein Messprotokoll enthält die Anlage 3.4.

Handgeführte Messgeräte sind bereits zu erschwinglichen Preisen verfügbar. Ungeachtet dessen erfordert eine aussagekräftige und reproduzierbare Messung umfangreiche Kenntnisse auf dem Gebiet der Akustik. Messungen durch „Gelegenheitstäter" sollten daher auf Gebäude mit unkomplizierten Bedingungen, wie einem geringen, gleichbleibenden Umgebungsschallpegel, kurzen Nachhallzeiten etc., beschränkt bleiben. Wenn Zweifel an den Ergebnissen aufkommen, komplizierte Bedingungen vorherrschen oder eine rechnerische Nachbewertung erforderlich wird, ist eine Fachkraft für Beschallungstechnik hinzuzuziehen. Auch für versierte Brandmeldeerrichter und erfahrene Ingenieurbüros ist die Einbeziehung eines Spezialisten keine Schande, sondern ein Zeichen von Qualitäts- und Verantwortungsbewusstsein.

6.4 Schnittstellen und Termine

Gerade bei Neubauten kommt es immer wieder zu Verzögerungen, ohne dass am Endtermin gerüttelt wird. Die Zeitfenster für die Finish-Gewerke werden zum Ende hin immer kleiner. Wenn Trockenbauer, Maler und Fußbodenleger zwei Tage vor Übergabe das Feld verlassen, dürfen die Elektriker endlich die Leuchten auspacken, Schalteroberteile montieren und ihre Inbetriebnahme abschließen. Der Spruch „Der Elektriker ist der Letzte auf der Baustelle" ist aber nur halb wahr, denn die allerletzten sind die Programmierer der Gebäudeleittechnik und die Inbetriebsetzer der Gefahrenmeldeanlagen.

Bei verspäteten Vorleistungen und mangelhaften Abstimmungen ist eine pünktliche Fertigstellung so gut wie ausgeschlossen. Wer keine Vertragsstrafe wegen schuldhafter Terminüberschreitung riskieren will, muss sich im Vorfeld gut absichern. Bereits in der Auftragsverhandlung sind technische Schnittstellen und Terminketten zu vereinbaren.

Jetzt kann beim Leser zu Recht die Frage auftauchen, was diese kommerziell-organisatorischen Fragen in einem Fachbuch zu suchen haben. Die Begründung ist einfach: Jeder Auftrag soll wirtschaftlich abgewickelt werden. Kommt es zu unerwarteten Mehrkosten aufgrund fehlender Abstimmung oder zu extremem Termindruck, steigt die Bereitschaft zu technischen Zugeständnissen bis hin zu faulen Kompromissen. Extremer Zeit- und Kosten-

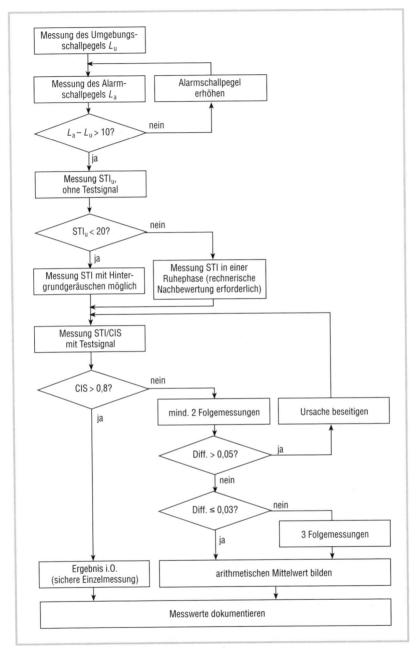

Bild 6.22 Ablaufdiagramm der STI-Messung

druck sind die größten Feinde einer qualitativ hochwertigen Anlage. Führen Qualitätsmängel bei Ausbaugewerken „nur" zu optischen oder funktionellen Einschränkungen, geht es bei der Brandmeldetechnik um die Sicherheit von Personen und Sachen. Hier sind Mängel und Zugeständnisse nicht akzeptabel.

Technische Schnittstellen
Der Errichter der Brandmeldeanlage ist in der Regel nicht allein auf der Baustelle. Führungsqualität und Koordinierungsfähigkeiten der Bauleitung sind im Vorfeld schwer abschätzbar. Kommt es zum Streit, sind mündliche Verabredungen meist Schall und Rauch. So, wie der Auftraggeber seine (schlechten) Erfahrungen in ellenlange Vorbemerkungen, in technische und zusätzliche Vertragsbedingungen einfließen lässt, hat auch der Auftragnehmer die Möglichkeit, ihm wichtig erscheinende Punkte im Verhandlungsprotokoll festzuhalten. Wir wollen jetzt nicht allgemeine Punkte wie Baustrom, Containerstellplätze und Umlagen für Wasser- und Toilettenbenutzung besprechen. Wichtig sind die Berührungspunkte mit anderen Gewerken. Ein erfahrener Projektleiter kann sich mit wenig Aufwand eine tabellarische Checkliste erstellen, die in der Auftragsverhandlung besprochen, preislich bewertet, ausgefüllt und vereinbart wird. In ihr können folgende Themenkomplexe behandelt werden:
- Planungsleistungen des Auftraggebers,
- Planungsleistungen des Auftragnehmers,
- Rohbauleistungen (Schlitze, Durchbrüche),
- Nutzung von Trassen anderer Gewerke,
- Leitungsverlegung,
- Decken- und Wandöffnungen im Trockenbau,
- Brandschutzmaßnahmen,
- Signalübergabe an (von) Drittgewerke(n),
- Sachverständigenabnahmen,
- Bestandsdokumentation.

Diese Punkte werden differenziert aufgeschlüsselt. Am Ende muss hinter jeder Leistung ein Kreuz beim Auftraggeber oder beim Auftragnehmer stehen.

Terminabstimmungen
Leider fehlt selbst erfahrenen „Schlüsselfertig"-Bauleitern das nötige Verständnis für den Zeitaufwand bei der Inbetriebnahme einer Brandmeldeanlage. Statt Terminzusagen in der Auftragsverhandlung blauäugig zu trauen,

ist es richtig und professioneller, klare Fristen und vor allem erforderliche Vorleistungen zu benennen.

Zu einem handschriftlichen Vermerk wie „Teilinbetriebnahme Bauteil A am 30.9.JJJJ" gehört immer noch ein zweiter Satz wie „Baufreiheit für Leitungsverlegung ab 1.6.JJJJ, Vorleistung für Gerätemontage (Trockenbau und Maler) am 1.8.JJJJ fertig, Staubfreiheit ab 1.9.JJJJ".

Wer anhand des meist noch grob gerasterten Bauablaufplanes zur Verhandlung einen Gewerke-Feinablaufplan erstellt und diesen vertraglich vereinbart, hinterlässt nicht nur einen kompetenten Eindruck, sondern kann auch noch in der heißen Phase ruhig schlafen. Selbstverständlich müssen die eigenen Termine und vor allem die baulichen Vorleistungen kontinuierlich überwacht werden. Zeichnen sich Engpässe ab, muss die Baubehinderung angezeigt werden. Das freut nicht jeden Auftraggeber, weil es zusätzliche Schreibarbeit bedeutet, doch letzten Endes hat der Bauleiter nur so die Chance, steuernd einzugreifen, bevor das Kind in den Brunnen gefallen ist und der Fertigstellungstermin weggleitet.

6.5 Inbetriebnahme

War die Montage noch eine qualifizierte Elektrikerarbeit, so sind für die Inbetriebnahme Spezialisten gefragt. Wer eine Brandmeldeanlage konfigurieren und programmieren will, braucht praktische Erfahrung und eine fundierte Ausbildung für das Brandmeldesystem. Die Hersteller bieten entsprechende Schulungen für ihre Produkte an.

Für Brandmeldeanlagen mit besonderen Eigenschaften (mehr als 512 Melder, vernetzte Brandmelderzentralen oder komplexe Brandfallsteuerungen) empfiehlt DIN 14675, eine kompetente Fachkraft des Systemlieferanten hinzuzuziehen.

Überprüfung

Die Inbetriebnahme beginnt mit der Vollständigkeitskontrolle der Unterlagen. Folgende Dokumente müssen vollständig und in aktueller Fassung vorliegen:
- Planungsauftrag,
- Ausführungsunterlagen,
- aktualisierte Montagepläne,
- Feuerwehrlaufkarten.

Fehlende Unterlagen müssen beschafft oder erstellt werden.

Im zweiten Schritt werden die Anlagenteile einem Soll-Ist-Vergleich unterzogen:
- Wurden alle Komponenten gemäß Planung installiert und gekennzeichnet?
- Gehören alle Anlagenteile zum Brandmeldesystem bzw. liegt ein Konformitätsnachweis vor?
- Entsprechen die automatischen Melder der Raumnutzung?
- Wurden Überwachungsflächen und Abstände eingehalten?
- Entsprechen die Lage und die Meldergruppenzuordnung von automatischen und Handfeuermeldern den normativen Vorgaben?
- Werden die Aufstellbedingungen für die Brandmelderzentrale eingehalten?
- Wurden die zentrale und die zusätzlichen Energieversorgungen ausreichend dimensioniert und korrekt installiert?
- Entsprechen die installierten Alarmgeber und deren Gruppenbildung der Planung und der Raumnutzung?
- Entsprechen die technischen Daten der Übertragungswege, wie Länge, Querschnitt, Leitungs- und Isolationswiderstände, den Vorgaben des Systemlieferanten?
- Haben alle Leitungen Durchgang?
- Bestehen unzulässige Erd- oder Kurzschlüsse?

Die Ergebnisse der Überprüfung sind zu protokollieren. Bei Abweichungen vom Sollzustand muss nachgebessert werden. Abweichungen in den Unterlagen sind sofort handschriftlich zu vermerken.

Inbetriebsetzung und Parametrierung
Die eigentliche Inbetriebsetzung beginnt mit einer schrittweisen Zuschaltung der Energieversorgung in folgender Reihenfolge:
- Netzanschluss,
- Netzteil der Brandmelderzentrale,
- Ladeteil und Batterie,
- abgesetzte zusätzliche Energieversorgungen.

Die Parametrierung erfolgt ebenfalls schrittweise. Die einzelnen Arbeitsschritte bei der Hard- und Software erfolgen nach der Anleitung des Systemlieferanten.

Folgende Schritte sind Bestandteil der Parametrierung:
- Zuordnung der physikalischen Adresse der Busteilnehmer zu einer Melder- und Gruppennummer bzw. zu einer Steuergruppe.
- Fernalarm: Zuordnung der Meldebereiche und Meldergruppen einschließlich aller Handmelder, deren Alarmzustand über die Übertragungseinrichtung zur Feuerwehr gemeldet wird.

- Internalarm: Zuordnung der Meldebereiche und Meldergruppen, deren Alarmzustand zu einem Internalarm führt. Es können auch Meldergruppen bestimmten Alarmierungsbereichen zugeordnet werden.
- Brandfallsteuerungen: Zuordnung von bestimmten Meldern oder Meldergruppen, deren Alarmzustand zur Aktivierung bestimmter Brandfallsteuerungen führt.
- Löschanlagensteuerung: Zuordnung von automatischen Meldern oder Meldergruppen, deren Alarmzustand in Zweimelder- oder in Zweigruppenabhängigkeit zur Ansteuerung der Löschanlage führt.
- Ansteuerung von Parallelanzeigen durch den zugehörigen Melder oder die Zentrale.

Die Parametrierung ist zu dokumentieren.

Den Abschluss der Inbetriebsetzung bildet eine umfassende Funktionsprüfung. Die Bestandteile dieser Erstprüfung durch den Errichter sind im Abschnitt 8.2 beschrieben.

FACHBUCH

Vorsicht Krankenhaus!

Hans-Peter Uhlig
Elektrische Anlagen in medizinischen Einrichtungen
Planung und Errichtung
2013. Ca. 240 Seiten. Softcover.
Ca. € 34,80 (D).
ISBN 978-3-8101-0307-9.
Erscheint im April 2013

Neuerscheinung

Praxisorientiert und übersichtlich führt Sie dieses Buch durch sämtliche Zyklen elektrischer Anlagen in klinischen Einrichtungen.

Schwerpunkte

→ Gesetzliche Grundlagen, Vorschriften, Normen und Richtlinien,

→ Gefährdungen und Risikobeurteilungen,

→ Definition der erforderlichen Sicherheit,

→ Stromversorgung, Netzaufbau, Netzberechnung.

Neuerscheinung

Hüthig & Pflaum Verlag
Im Weiher 10
D-69121 Heidelberg
Tel.: +49 (0) 6221 489-555

Ihre Bestellmöglichkeiten

 Fax:
+49 (0) 6221 489-410

@ **E-Mail:**
buchservice@huethig.de

 http://shop.elektro.net

Hier Ihr Fachbuch direkt online bestellen!

www.elektro.net

7 Bestandsdokumentation

In der Bestandsdokumentation werden die Ausführungsplanung und die Ergebnisse der Werk- und Montageplanung fortgeschrieben.

Ziel der Dokumentation ist es, die bestehende Anlage möglichst präzise abzubilden. Während die Ausführungsplanung dem Errichter als Bauanleitung diente, soll die Bestandsdokumentation dem Betreiber, der Wartungsfirma und dem Prüfsachverständigen als umfassende Informationsquelle zur Verfügung stehen.

7.1 Anlagenbeschreibung

Dieser überaus wichtige Bestandteil der Dokumentation wird in vielen Fällen vernachlässigt. Hier geht es nicht um eine monotone Aufzählung von Komponenten, sondern um das verbale Festhalten der Schutzziele und Lösungsansätze. Die Baugenehmigung, das Brandschutzkonzept und die Abstimmungsprotokolle mit Behörden und Versicherern stehen nach vielen Betriebsjahren nur selten zur Verfügung. Das heißt, man hat eine Anlage, weiß, wie sie aufgebaut ist, aber kein Mensch kann mehr genau sagen, welche Funktionen der Anlage zugedacht waren, wo das behördlich geforderte Minimum aufhört und das private Schutzbedürfnis des Betreibers anfängt. Das führt bei Umbauten und Nutzungsänderungen zu großen Unsicherheiten, in deren Ergebnis entweder behördliche Auflagen nicht eingehalten oder im anderen Extremfall mit großem Aufwand unnötige Kosten produziert werden.

Daher ist es von grundlegender Bedeutung, die geforderten Schutzziele schriftlich festzuhalten. Dies kann durch Zitate (mit Quellenangabe) oder durch Ausschnittskopien der Baugenehmigung und des Brandschutzkonzepts erfolgen. Optimal ist es, wenn alle diese Dinge im Brandmeldekonzept zusammengestellt sind. Dann kann das Konzept 1:1 in die Bestandsdokumentation übernommen werden.

Des Weiteren gehört zur Anlagenbeschreibung, wie der Name schon sagt, eine kurze, aussagekräftige Erläuterung des Anlagenaufbaus, die mindestens folgende Angaben enthalten muss:

- Errichterfirma,

- Datum der Errichtung,
- Planungsgrundlagen mit datierten Normenverweisen (DIN, VDE, evtl. VdS),
- Kategorie des Überwachungsumfangs nach DIN 14675,
- Aufzählung der Sicherungsbereiche,
- besondere Risiken,
- typische Branderkennungsgrößen,
- Täuschungsgrößen,
- Maßnahmen zur Falschalarmvermeidung,
- Hersteller und Typ des Brandmeldesystems,
- Art der Alarmierung,
- Beschallungsumfang und Alarmierungsbereiche,
- bei Sprachalarmanlagen: die Sicherheitsstufe,
- Übertragung des Fernalarms,
- Übertragung von Störungsmeldungen,
- Überbrückungszeit der Ersatzstromversorgung,
- verbale Beschreibung der Steuerfunktionen,
- Wartungs- und Pflegeanweisungen,
- Prüfplan für wiederkehrende Prüfungen.

7.2 Bedienungsanleitung und Gerätedokumentation

In einer Kurzbedienungsanleitung werden für den Betreiber in einer für Laien leicht verständlichen Form die wichtigsten Anzeigen und Bedienfunktionen erläutert und Verhaltensregeln dargelegt. Hierzu gehören

- Erklärung der Anzeigen im Display,
- das Ein- und Ausschalten von Meldergruppen,
- das Ein- und Ausschalten von Steuergruppen,
- das Ein- und Ausschalten des Internalarms,
- die kurzzeitige Abschaltung der Übertragungseinrichtung,
- das Rücksetzen der Zentrale nach Probe- oder Falschalarmen,
- eine kurze Auflistung der Steuerfunktionen,
- notwendige Bedienhandlungen bei Wartungsarbeiten an der Brandmeldeanlage oder der Löschanlage,
- Verhalten bei Störungen,
- Verhalten bei Feueralarm und abgeschalteter oder gestörter Übertragungseinrichtung.

Diese Kurzbedienungsanleitung ist objektspezifisch zu erstellen.

Bei weitergehendem Informationsbedarf werden dem Auftraggeber die Bedienungsanleitung der Brandmelderzentrale und die technischen Daten sowie Gerätedokumentationen der verwendeten Komponenten übergeben.

7.3 Installationspläne

Im Laufe der Bauzeit kommt es in der Regel zu zahlreichen Änderungen. Räume werden geteilt oder zusammengefasst, Wände verschieben sich, Türanschläge werden geändert, Zwischendecken eingezogen, Lüftungskanäle umverlegt usw. Daraus resultieren Anpassungen bei den Brandmeldekomponenten, die zum Teil in der Montageplanung erfasst, häufig aber auch live vor Ort entschieden und handschriftlich in die Pläne übernommen wurden.

Mit der Bestandsdokumentation werden alle Änderungen zusammengetragen. Dazu ist es unumgänglich, einen abschließenden „großen Stubendurchgang" durchzuführen und die handrevidierten Montagepläne auf Vollständigkeit zu überprüfen.

Nicht selten werden die provisorischen Raumnummern aus der Architektenplanung durch den Nutzer vollständig umgekrempelt. Wenn irgend möglich, muss der Errichter versuchen, für die Bestandsdokumentation aktuelle Architektenpläne mit allen baulichen Änderungen und mit gültigen Raumnummern und Raumbezeichnungen zu erhalten.

Wie auch in der Ausführungsplanung sind zunächst die Grenzen der Brandabschnitte, der Sicherungs- und der Alarmierungsbereiche kenntlich zu machen. Hilfreich ist es, wenn die Raumangaben (Nummer, Bezeichnung, Nutzung, Fläche, Zwischendecke …) aus den Architektenplänen übernommen werden. Der Eintrag von Unterzügen und Einbauten ist sinnvoll, aber nicht so wichtig wie bei der Ausführungsplanung.

Die Anlagenteile der Brandmeldeanlage (BMA) werden vollständig, lagerichtig und mit der gültigen Kennzeichnung (z. B. Meldergruppe/Meldernummer) dargestellt. Der Eintrag der Leitungswege ist in der Regel nicht erforderlich. Die Darstellung von Steigepunkten, Trassen und Leerrohren erleichtert die Arbeit bei Nachinstallationen.

Der verwendete Maßstab kann theoretisch frei gewählt werden. In der Praxis haben sich 1:50 für kleingliedrige Objekte mit hoher Melderdichte und 1:100 für übersichtliche Grundrisse bewährt. Die Legende aller verwendeten Symbole kann auf jedem Plan oder auf einem gesonderten Blatt dargestellt werden (**Bild 7.1**).

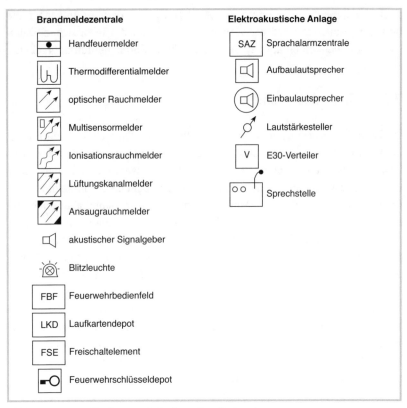

Bild 7.1 *Muster für die Legende in einem Installationsplan*

Wenn gemeinsame Pläne für die gesamte Sicherheitstechnik erstellt werden, sind die BMA-Komponenten vorzugsweise rot darzustellen, um sie von den Geräten der Einbruchmeldetechnik, Fluchttürsteuerung, Videoüberwachung usw. farblich abzusetzen.

7.4 Schemata und Verzeichnisse

Während die Installationspläne der lagerichtigen Darstellung der Komponenten dienen, veranschaulicht das Anlagenschema die anlagentechnische Verknüpfung. Ausgehend von der Brandmelderzentrale werden die Linien oder Ringe mit allen angeschlossenen Geräten, wie Melder, Koppler und Parallelanzeigen, mit vollständiger Beschriftung gezeigt. Der Typ des Melders ist aus dem Symbol erkennbar. Alarmgeber werden ebenfalls mit ihrer Verkabelungsstruktur dargestellt. Neben der Brandmelderzentrale werden die angeschlossenen zentralen Komponenten (Übertragungseinrichtung, Laufkartendepot, Feuerwehr-Bedienfeld, Feuerwehr-Anzeigetableau, Schlüsseldepot und Blitzleuchte) angeordnet.

Zur besseren Übersichtlichkeit ist es zweckmäßig, ein – wenn auch nur schematisch dargestelltes – grobes Raster der Bauteile, Brandabschnitte und Geschosse zu hinterlegen und die Symbole innerhalb der tatsächlichen Einbaubereiche darzustellen. Damit kann auch der Versorgungsbereich zusätzlicher Energieversorgungen besser kenntlich gemacht werden.

Ein ebenso wichtiger Bestandteil sind die Verknüpfungen zu anderen Anlagen, gleichgültig, ob es sich um die Aufschaltung von Meldungen oder die Ansteuerung von Brandschutzeinrichtungen handelt.

Die verwendeten Leitungstypen sind zu beschriften. Insbesondere E30-Leitungen müssen sich farblich oder durch die Strichstärke deutlich abheben.

Bei ausgedehnten Anlagen oder vernetzten Zentralen kann das Schema auf mehrere Blätter verteilt werden. Wird je Unterzentrale ein eigenes Schema erstellt, ist die Vernetzung der Zentralen auf einem gesonderten Blatt detailliert darzustellen.

Zur vollständigen Bestandsdokumentation gehören das Meldergruppenverzeichnis und eine Liste der Anlagenteile.

Im Meldergruppenverzeichnis werden in Listenform alle Meldergruppen mit Gruppennummer, zugehöriger Melderart und Einbauort sowie den Meldernummern aufgezählt. In dem Verzeichnis werden auch das Freischaltelement und die Steuergruppen genannt.

Die Liste der Anlagenteile dient der Ersatzteilbestellung und Ersatzteilvorhaltung. Alle eingebauten Komponenten werden mit Menge, Hersteller, Typ und Artikelnummer aufgelistet.

7.5 Steuerverknüpfungen und Programmierdaten

Die Brandmelderzentrale ist für den Benutzer eine Blackbox. Ohne technische Dokumentation kann er nicht erfahren, welche Steuerbefehle bei welchen Anlagenzuständen aktiviert werden.

Die Darstellung der Verknüpfungen kann schematisch, mit verbalen Beschreibungen oder tabellarisch erfolgen. Die tabellarische Darstellung hat sich in der Praxis bewährt, ist aber normativ nicht vorgeschrieben. Aus der Dokumentation muss auch für den eingewiesenen Laien leicht ablesbar sein, welche Meldungen und welche Anlagenzustände zu welchen Reaktionen führen. Der Instandhalter mit Programmierkenntnissen muss zusätzlich die anlageninternen Adressen und Steuergruppen ablesen können.

Leider ist die übersichtliche Darstellung der Steuerverknüpfungen oft ein Schwachpunkt in der Dokumentation. Auch die Rechnerausdrucke über die Anlagenkonfiguration und die Programmierung sowie Sicherungskopien sind in Bestandsdokumentationen eine Rarität. Der Auftraggeber darf sich in dieser Hinsicht keine Informationslücken und Geheimniskrämerei gefallen lassen. Ab der Übergabe der Anlage trägt der Betreiber unabhängig von Wartungs- und Instandhaltungsverträgen die Gesamtverantwortung für die Brandmeldeanlage. Ohne exakte Kenntnisse über ihre Funktion kann er dieser Verantwortung nur ungenügend gerecht werden. Ein Wechsel des Wartungspartners wird erschwert, wenn die Unterlagen unvollständig sind. Aus Sicht der Errichter ist das Zurückhalten von Informationen verständlich. Man versucht, sich damit für die Zukunft unentbehrlich zu machen. Aus Sicht des Betreibers ist diese Vorgehensweise nicht akzeptabel.

7.6 Protokolle und Bescheinigungen

Im Zuge der Inbetriebnahme und der Abnahmeprüfungen werden verschiedene Messungen und Funktionstests durchgeführt. Die Messprotokolle geben Auskunft über den Zustand der zu übergebenden Anlage und sind mit der Bestandsdokumentation auszuhändigen.

Die Messprotokolle umfassen
- Messung von Ruhe- und Alarmströmen zur Ermittlung der erforderlichen Kapazität der Ersatzstromversorgungen,
- Messung der Alarmschallpegel,
- Messung der Sprachverständlichkeit bei Sprachalarmsystemen.

Zu den allgemeinen Funktionstests gehören natürlich die Überprüfung der Funktion und der Kennzeichnung aller Melder sowie der Einzeltest von Schlüsseldepot, Feuerwehr-Bedienfeld, Feuerwehr-Anzeigetableau und Blitzleuchte. Diese Überprüfung kann anhand einer Checkliste erfolgen.

Das Protokoll der Überprüfung der Steuerfunktionen wird in der Regel etwas umfangreicher. In diesem gewerkeübergreifenden Test werden die sicherheitstechnischen Einrichtungen des Gebäudes für verschiedene Kombi-

nationen von Gefahrenfällen durchgespielt. Die Ausgangssituationen, die Abläufe und die Ergebnisse sind gewissenhaft zu protokollieren.
Weiterhin sind der Bestandsdokumentation folgende Unterlagen beizulegen:
- die Facherrichtererklärung des Errichters der Anlage,
- eine Kopie der Anerkennungsurkunde als Facherrichter nach DIN 14675,
- die Prüfbescheinigungen des bauaufsichtlich anerkannten Sachverständigen,

ggf. weitere Unterlagen wie
- das VdS-Attest,
- das Prüfprotokoll für Anlagen in explosionsgefährdeten Bereichen,
- Errichterbescheinigungen für Überspannungsschutzeinrichtungen in der Energieversorgung,
- Übereinstimmungsbestätigungen für die fachgerechte Errichtung von Leitungsanlagen mit Funktionserhalt, Brandschotts und brandschutztechnischen Verkleidungen.

7.7 Betriebsbuch

Das Betriebsbuch gehört nicht in den Dokumentationsordner, sondern direkt an die Anlage. Als Vorlage kann die VdS-Druckschrift 2182 oder ein Produkt des Systemherstellers verwendet werden. Das Betriebsbuch wird zur Inbetriebnahme angelegt und begleitet die Brandmeldeanlage wie ein Tagebuch über die gesamte Lebensdauer. Es dient als primäre Informationsquelle über den aktuellen Zustand der Anlage und dokumentiert alle Ereignisse, die während des Betriebes auftreten.

Die Stammdaten, wie Hersteller, Typ, Errichter, Datum der Errichtung, Angaben zum Objekt, eingewiesene Personen, werden vom Errichter eingetragen. Die Betriebsereignisse können durch die vom Betreiber eingewiesenen Personen oder den Instandhalter eingeschrieben werden.

Jede Zeile muss die folgenden Informationen enthalten:
- Datum und Uhrzeit,
- Alarmzählerstand,
- Ereignis (Abkürzungen: B – Brandalarm, St – Störung, A – Abschaltung, W – Wiederzuschaltung),
- Meldergruppe und Meldernummer,
- Ursache des Ereignisses, ggf. durchgeführte Maßnahme,
- Name des Bedieners.

Neben den oben genannten Ereignissen ist es sinnvoll, auch Inspektionen, Wartungen, Instandsetzungen und Prüfungen durch Behörden und Sachverständige einzutragen.

Das Betriebsbuch ist für den Betreiber der wichtigste Nachweis über die ordnungsgemäße Nutzung und Unterhaltung der Brandmeldeanlage.

7.8 Aufbewahrung

Eine vollständige Anlagendokumentation ist Voraussetzung für eine mangelfreie Abnahme der Leistung. Die Bestandsdokumentation wird dem Auftraggeber üblicherweise in mehreren Exemplaren übergeben und verschwindet dann häufig auf mysteriöse Weise in unbekannten Archiven. Die Bestandsdokumentation gehört aber zwingend an die Anlage, damit auch Servicetechniker, die die Anlage nicht kennen, sich im Störfall schnell orientieren können.

In der Praxis hat es sich bewährt, jeweils ein vollständiges Exemplar an folgenden Stellen aufzubewahren:
- im BMZ-Raum,
- im Büro oder Archiv des Betreibers im Objekt,
- bei der Wartungsfirma.

Leider kommt es immer wieder vor, dass bei einem Wechsel der Wartungsfirma auch Großteile der Anlagendokumentation verschwinden, um es den „Neuen" so richtig schwer zu machen. Hierbei handelt es sich um kein Kavaliersdelikt, sondern um eine Straftat! Die Anlagendokumentation gehört zum Eigentum des Bauherrn. Durch eine fehlende oder unvollständige Dokumentation wird die Verfügbarkeit des anlagentechnischen Brandschutzes eingeschränkt und damit die Sicherheit der Nutzer des Gebäudes gefährdet. Wer die Dokumentation unbefugt entfernt oder nicht herausgibt, kann zivil- und strafrechtlich zur Verantwortung gezogen werden.

8 Prüfung und Abnahme

8.1 Begriffsbestimmung

Der Begriff „Abnahme" wird unterschiedlich verwendet: Der Bauunternehmer möchte vom Bauherrn eine Abnahme für das Gebäude. Der Elektrounternehmer bietet dem Bauunternehmer seine Installationen zur Abnahme an und muss Teilanlagen wie die Brandmeldetechnik seinen Nachunternehmern abnehmen. Vor der Aufschaltung der Brandmeldeanlage führt die Feuerwehr ihre Abnahme durch. Bei der Gebrauchsabnahme durch die Bauaufsicht sind Abnahmebescheinigungen von bauaufsichtlich anerkannten Sachverständigen vorzulegen.

Wenn wir im engeren Sinne des Begriffes bleiben, gehört zur Abnahme einer Werkleistung auch die Übergabe des Werkes. Der Auftraggeber, sein Architekt oder sein Fachingenieur haben sich von der vertragsgerechten Ausführung überzeugt und nehmen dem Auftragnehmer das Werk ab. Die Modalitäten für die Abnahmen öffentlicher Bauaufträge sind in der Vergabe- und Vertragsordnung für Bauleistungen (VOB) niedergeschrieben. Die VOB kann auch für nicht öffentliche Aufträge vereinbart werden. Im privaten Bereich werden häufig zusätzliche Bedingungen individuell ausgehandelt.

Bei den sogenannten Abnahmen durch Sachverständige oder die Feuerwehr werden keine Anlagen übergeben. Somit handelt es sich dabei also genau genommen nicht um Abnahmen, sondern um technische Prüfungen.

8.2 Erstprüfung durch den Errichter

Die erste und intensivste Prüfung einer Brandmeldeanlage obliegt naturgemäß dem Errichterbetrieb. Sie bildet zugleich den Abschluss der Inbetriebsetzung. Der Errichter führt eine Sichtprüfung aller Teile durch, kontrolliert die bestimmungsgemäße Beschaffenheit der Geräte, die Eignung der Komponenten für die realen Umgebungsbedingungen und die Übereinstimmung mit den Anforderungen der Errichtungsnorm. Er vergleicht die Pläne und Laufkarten mit der Lage und Beschriftung der Melder und Komponenten vor Ort und überprüft die Vollständigkeit der für den Betrieb erforderlichen Unterlagen.

Die Prüfung beginnt im Normalzustand der Anlage. Alle Melder und Bestandteile sind eingeschaltet und betriebsbereit. Die Brandmelderzentrale befindet sich im Ruhezustand und zeigt keine Störungen an. In einem 1:1-Test werden alle zerstörungsfrei prüfbaren Melder in den Alarmzustand versetzt. Die Funktion der Melder muss durch Simulation der relevanten physikalischen Brandkenngröße nachgewiesen werden. Dazu werden nicht Zigarettenrauch und Lötlampe, sondern vom Hersteller vorgegebene Prüfgeräte mit dosierter Prüfgasabgabe oder Heißlufterzeugung verwendet (**Bild 8.1**). Für linienförmige Rauchmelder stehen Folien zur Verfügung, die eine abgestufte Lichttrübung von ca. 25 bis 75 % simulieren. Linienförmige Thermomelder haben eine Prüftaste. Ansaugrauchmelder können mit Prüfgas beaufschlagt oder mit Pyrolysegeräten (**Bild 8.2**) geprüft werden. In einem großen Objektdurchgang werden ausnahmslos alle Melder getestet. Die Reihenfolge der Alarmierung wird notiert und anschließend mit dem Alarm- oder Ereignisspeicher der Brandmelderzentrale verglichen.

Eine ebenso gewissenhafte Vorgehensweise ist für die Prüfung der aufgeschalteten Fremdmeldungen (z. B. Löschanlage) und für die 1:1-Prüfung der Steuerfunktionen erforderlich. Bei den Steuerfunktionen genügt es nicht,

Bild 8.1 *Brandmelderprüfgerät*
Werkfoto Novar/ESSER

Bild 8.2 *Pyrolysesystem zur Funktionsprüfung hochempfindlicher Ansaugrauchmelder*
Werkfoto Wagner

die korrekte Umschaltung der Relaisausgänge oder Buskoppler festzustellen. Die Steuerung funktioniert erst dann, wenn die Sicherheitseinrichtung die geplante Aufgabe auch ausführt. Hierfür ist es unumgänglich, mit den betreffenden Gewerken zu kommunizieren und die Funktionen gemeinsam zum Laufen zu bringen.

Besondere Aufmerksamkeit gilt der Ansteuerung von Löschanlagen. Die folgenden Punkte werden gemeinsam mit dem Errichter der Löschanlage geprüft:

- Auswirkung von Systemstörungen: Bei Ausfall einer Verarbeitungseinheit oder eines Übertragungsweges durch Unterbrechung oder Kurzschluss darf maximal ein Löschbereich ausfallen.
- Montage der Melder mit reduzierten Überwachungsflächen bei einer geforderten Zweimelder- oder Zweigruppenabhängigkeit.
- Anordnung, Beschriftung (z. B. Löschanlage) und gelbes Gehäuse der Handfeuermelder, deren Betätigung zur Auslösung der Löschanlage führt.
- Zuordnung der Melder zu den Löschbereichen.
- Übertragung von Voralarmen bei der ersten Feuermeldung in einer Zweimelder- oder Zweigruppenabhängigkeit.
- Ansteuerung von vorgesteuerten Sprinkler-Trockenanlagen:
  - für den Löschbereich bei Abschaltung oder Störung zugeordneter Melder oder Meldergruppen (einschließlich Störung des Übertragungsweges),
  - für die Gesamtlöschanlage bei Systemstörung oder Störung der Energieversorgung.
- Rückmeldungen der Löschanlage an die Brandmelderzentrale, wie „Löschmittel geflutet" oder „Störung".

Während der Prüfung ist die Löschanlage vor ungewollten Auslösungen zu sichern.

Im nächsten Schritt wird getestet, ob die Brandmelderzentrale Störungen in den Übertragungswegen (Kurzschluss oder Unterbrechung) und den Ausfall einer Energieversorgung (Netz oder Batterie) erkennt, anzeigt und ggf. weitermeldet. Die Funktion der Kurzschlusstrenner in den Ringleitungen ist mindestens stichprobenartig zu überprüfen.

Als Nächstes werden die Abschaltung von Meldern und Meldergruppen sowie die korrekte Anzeige an der Zentrale und den abgesetzten Anzeigeeinrichtungen überprüft.

Für die Fern- und Internalarmierung sind mindestens zwei Funktionsprüfungen durchzuführen. Die Fernalarmierung muss mit der Feuerwehr abgestimmt und kann bei Neuanlagen erst zur Aufschaltung erprobt werden. Erfolgt der Internalarm bereichsweise, muss auch jeder Alarmierungsbereich einzeln getestet werden.

Nach der alten Elektrikerregel „Besichtigen – Erproben – Messen" sind abschließend noch einige Messungen erforderlich. An der Brandmelderzentrale und allen zusätzlichen Energieversorgungen müssen bei abgeschaltetem Netz die Batterieströme im Ruhe- und im Alarmzustand gemessen werden. Mit den Messergebnissen wird die Überbrückungszeit der Ersatzstromversorgung berechnet.

Bei Alarmierungseinrichtungen werden in allen Räumen, in denen sich Personen nicht nur vorübergehend aufhalten, zunächst der Umgebungsschallpegel bei normalen Betriebsverhältnissen und dann der Alarmschallpegel gemessen. Letzterer muss mindestens 10 dB über dem Umgebungsschallpegel liegen. Sollen schlafende Personen alarmiert werden, sind mindestens 75 dBA erforderlich.

Bei Sprachalarmsystemen muss nach VDE 0828 und VDE 0833-4 auch die Sprachverständlichkeit durch Messung festgestellt werden.

Ebenso wie bei Starkstromanlagen besteht auch bei Brandmeldeanlagen für die Inbetriebsetzung und Erstprüfung durch den Errichter eine Aufzeichnungspflicht. Die Ergebnisse können z. B. in Form einer Checkliste, die lückenlos alle geprüften Anlagenteile umfassen muss (sogenannte Positivliste), dokumentiert werden. Die Protokollform ist eine wirksame Arbeitshilfe für die Qualitätssicherung.

8.3 Komplexer Funktionstest

Das Finale der Erstprüfung bildet der Funktionstest, in dem das bestimmungsgemäße Zusammenwirken der Anlagenteile untereinander und mit anderen Einrichtungen festgestellt werden soll. Insbesondere bei komplexen Anlagen mit umfangreichen Steuerfunktionen bedarf dieser Test einer detaillierten Vorbereitung unter Einbeziehung der Errichter aller beteiligten Anlagen (Sprinkler, Elektro, Aufzüge, Rauch- und Wärmeabzugsanlage, Lüftung, Feuerschutzabschlüsse, Objektfunk, Zutrittskontrolle, Gebäudeleittechnik, …). Die Ergebnisse sind zu protokollieren. Da dieser Test mit großer personeller Beteiligung, häufig auch unter Beobachtung des Auftraggebers, des Prüfsachverständigen oder der Aufsichtsbehörde abläuft, sind bilaterale Vorprüfungen dringend zu empfehlen.

8.3 Komplexer Funktionstest

In der Vorbereitungsphase ist festzulegen, unter wessen Regie der Test abläuft. Der Fachbauleiter Elektro, die Elektroinstallationsfirma und der Errichter der Brandmeldeanlage nehmen hierbei eine prädestinierte Stellung ein, da die meisten Signalwege über die Elektro- und die Brandmeldeanlage laufen.

Alle zu prüfenden Szenarien müssen mit dem Auftraggeber, dem Planer und dem Prüfsachverständigen abgestimmt werden. Um die korrekte Funktion dieser zeitlich dicht aufeinanderfolgenden Vorgänge zu beobachten, wird ein großer Stab von Mitwirkenden benötigt. Die Kommunikation erfolgt vorzugsweise über Sprechfunk. Mobiltelefone haben neben höheren Kosten den Nachteil, dass nicht alle Beteiligten mithören können.

Diese komplexen Funktionsprüfungen gestalten sich anlagenabhängig recht unterschiedlich. Bei kleinen Anlagen mit wenigen Schnittstellen kann der Test am Vormittag abgesprochen und zum Feierabend abgeschlossen werden. Große und komplexe Anlagen bedürfen mitunter einer mehrwöchigen Vorbereitung und Terminabstimmung.

Beispiel:
Das Objekt, ein multifunktionaler Sonderbau mit Verkaufseinrichtungen, Gastronomie, Kino und Tiefgarage, wurde bereits im Abschnitt 5.9 vorgestellt. Die Bauleitung hat *Gustav Gründlich* mit der Vorbereitung und Durchführung eines komplexen Funktionstestes der brandschutztechnischen Einrichtungen des Gebäudes beauftragt. Der Test soll eine Woche vor der Übergabe des Gebäudes an den Nutzer erfolgen. In Abstimmung mit dem Auftraggeber und dem Prüfsachverständigen sollen folgende Szenarien simuliert werden:

Szenario 1: Brand in einem Kinosaal, nach 10 Minuten Ausfall der Stromversorgung des gesamten Objektes;
Szenario 2: Brand in der Tiefgarage (Sprinkleralarm), nach 5 Minuten Ausfall der Stromversorgung des gesamten Objektes;
Szenario 3: Ausfall der Stromversorgung des gesamten Objektes, nach 5 Minuten Brand in einer Verkaufsstätte.

Gustav Gründlich erstellt eine Liste der beteiligten Gewerke und informiert in einem Rundschreiben die Errichterfirmen über Datum und Uhrzeit sowie das vorgesehene Testprogramm. Alle Firmen werden aufgefordert, die Betriebsbereitschaft ihrer Anlagen sicherzustellen und den bilateralen Signalaustausch mit anderen Gewerken im Vorfeld zu prüfen. Eventuelle Probleme sind bis spätestens eine Woche vor dem Testtermin anzuzeigen.

Gründlich nimmt noch einmal die Baugenehmigung, das Brandschutzkonzept und die Ausführungsplanung zur Hand und erstellt detaillierte Übersichten darüber, welche Einrichtungen bei den geplanten Szenarien aktiviert, welche Anlagen abgeschaltet werden müssen und welche weiterlaufen sollen. Die tabellarische Zusammenstellung erhält für jede Stufe des Tests Soll- und Ist-Spalten sowie Spalten für Uhrzeit und Bemerkungen. Einen Auszug zeigt **Tabelle 8.1**.

Tabelle 8.1 Muster für die Protokollierung eines komplexen Funktionstests

Protokoll des komplexen Funktionstests von Brandschutzeinrichtungen — Anlage 1

Objekt:
Multifunktionales Einkaufs- und Freizeitzentrum mit Tiefgarage
in 00815 Musterstadt, Musterplatz 7

Szenario 1:
Stufe 1: Brand in einem Kinosaal
Stufe 2: Ausfall der Stromversorgung des gesamten Objektes

Anlage/Anlagenteil	Vorher	Stufe 1 Soll	Ist	Uhrzeit	Bemerk.	Stufe 2 Soll	Ist	Uhrzeit	Bemerk.
Brandmeldeanlage									
Melder 210/12	Ruhe	Alarm	✔	07:00		Alarm	✔		
Zentrale	Ruhe	Alarm	✔	07:01		Alarm	✔		
Stromversorgung									
Normalnetz	an	an	✔			aus	✔	07:10	
Ersatznetz	an (AV)	an (AV)	✔			an (SV)	✔	07:10	12 s
Sicherheitsbeleuchtung	aus	aus	✔			an (SV)	✔	07:10	1 s
Lüftung									
Raumluft Kinos	an	aus	✔	07:02		aus	✔		
Entrauchung Foyer	aus	an	✔	07:02		an	✔	07:12	2 min
Rauch- und Wärme-abzugsanlage									
Kino 1	zu	zu	✔			zu	✔		
Kino 2	zu	auf	✔	07:04		auf	✔		
Kino 3	zu	zu	✔			zu	✔		
Kino 4	zu	zu	✔			zu	✔		
Aufzüge									
Personenaufzug 1	an	aus	✔	07:04		aus	✔		
Personenaufzug 2	an	aus	✔	07:03		aus	✔		
Glasaufzug Foyer	an	aus	an		**Mangel**	aus	an		**Mangel**
Projektoren									
Kino 1	an	an	✔			aus	✔	07:10	
Kino 2	an	aus	✔	07:03		aus	✔		
Kino 3	an	an	✔			aus	✔	07:10	
Kino 4	an	an	✔			aus	✔	07:10	
Elektroakustische Anlage (ELA)			✔				✔		
Tiefgarage	Musik	aus	✔	07:02		aus	✔		
Verkauf	Musik	aus	✔	07:02		aus	✔		
Foyer + Personal	Musik	Alarm	✔	07:02		Alarm	✔		
Kino 1	aus	aus	✔			aus	✔		
Kino 2	aus	Alarm	✔	07:02		Alarm	✔		
Kino 3	aus	aus	✔			aus	✔		
Kino 4	aus	aus	✔			aus	✔		
Sonstiges									
Gas-Magnetventil	auf	zu	✔	07:02		zu	✔		
Objektfunk Feuerwehr	aus	an	✔	07:02		an	✔		

Der Test wurde auf einen Sonnabend gelegt, um die übrige Bautätigkeit möglichst wenig zu beeinträchtigen. Am frühen Morgen erfolgt eine kurze Abstimmung. *Gustav Gründlich* verteilt die Protokollbögen, erläutert die Abläufe und weist den Beteiligten ihre Plätze zu. Außer ihm erhalten die Mitarbeiter der BMA-Firma, der Elektriker, der Sprinkler- und der Lüftungsmonteur Sprechfunkgeräte. Nach einem kurzen Uhrenvergleich begeben sich alle an ihre Plätze. Alle Anlagen, für die die Abschaltung getestet werden soll, werden gestartet. Alle Lüftungsanlagen und Kinoprojektoren laufen. Die elektroakustische Anlage (ELA) überträgt das Kaufhausprogramm.

Punkt 7 Uhr wird ein Rauchmelder im Kino 2 mit Prüfgas beaufschlagt. 7:01 Uhr läuft der Alarm bei der Brandmelderzentrale ein. Jetzt läuft es wie am Schnürchen. Die Lüftungsanlagen werden abgeschaltet. Die ELA unterbricht ihr Programm und fordert im Kino 2, im Foyer und im Personalbereich zum Verlassen des Gebäudes auf. Der Projektor im Kino 2 hat die Vorführung abgebrochen und die Saalbeleuchtung zugeschaltet. Die Vorstellung in den Nachbarkinos läuft vereinbarungsgemäß weiter. Die Rauch-Wärme-Abzüge im Kino 2 und in den Treppenhäusern öffnen. Die Objektfunkanlage der Feuerwehr wird aktiviert. Das Magnetventil schließt den Gashauptanschluss. Die Personenaufzüge bleiben mit offenen Türen im Erdgeschoss stehen. Doch hoppla, der Glasaufzug im Foyer fährt unverdrossen weiter – der erste Mangelpunkt im Protokoll. Die übrigen Anlagen, wie die Brandschutztore und die maschinelle Entrauchung des Foyers, funktionieren vorbildlich.

Exakt um 7:10 Uhr schaltet der Elektriker alle Leistungstransformatoren ab. Die Sicherheitsbeleuchtung schaltet innerhalb einer Sekunde auf Batteriebetrieb. Nach ca. 12 Sekunden übernimmt das selbst startende Notstromdieselaggregat die Versorgung der Sicherheitsverbraucher (Löschanlage, Aufzüge, Entrauchungsventilatoren). Die Entrauchungsanlage startet bei Netzwiederkehr automatisch und setzt ihre Arbeit fort. Die Evakuierungsdurchsage wurde auch während der Umschaltpause nicht unterbrochen. Nach 10 Minuten gibt *Gustav Gründlich* per Sprechfunk das Signal zum Abbruch und zum Zurücksetzen aller Anlagen. Teil 2 mit dem nächsten Szenario kann beginnen.

Werden nur kleine Mängel festgestellt, können diese behoben und einzeln nachgeprüft werden. An dem Aufzug, der die Evakuierungsfahrt verweigerte, war die Steuerleitung falsch aufgelegt. Der Mangel konnte noch am selben Tag abgestellt werden. Bei zahlreichen Mängeln oder falschen Steuerverknüpfungen muss der gesamte Test wiederholt werden. Im Gefahrenfall gibt es keinen zweiten Versuch.

8.4 Prüfung durch Sachverständige

Das Baurecht der Bundesländer fordert nicht nur den Einbau von Brandmeldeanlagen in Sonderbauten, sondern auch eine unabhängige technische Überprüfung durch bauaufsichtlich anerkannte Prüfsachverständige. Die Liste der in Frage kommenden Gebäude weist von Land zu Land kleine Abweichungen auf. In den meisten Bundesländern sind Sachverständigenprüfungen vorgeschrieben für

- Verkaufsstätten,
- Versammlungsstätten,
- Krankenhäuser,
- Beherbergungsstätten,
- Hochhäuser,
- Mittel- und Großgaragen,
- allgemeinbildende und berufsbildende Schulen.

Bei besonderen Gefährdungen kann die Sachverständigenprüfung im Einzelfall mit der Baugenehmigung gefordert werden. Das geschieht häufig in
- Industriebauten,
- Gefahrstofflagern,
- Heimen,
- Kindereinrichtungen,
- Verkehrsbauten (Bahnhöfe, Flughäfen, Tunnel).

Die Prüfung muss vom Bauherrn oder Betreiber veranlasst werden. Er kann diese Leistung seinem Baubetrieb oder der Errichterfirma übertragen. Das muss jedoch vertraglich vereinbart werden. Der Errichter ist nicht automatisch verpflichtet, seine Anlage einem anerkannten Sachverständigen vorzustellen.

Die Anerkennung als Sachverständiger ist personengebunden. Praktische Erfahrung und ein Arbeitsverhältnis mit einer Prüforganisation berechtigen noch nicht zur Durchführung baurechtlich vorgeschriebener Sachverständigenprüfungen. Die Anerkennung als Sachverständiger erfolgt erst nach einem aufwändigen Qualifizierungsverfahren und erfolgreicher Prüfung vor einer Kommission, die im Auftrag der obersten Bauaufsichten der Länder zusammentritt.

Der Sachverständige muss seine Tätigkeit unparteiisch, gewissenhaft und gemäß den baurechtlichen Vorschriften durchführen. Er muss sich über die Entwicklungen in seinem Fachgebiet auf dem Laufenden halten. Alle Prüfungen sind durch den Sachverständigen selbst durchzuführen. Befähigte und zuverlässige Mitarbeiter dürfen nur zu solchen Tätigkeiten hinzugezogen werden, die der Sachverständige jederzeit voll überwachen kann.

Die Sachverständigenprüfung von Brandmeldeanlagen umfasst in der Regel
- die Einsichtnahme in die Baugenehmigung, das Brandschutzkonzept und die Planung,
- die komplette Sichtprüfung aller Anlagenteile inklusive der Verkabelung,

- einen vollständigen oder teilweisen Funktionstest der Melder,
- den Funktionstest der Steuerfunktionen,
- den Funktionstest der Alarmierungseinrichtung (ggf. mit Messung des Alarmschallpegels),
- die Vorführung der Alarm- und Störungsweiterleitung,
- die Prüfung/Messung der Energieversorgung,
- die Simulation von Störungen,
- die Prüfung der Schutzmaßnahmen gegen Überspannungen.

8.5 Aufschaltung zur Feuerwehr

Die Aufschaltung muss schriftlich beantragt werden. Da etliche Unterschriften einzuholen sind, ist der Antrag spätestens sechs Wochen vor dem Aufschalttermin einzureichen.

Zur Aufschaltung müssen die Errichterfirma und ein bevollmächtigter Vertreter des Betreibers erscheinen.

Die Feuerwehr untersteht der Stadt- oder Gemeindeverwaltung und als Behörde hat sie zunächst die formal rechtlichen Belange zu klären. Der Aufschaltvertrag wurde im Vorfeld abgeschlossen. In der Regel müssen spätestens zum Ortstermin folgende Unterlagen übergeben werden:

- Feuerwehrpläne des Objektes,
- Kopie der Facherrichtererklärung,
- Kopie der Anerkennung des Errichters nach DIN 14675,
- Kopie des Wartungs- und Instandhaltungsvertrages,
- Prüfbescheinigung des bauaufsichtlich anerkannten Sachverständigen.

Die Mitarbeiter der Feuerwehr führen keine tiefgründige technische Prüfung der Brandmeldeanlage durch. Sie interessieren sich in erster Linie für alle beim Einsatz relevanten Belange, wie

- die Lage der Zentrale, des Feuerwehr-Bedienfeldes und des Feuerwehr-Anzeigetableaus,
- die Lage des Feuerwehrschlüsseldepots und des Freischaltelements,
- die frühzeitige Erkennbarkeit der Blitzleuchte aus dem Einsatzfahrzeug,
- das Schließsystem,
- die übersichtliche Beschriftung und Kennzeichnung von Brandmelderzentrale und Meldern,
- die durchgehende Sprechfunkverbindung in allen Gebäudeteilen,
- die Kennzeichnung von Zugängen, Treppenräumen und Geschossen.

Mit einigen simulierten Brandfällen wird geprüft, ob mit den Laufkarten der Brandort schnell gefunden wird und ob der Objektschlüssel zu allen Türen des Angriffsweges passt. Unter Umständen werden auch zusätzliche bauliche Kennzeichnungen verlangt, z. B. Geschossangaben in den Treppenhäusern.

Die Ansteuerung der Übertragungseinrichtung wird mit einem Probealarm zur Leitstelle getestet.

Verläuft alles zur Zufriedenheit, kann der Generalschlüssel des Objektes im Schlüsseldepot hinterlegt und die Aufschaltung aktiviert werden.

Die Brandmeldeanlage ist jetzt wirksam. Die „Außer-Betrieb"-Schilder in den Handfeuermeldern und die letzten Staubschutzkappen können entfernt werden. Mitarbeiter und Bauleute sind über die erfolgte Aufschaltung und die Folgen schuldhafter Auslösung von Falschalarmen zu informieren.

8.6 Haftungsfragen

Die vertragliche Beziehung zwischen Errichter und Auftraggeber endet nicht mit der Abnahme. Der Errichter haftet auch für Mängel, die nach der Abnahme festgestellt werden. Voraussetzung ist dabei immer, dass die Ursache für den Mangel bereits zum Zeitpunkt der Abnahme bestand. Die vertragliche Mängelhaftung ist im Bürgerlichen Gesetzbuch (BGB) § 634 ff. geregelt. Vertragliche Gewährleistungsansprüche können nur zwischen den Vertragspartnern geltend gemacht werden. Nach der Abnahme liegt die Beweislast beim Auftraggeber. Das heißt, dieser muss dem Errichter nachweisen, dass die Leistung mangelhaft ausgeführt wurde. Der Errichter hat dann zunächst das Recht zur Nachbesserung. Wenn die Nacherfüllung scheitert, kann der Auftraggeber die sekundären Gewährleistungsrechte geltend machen. Hierzu zählen:
- Rücktritt vom Vertrag,
- Minderung des Werklohnes,
- Ersatzvornahme (Mängelbeseitigung durch Dritte zu Lasten des Errichters),
- Ersatz vergeblicher Aufwendungen,
- Schadensersatz statt Leistung.

Der Schadensersatzanspruch entsteht insbesondere dann, wenn auf Grund des Mangels bereits ein Schaden eingetreten ist.

Beispiel:
Bei einem Brandereignis hat die Brandfallsteuerung eines Feuerschutzabschlusses nicht bestimmungsgemäß funktioniert, wodurch sich der Brand in einen weiteren Raum ausbreiten konnte und zusätzlichen Sachschaden verursachte. Wenn der Betreiber nachweisen kann, dass hier ein Mangel bei der Errichtung vorlag, kann er Schadensersatzansprüche geltend machen.

Die vertragliche Mängelhaftung gilt auch für Wartungsverträge.
Neben der vertraglichen Haftung unterliegen alle am Bau Beteiligten der außervertraglichen Haftung. Diese ist im BGB § 823 geregelt und gilt gegenüber jedermann. Sie greift dann, wenn eine Person in einem Gebäude auf Grund einer fehlerhaften Bauausführung (oder Planung) verletzt oder getötet wird oder ein Sachschaden entsteht. Jeder Mangel bei der Errichtung oder Wartung einer Brandschutzeinrichtung kann im Schadensfall neben der zivilrechtlichen auch zu einer strafrechtlichen Verfolgung führen.

Eine fehlerhafte Leistung wird dann unterstellt, wenn die Leistung nicht den anerkannten Regeln der Technik entsprach. Als anerkannte Regeln der Technik werden üblicherweise zunächst die gültigen technischen Regelwerke wie DIN- und VDE-Normen herangezogen. Deren Einhaltung bietet allerdings noch keine hundertprozentige Sicherheit. Es handelt sich hierbei um technische Regeln privater Normungsgremien. Alte Normen können technisch überholt sein. Neue Normen haben sich unter Umständen in der Praxis noch nicht bewährt. Jedem Planer und Errichter ist daher dringend anzuraten, nicht nur stur die Normen anzuwenden, sondern deren Kenntnis mit Verantwortungsbewusstsein und gesundem Menschenverstand zu paaren.

Für die fachgerechte Ausführung einer Brandmeldeanlage haftet der Facherrichter der BMA, unabhängig davon, ob er das Leitungsnetz selbst installiert hat oder ob einfache Montageleistungen durch Dritte ausgeführt wurden. Häufig arbeitet die Brandmeldefachfirma als Nachunternehmer eines Elektrofachbetriebes. Aus Kostengründen führt der Elektrobetrieb die Leitungsverlegung und Meldermontage gerne mit eigenem Personal aus. Er ist bei Haftungsfragen auch der erste Ansprechpartner des Auftraggebers. Im Innenverhältnis kann er aber die Ansprüche an die Brandmeldefirma weiterreichen. Der Facherrichter der BMA verfügt über das erforderliche Fachwissen und muss auch die Teilleistungen überwachen und verantworten, die er nicht selbst ausgeführt hat.

FACHBUCH

Störquellen vermeiden!

Herbert Schmolke u.a.
Elektromagnetische Verträglichkeit in der Elektroinstallation – das Handbuch
Planung, Prüfung, Errichtung
2. neu bearb. und erw. Auflage 2012.
280 Seiten.
€ 39,80. ISBN 978-3-8101-0354-3

2. neu bearb. und erw. Auflage

2. Auflage

Dieses Buch bietet das gesamte EMV-Fachwissen, um Blitz- und Überspannungsschutz sowie Schutz bei Überstrom und gegen elektrischen Schlag mit der EMV in Einklang zu bringen.

Schwerpunkte

→ EMV-Maßnahmen in der Elektroinstallation;
→ Störgrößen: Quellen und Auswirkungen;
→ Kopplungsmechanismen;
→ Planungsgrundlagen
→ Richtlinien, Gesetze und Normen.

Hüthig & Pflaum Verlag
Im Weiher 10
D-69121 Heidelberg
Tel.: +49 (0) 6221 489-555

Ihre Bestellmöglichkeiten

 Fax:
+49 (0) 6221 489-410

 E-Mail:
buchservice@huethig.de

 http://shop.elektro.net

Hier Ihr Fachbuch direkt online bestellen!

www.elektro.net

9 Betrieb von Brandmeldeanlagen

9.1 Verantwortung des Betreibers

Mit der Übergabe der Brandmeldeanlage an den Betreiber beginnt eine kritische Phase im „Leben" der Anlage. Konzeption, Planung, Errichtung und Inbetriebnahme lagen in den Händen qualifizierter Fachleute. Beim Betreiber hingegen dürften entsprechende technische Fähigkeiten oder gar Spezialkenntnisse in der Brandmeldetechnik eher die Ausnahme sein.

Trotzdem ist der Betreiber der Hauptverantwortliche für die sichere Funktion der Anlage. Seine Aufgaben sind jedoch überwiegend organisatorischer Art. Durch den Betreiber ist eine verantwortliche Person namentlich zu benennen, die in die Funktion der Anlage eingewiesen wird und ihr Wissen durch Schulungen beim Hersteller oder bei einer Fachfirma auf dem aktuellen Stand hält. Der Anlagenverantwortliche wird vom Errichter in die Bedienung und Funktion der Anlage eingewiesen. Seine Aufgaben bestehen schwerpunktmäßig darin,

- die ständige Betriebsbereitschaft zu überwachen,
- Störungen zu erkennen und zu beheben oder durch Fachkräfte beheben zu lassen,
- regelmäßige Inspektionen und Wartungen zu veranlassen[11],
- bei Störungen und Ausfällen einen Beginn der Instandsetzung innerhalb von 24 Stunden und eine Wiederherstellung des Soll-Zustandes innerhalb von 72 Stunden zu veranlassen[11],
- Abschaltungen und Wiederzuschaltungen von Meldern und Meldergruppen vorzunehmen, die Zeit der Abschaltung auf ein notwendiges Minimum zu beschränken und kompensierende Maßnahmen wie Brandwachen einzurichten,
- bei Ausfall oder Abschaltung der Alarmierungseinrichtung für Ersatzmaßnahmen zu sorgen,
- bei Sprachalarmanlagen die Funktion und freie Abstrahlung der Lautsprecher regelmäßig zu überprüfen,
- Räume ohne Überwachung regelmäßig dahingehend zu prüfen, ob ihre Brandlast weiter unbedenklich ist,

---

11 Wenn der Betreiber über kein eigenes qualifiziertes und zertfiziertes Personal verfügt, ist ein Wartungs- und Instandsetzungsvertrag mit einem zertifizierten Fachbetrieb abzuschließen.

- Räume ohne Alarmierungseinrichtung dahingehend zu überprüfen, ob sich die Nutzungsbedingungen geändert haben,
- Eintragungen im Betriebsbuch vorzunehmen und Eintragungen von Dritten zu kontrollieren,
- wiederkehrende baurechtliche Prüfungen durch Sachverständige zu veranlassen,
- die Abstellung von Mängeln zu veranlassen und zu überwachen[12],
- bei Nutzungsänderungen, Umbauten und Erweiterungen eine Umplanung und Anpassung der Brandmeldeanlage durch zertifizierte Planer und Errichter zu veranlassen,
- bei Änderungen und Erweiterungen die Anpassung der Dokumentation zu veranlassen.

Bei Falschalarmen muss der Anlagenverantwortliche, ggf. in Zusammenarbeit mit dem Instandhaltungsbetrieb, die Ursache ermitteln und in Fällen, bei denen mit einer Wiederholung zu rechnen ist, technische und organisatorische Gegenmaßnahmen einleiten. Das kann der Einsatz anderer Meldertypen, eine technische Maßnahme zur Falschalarmvermeidung oder auch nur die Belehrung von Mitarbeitern sein.

Wenn die Betriebsbereitschaft und Störungen nicht an einer ständig besetzten und eingewiesenen Stelle angezeigt werden, muss sich der Anlagenverantwortliche regelmäßig, mindestens arbeitstäglich, über den Anlagenzustand informieren. Bei Abwesenheit ist ein eingewiesener Vertreter zu bestellen.

9.2 Instandhaltung

Die Instandhaltung hat drei Bestandteile: die Inspektion, die Wartung und die Instandsetzung (**Bild 9.1**). Diese Begriffe werden gern durcheinandergebracht und sollen deshalb kurz definiert werden:

Bild 9.1 *Bestandteile der Instandhaltung*

---

[12] Das betrifft sowohl anlagentechnische Mängel, die durch einen Fachbetrieb behoben werden müssen, als auch betriebliche Mängel wie die unzulässige Annäherung von Lagegut an Melder.

9.2 Instandhaltung

Instandhaltung:	Feststellen und Beurteilen des Ist-Zustandes und Bewahren und Wiederherstellen des Soll-Zustandes;
Inspektion:	Maßnahmen zur Feststellung und Beurteilung des Ist-Zustandes der Anlage; Trendbeobachtung und Soll-Ist-Vergleich von Schadensindikatoren sowie die Schadensdiagnose zur gezielten Problembeseitigung;
Wartung:	Maßnahmen zur Bewahrung des Soll-Zustandes; vorbeugende Beseitigung zeitabhängiger Schäden und Verhütung von Folgeschäden;
Instandsetzung:	Maßnahmen zur Wiederherstellung des Soll-Zustandes, z. B. durch die Reparatur oder den Austausch von Teilen und Baugruppen.

Den logischen Ablauf der Instandhaltung zeigt **Bild 9.2**.

Die zeitliche Veränderung des Anlagenzustandes und wie er von Wartung und Instandsetzung beeinflusst wird, ist im **Bild 9.3** dargestellt.

Brandmeldeanlagen sind viermal jährlich in etwa gleichen Zeitabständen durch Mitarbeiter eines zertifizierten Fachbetriebs zu inspizieren. Zum Inspektionsumfang gehört auch die Kontrolle all jener Mängel, die von der Brandmeldeanlage nicht selbst erkannt werden, wie die Änderung von Umgebungsbedingungen, Raumnutzungen und Raumgestaltungen. Außerplanmäßige Inspektionen und Instandsetzungen sind unverzüglich nach Störungen durchzuführen.

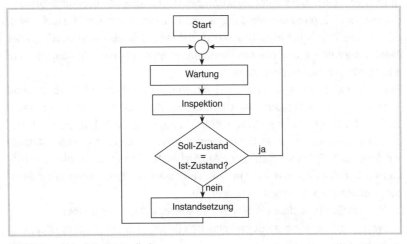

Bild 9.2 *Ablauf der Instandhaltung*

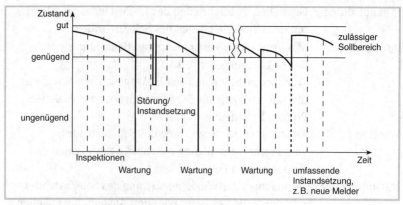

Bild 9.3 Zeitliche Veränderung des Anlagenzustandes

Die Inspektionen umfassen schwerpunktmäßig die Sicht- und Funktionsprüfung folgender Anlagenteile:
- Melder,
- Übertragungseinrichtung,
- Ansteuereinrichtungen,
- Signalgeber und Lautsprecher,
- Anzeige- und Bedieneinrichtungen,
- Energieversorgung,
- Störungsweiterleitung,
- Laufkarten und Dokumentation.

Einmal pro Jahr muss jeder zerstörungsfrei prüfbare Melder ausgelöst und die korrekte Anzeige der Meldung an der Brandmelderzentrale geprüft werden. In der Praxis hat es sich bewährt, bei jeder Inspektion etwa 25 % aller Melder auszulösen und das Auslösedatum in einem Jahresprüfplan, auf dem alle Melder enthalten sind, zu vermerken.

Bei Sprachalarmanlagen sind die Lautsprecher jährlich auf Funktion und Verzerrung zu überprüfen. Die Überprüfung kann durch Hörtests erfolgen. Im Zweifelsfall ist die Sprachverständlichkeit messtechnisch nachzuweisen.

Das Inspektionsintervall für einfache Anlagen ohne Personenschutzmaßnahmen (z. B. Entrauchungs- oder Aufzugsansteuerung) durch einen zertifizierten Fachbetrieb darf auf ein Jahr verlängert werden, wenn alle folgenden Auflagen streng eingehalten werden:
- Für das Gebäude liegt ein Sicherheitskonzept vor, das das Überwachungskonzept enthält und gleichbleibende, gemäßigte Umgebungsbedingungen bestätigt.

- Vom Betreiber liegt eine schriftliche Zusicherung vor, dass bei einer Nutzungsänderung das Sicherheitskonzept angepasst wird.
- Bei Ausfall oder Störung von Anlagenteilen muss automatisch eine Meldung an eine ständig besetzte Stelle abgesetzt werden, die zu einer unverzüglichen Einleitung der Instandsetzung führt.
- Die Anlage muss viermal pro Jahr durch eine sachkundige Person oder Elektrofachkraft begangen werden, die das gesamte Objekt auf Veränderungen gegenüber dem Sicherheitskonzept und alle Anlagenteile auf ordnungsgemäße Befestigung und auf Verschmutzung überprüft.

Diese kleine „Marscherleichterung" für den Betreiber hat allerdings zur Folge, dass bei der jährlichen Überprüfung alle Melder geprüft werden müssen, was mit erheblich höherem Zeitaufwand und unter Umständen mit größeren Betriebsbehinderungen verbunden ist. Rechnet man den Aufwand für die Ausbildung und die Arbeitszeit der eigenen Elektrofachkraft dazu, dürfte sich in den meisten Fällen kein nennenswerter wirtschaftlicher Vorteil gegenüber der professionellen Komplettbetreuung durch einen Fachbetrieb ergeben.

Die vierteljährlichen Begehungen werden normativ nicht der Instandhaltung zugeordnet und dürfen daher durch sachkundige Personen für Gefahrenmeldeanlagen durchgeführt werden. Die Instandhaltung selbst muss grundsätzlich durch eine BMA-Fachfirma erfolgen. Der Instandhalter schuldet dem Betreiber grundsätzlich die Bereitstellung und rechtzeitige Verfügbarkeit von Ersatzteilen. Die Bevorratung selbst kann beim Hersteller, beim Instandhalter oder beim Betreiber erfolgen.

Wartung und Inspektion gehen Hand in Hand. Zu den eigentlichen Wartungsarbeiten gehören

- die Pflege und Reinigung von Anlagenteilen,
- das Auswechseln von Anlagenteilen (z. B. von Rauchmeldern nach Zeitvorgabe oder Verschleißanzeige),
- das Auswechseln von Bauelementen wie Akkumulatoren und Speicherbatterien,
- Justier- und Einstellarbeiten.

Die Abschaltung der Übertragungseinrichtung zur Feuerwehr und der Steuerfunktionen bei Inspektion, Wartung und Instandhaltung bedarf der Zustimmung des Betreibers. Bei Abschaltung der Übertragungseinrichtung muss die Weiterleitung eines Feueralarmes anderweitig sichergestellt werden. In der Praxis wird hier ein Mitarbeiter der Wartungsfirma oder des Betreibers an der Zentrale Wache halten und Alarme, die nicht zu Testzwecken ausgelöst wurden, telefonisch an die Feuerwehr melden.

Automatische Brandmelder sind elektronische Bauteile, die in Abhängigkeit von den Umgebungsbedingungen verschleißen. Insbesondere optische Rauchmelder verändern bei zunehmender Verschmutzung ihr Ansprechverhalten. Der Lichtstrom der Leuchtdioden lässt mit den Jahren nach. Die Lebensdauer der LEDs kann bei niedrigen Strömen bis zu 100 000 h (11,4 Jahre) betragen. Hohe Temperaturen führen zu einer deutlichen Reduzierung der Lebenserwartung. Werden die LEDs gepulst angesteuert, sind es häufig die für den Pulsbetrieb zuständigen Elektrolytkondensatoren, die zuerst ausfallen. Bei LEDs, die im blauen oder ultravioletten Spektrum strahlen, führt das kurzwellige Licht mit der Zeit zu einer Trübung des ursprünglich glasklaren Kunststoffgehäuses. Je nach Montageort führen Staub, Insektenrückstände oder Fettablagerungen zu einer Schwächung des Lichtstromes und zu einer Schwächung des Empfangs der Fotodiode.

Die Verschmutzung der Messkammer führt zu einem gegenteiligen Effekt. Wenn sich in der mattschwarzen Messkammer helle Partikel ablagern, kommt es zu unerwünschtem Streulicht, das bei Überschreitung des Schwellwertes den Melder in den Alarmzustand versetzt.

Hochwertige Melder sind in der Lage, den Alarmschwellwert verschmutzungsabhängig nachzuführen und somit die Gebrauchsdauer des Melders zu verlängern. Aber auch diese Nachregelung hat ihre physikalischen Grenzen.

Die DIN 14675 gibt Einsatzfristen für automatische Brandmelder vor. Diese betragen

- 5 Jahre für automatische punktförmige Melder, bei denen Verschmutzung die Funktion beeinträchtigt, ohne automatische Kalibriereinrichtungen oder Verschmutzungskompensation, wenn die Einhaltung der Ansprechschwelle bei der Überprüfung vor Ort nicht festgestellt werden kann.
- 8 Jahre für automatische punktförmige Melder mit Komponenten, bei denen Verschmutzung die Funktion beeinträchtigt, mit automatischer Kalibriereinrichtung oder Verschmutzungskompensation zur Anzeige einer zu großen Abweichung, wenn die Einhaltung der Ansprechschwelle bei der Überprüfung vor Ort nicht festgestellt werden kann.
- Theoretisch unbeschränkt können Brandmelder weiterverwendet werden, wenn die Einhaltung der Ansprechschwelle bei der jährlichen Prüfung mit einem vom Hersteller vorgegebenen Prüfverfahren nachgewiesen wurde.

Ausgebaute Melder müssen fachgerecht entsorgt oder dem Hersteller zu Prüfung und Instandsetzung zugeleitet werden.

Des Weiteren fordert die DIN 14675, dass mindestens einmal in 3 Jahren ein vollständiger Funktionstest mit Simulierung eines Brandfalles und der Aktivierung aller Alarm- und Steuerfunktionen durchzuführen ist. Diese bei großen Anlagen recht aufwändige Prozedur bedarf einer gründlichen Vorbereitung und der Einbeziehung der Bediener oder Wartungsfirmen der angesteuerten Anlagen. Das Thema wurde bereits im Abschnitt 8.3 ausführlich behandelt.

Werden bei der Inspektion unzulässige Abweichungen vom Soll-Zustand festgestellt, muss die Anlage unverzüglich instand gesetzt werden. In der Regel muss die Instandsetzung innerhalb von 24 Stunden begonnen und innerhalb von 72 Stunden abgeschlossen werden. Um längere Ausfälle zu vermeiden, muss der betreuende Fachbetrieb einen ausreichenden Ersatzteilstock für die von ihm gewarteten Anlagen vorhalten.

Instandhaltungsmaßnahmen dürfen aus der Ferne durchgeführt werden. Die Zugangsberechtigung ist mit dem Betreiber schriftlich zu vereinbaren und zeitlich zu begrenzen. Der Zugang muss über ein qualifiziertes Übertragungsverfahren erfolgen und vom Betreiber vor Ort freigegeben werden. Fernzugriffe und Änderungen müssen vom Ereignisspeicher registriert werden.

Folgende Tätigkeiten können aus der Ferne vorgenommen werden:
- Abfrage von Meldungen, Betriebszuständen, Ereignisspeichern und Softwareständen,
- Rücksetzen von Störungsmeldungen nach Ursachenbeseitigung,
- Abschaltung von Betriebsmitteln (Anzeige vor Ort erforderlich),
- Beseitigung von Softwarefehlern[13],
- Fernparametrierung[13].

Im Folgenden sollen noch einige **häufige Probleme bei der Instandhaltung** angesprochen werden.

Lager, Archive und Bibliotheken werden mit der Zeit immer voller. Wird der Platz knapp, wird auch gerne mal ein Melder zugebaut. Wenn ein Hinweis an den Nutzer nicht ausreicht, um den Raum um den Melder dauerhaft freizuhalten, sind Hinweisschilder anzubringen oder konstruktive Maßnahmen, wie das Entfernen von Regalböden oder das Anbringen von Hindernissen, erforderlich.

Deckenmelder in hohen Räumen sind oft schwer zugänglich. Für die Erprobung reicht die Teleskopstange gerade noch aus. Muss der Melder gereinigt, getauscht oder versetzt werden, beginnt die Höhenakrobatik. Nach

---

13 Bei Übertragungsstörungen muss der alte Zustand erhalten bleiben.

den Vorschriften der Berufsgenossenschaften dürfen Anlehnleitern nur für Tätigkeiten benutzt werden, die mit einer Hand ausgeübt werden können. Das heißt, um einen Melder zu inspizieren oder zu entnehmen, kann der Wartungsmonteur die Anlehnleiter verwenden. Um den Sockel ab- oder anzubauen, sind andere Hilfsmittel wie Gerüst oder Hebebühne erforderlich.

In explosionsgefährdeten Bereichen ist der Umgang mit offener Flamme strengstens untersagt. Für die Erprobung eines Flammenmelders sind deshalb spezielle Testgeräte zu verwenden. Alternativ kann auf dem Dienstweg ein Feuererlaubnisschein erlangt werden.

Revisionsluken für Brandmelder müssen während der Lebensdauer einer Anlage über 100-mal betätigt werden. Deckenplatten, Clip-Paneele und diverse Bastellösungen sind dafür nicht geeignet. Um eventuellen Schadenersatzforderungen von Seiten des Auftraggebers vorzubeugen, ist schon in der Bauphase bzw. bei der Übernahme eines Instandhaltungsvertrages auf dieses Problem hinzuweisen.

Ansaugrauchmelder haben feine Ansaugöffnungen. In Abhängigkeit von der Staub- und Flusenbelastung der Umgebung verschmutzen diese schneller oder langsamer. Das Ausblasen mit Druckluft gehört in den Wartungsplan. Bei stark verschmutzten Bereichen mit kurzen Reinigungsintervallen kann diese Aufgabe auch vom Betreiber wahrgenommen werden.

Brandmeldeanlagen mit Löschanlagensteuerung erfordern einige zusätzliche Vorsichtsmaßnahmen. Werden mit der Funktion „Brandfallsteuerung ab" automatische Löschanlagen abgeschaltet, müssen folgende Punkte geklärt werden:

- Sind zusätzliche mechanische Sicherungsmaßnahmen an der Löschanlage erforderlich, um unbeabsichtigte Fehlauslösungen zu vermeiden?
- Darf das Gebäude bei abgeschalteter Löschanlage benutzt bzw. darf die geschützte Anlage trotz Abschaltung weiterbetrieben werden?
- Werden durch die Abschaltung Funktionen der Löschanlage aktiviert?

Bei vorgesteuerten Trockenanlagen ist es möglich, dass die Abschaltung wie ein Voralarm gewertet wird. Das heißt, es kommt nicht zum Löscheinsatz, da noch kein Glasfässchen der Sprinkleranlage geplatzt ist, aber die sonst trockene Löschwasserleitung wird geflutet.

Erprobungen der Übertragungseinrichtung müssen vorab bei der Leitstelle der Feuerwehr angemeldet werden. In einigen Städten darf die Information nur über den Konzessionär erfolgen. Wird die Brandmeldeanlage an der Zentrale zurückgestellt, bleibt die Anzeige am Feuerwehr-Bedienfeld noch 15 Minuten bestehen, um den Einsatzkräften zu signalisieren, dass die Auslösung der Übertragungseinrichtung von der Brandmeldeanlage ausging. Diese Anzeige dient der Feuerwehr als Einsatzrechtfertigung, wenn ein Falschalarm vor Eintreffen der Rettungskräfte zurückgesetzt wurde.

Die Wartung und Instandhaltung von Rauchwarnmeldern in Wohnhäusern, Wohnungen und Räumen mit wohnungsähnlicher Nutzung kann auch durch Laien erfolgen. Die Sicht- und Funktionsprüfung ist mindestens einmal jährlich durchzuführen:

- Prüfung und ggf. Reinigung der Raucheintrittsöffnungen,
- Prüfung auf mechanische Beschädigung, ggf. Austausch des defekten Melders,
- Auslösen eines Alarms über die Prüftaste,
- bei externer Stromversorgung: Alarmtest bei Abschaltung jeweils einer Spannungsquelle.

Der Batteriewechsel erfolgt nach Herstellervorgabe. Wenn diese fehlt, ist jährlich zu wechseln bzw. dann, wenn der Rauchwarnmelder einen erforderlichen Batteriewechsel signalisiert.

Geräte mit nicht auswechselbaren Langzeitbatterien (z. B. Lithium-Batterien) müssen nach Herstellervorgabe komplett gewechselt werden.

9.3 Änderungen und Erweiterungen

Selten bleiben Brandmeldeanlagen unverändert über die gesamte Lebensdauer bestehen. Umbauten, Erweiterungen oder Nutzungsänderungen des Gebäudes oder ein gestiegenes Sicherheitsbedürfnis bedingen eine Anpassung oder Erweiterung der Brandmeldeanlage.

Häufig stellt sich in solchen Fällen die Frage nach dem Bestandsschutz. Dieses Thema wurde erstmals in der DIN 14675, Ausgabe 2003, behandelt. Danach müssen Brandmeldeanlagen den zum Zeitpunkt der Inbetriebnahme geltenden Normen entsprechen. Der Bestandsschutz bedeutet, dass Forderungen, die zu einem späteren Zeitpunkt verabschiedet wurden, nicht nachträglich umgesetzt werden müssen, es sei denn, die Anpassung wird aus schwerwiegenden Sicherheitsgründen ausdrücklich verlangt.

Die gesamte Brandmeldeanlage ist jedoch an die neuen Normen anzupassen, wenn wesentliche Änderungen vorgenommen werden. Hierzu gehören

- die Änderung des Brandschutzkonzepts, z. B. ein geänderter Überwachungsumfang,
- die Änderung der Kategorie des Schutzumfangs,
- die Änderung der Struktur (Linientechnik in Ringbustechnik).

Unwesentliche Änderungen sind
- Änderungen der Brandmelderanzahl innerhalb einer Meldergruppe,
- Änderungen des Meldertyps,
- örtliche Umverlegung von Brandmeldern oder Signalgebern,
- der Austausch von Komponenten oder des Gesamtsystems ohne Änderung der Struktur.

9.4 Probealarme

Die Betriebsbereitschaft der technischen Anlagen kann durch regelmäßige Überprüfungen festgestellt werden. Das richtige Verhalten des Betriebspersonals und die korrekte Wirkung der Alarmierungseinrichtung auf Besucher kann nur im Rahmen von Probealarmen geschult und getestet werden.

Der Probealarm darf nur einem sehr kleinen Personenkreis angekündigt werden. Bei großen Gebäuden und komplexen Anlagen empfiehlt sich die Einbeziehung von Polizei, Feuerwehr und Sanitätern. Der Einbau typischer Komplikationen, wie „verrauchte" Rettungswege, das Ablegen von „Verletzten" und der Ausfall der Allgemeinbeleuchtung, vermittelt ein realistisches Szenario einer Gefahrensituation.

In Gebäuden mit festem Nutzerkreis werden durch regelmäßige Probealarme ein ruhiges, routiniertes Verhalten der Mitarbeiter und deutlich kürzere Evakuierungszeiten erreicht.

In Gebäuden mit vielen ortsunkundigen Personen beschränkt sich der Schulungseffekt auf die kleine Zahl von Mitarbeitern. Wichtig ist in diesen Gebäuden vor allem das Aufdecken von technischen und organisatorischen Defiziten, wie etwa
- unzureichende Klarheit der Alarmierungsanweisungen,
- unzureichende oder falsche Fluchtwegkennzeichnung,
- Fehlverhalten von Mietern (z. B. Fortsetzung des Verkaufs in Ladengeschäften),
- verstellte Rettungswege,
- Behinderung der Einsatzkräfte durch verstellte Angriffswege oder ausgetauschte Schlösser,
- nicht aktuelle Feuerwehrlaufkarten.

Nach jedem Probealarm müssen in einer detaillierten Auswertung alle Defizite festgehalten und Maßnahmen zu deren Abstellung festgelegt werden.

9.5 Wiederkehrende Prüfungen

Die regelmäßigen Inspektionen durch Mitarbeiter eines zertifizierten Fachbetriebs wurden im Abschnitt 9.2 ausführlich behandelt. Darüber hinaus bestehen bei den im Abschnitt 8.4 genannten Gebäuden gesetzliche Anforderungen an die wiederkehrende Prüfung der Anlage durch staatlich anerkannte Prüfsachverständige. Genaueres regeln die Technischen Prüfverordnungen der Länder.

Nach Landesbaurecht wird eine Sachverständigenprüfung üblicherweise
- vor der Inbetriebnahme,
- nach Änderungen, Umbauten und Erweiterungen des Gebäudes oder der BMA und
- in wiederkehrenden Abständen von maximal drei Jahren verlangt.

Gemäß DIN 14675 und den Musterprüfrichtlinien muss im Abstand von maximal 3 Jahren eine Wirkprinzipprüfung aller Brandfallsteuerungen durchgeführt werden. Dabei ist die gesamte Kette vom auslösenden Melder bis zur korrekten Funktion der angesteuerten Einrichtung zu testen. Neben der durchgehenden Signalübertragung und der richtigen Zuordnung der Brandereignisse zu den entsprechenden Sicherheitseinrichtungen muss auch geprüft werden, ob sich die Sicherheitseinrichtungen nicht gegenseitig nachteilig beeinflussen.

Beispiel:
In einer geschlossenen Großgarage wurde die Wirksamkeit der Entrauchungsanlage und der Alarmierungseinrichtung durch bauaufsichtlich anerkannte Prüfsachverständige bescheinigt. Erst bei einer zufälligen Falschalarmauslösung zum Ende der Bauzeit stellte man fest, dass der Lärmschallpegel der Entrauchungsventilatoren weit über dem Alarmschallpegel der Sprachalarmanlage lag und die Evakuierungsdurchsage schlichtweg nicht verständlich war.

Die Beauftragung des Prüfsachverständigen obliegt dem Betreiber. Die Prüfbescheinigungen nach Änderungen oder Erweiterungen sind der unteren Bauaufsicht unverzüglich zu übersenden. Bescheinigungen über wiederkehrende Prüfungen sind mindestens 5 Jahre aufzubewahren und der Bauaufsicht auf Verlangen vorzulegen. Vorsätzlich oder fahrlässig unterlassene oder nicht rechtzeitig durchgeführte Prüfungen stellen eine Ordnungswidrigkeit im Sinne der Bauordnung dar.

Manche Betreiber reagieren mit Unverständnis auf diese Forderung und die damit verbundenen Kosten. Doch sehen wir es einmal so: Kein Autofahrer mag sie, aber jeder stellt seinen Pkw, gleichgültig, ob es sich um einen abgenutzten Kleinwagen oder um die nach Checkheft gepflegte Luxus-Limousine handelt, regelmäßig zur Hauptuntersuchung einem Kfz-Sachverständigen vor. Das dient dem Schutz der Insassen und der Sicherheit anderer Verkehrsteilnehmer. Um wie viel wichtiger ist die unabhängige Überprüfung einer Brandmeldeanlage in einem millionenteuren Bauwerk, wo es im Gefahrenfall um die Sicherheit einer ganzen Belegschaft oder von tausenden Besuchern geht.

Die Erfahrungen des Autors und vieler Kollegen zeigen, dass auch Anlagen, die von Mitarbeitern kompetenter Fachbetriebe gewartet werden, nicht frei von Problemen sind.

Ein paar hundert Euro für eine Überprüfung zu sparen, bringt im besten Fall ein kurzes anerkennendes Nicken des Kaufmanns. Das schlechte Gewissen, bei der Sicherheit gespart zu haben, bleibt für Jahre. Kommt es zum Schadensfall, fällt die Rechtfertigung gegenüber den Ermittlungsbehörden und dem Versicherer schwer. Um wie viel angenehmer ist dagegen das Gefühl, wenn nach gründlicher und fachkompetenter Prüfung durch einen unabhängigen Sachverständigen die Wirksamkeit und die Betriebssicherheit der Brandmeldeanlage bestätigt werden.

Anhang

Anhang 1 Fachbegriffe

abgeschlossene Räume für GMA: Räume und Orte, die unter Verschluss gehalten werden. Der Verschluss darf nur von beauftragten Personen geöffnet werden. Der Zutritt (Zugang) ist nur Elektrofachkräften und eingewiesenen Personen gestattet.

Ansaugrauchmelder: Melder, der sich die Meldergröße selbst zuführt. Über ein Rohrsystem mit Ansaugöffnungen im Überwachungsbereich wird die Luft dem Melder zugeführt und auf die Brandkenngröße, i. d. R. Rauch, überwacht. Alternative Bezeichnung: Rauchansaugsystem (RAS).

Anzeigeeinrichtungen: Einrichtungen, die der optischen und akustischen Anzeige von Meldungen zur Entgegennahme durch eingewiesene Personen dienen.

Alarm: Warnung vor einer Gefahr für Personen, Tiere oder Sachwerte, ggf. Aufforderung zur Evakuierung oder zum Herbeirufen von Hilfe.

Alarmierungsbereiche: Teile eines Gebäudes oder einer Liegenschaft, in denen eine interne Alarmierung durchgeführt werden kann.

Alarmierungseinrichtungen: Einrichtungen, die dem Herbeiruf von Hilfe zur Gefahrenabwehr oder der Warnung von Personen dienen. Sie können Teil oder Zusatzeinrichtung einer GMA sein.

Alarmorganisation: Gesamtheit und Struktur der Maßnahmen, die bei einem Brand zur Warnung und Rettung von Personen, der Verhinderung der Brandausbreitung und der Brandbekämpfung dienen.

Alarmzustand: Zustand einer Brandmelde- oder Übertragungsanlage oder eines Teils davon als Reaktion auf eine bestehende Gefahr.

Alarmzwischenspeicherung: Maßnahme zur Verifizierung des Alarmzustandes. Das Ansprechen von automatischen Brandmeldern wird erst dann als Brandmeldezustand gewertet, wenn die Brandkenngröße eine vorgegebene Zeit vorliegt.

Allgemeines Bauaufsichtliches Prüfzeugnis (ABP): Eignungszeugnis einer von der obersten Bauaufsichtsbehörde als solche anerkannten Prüfstelle für ein Bauprodukt. Im Unterschied zu einer Allgemeinen Bauaufsichtlichen Zulassung (ABZ) wird das ABP für weniger sicherheitsrelevante oder einfacher prüfbare Bauprodukte ausgestellt.

Allgemeine Bauaufsichtliche Zulassung (ABZ): Bauaufsichtliche Zulassung für serienmäßig hergestellte Bauprodukte, die vom Deutschen Institut für Bautechnik (DIBT) erteilt wird.

Ansteuereinrichtungen: Einrichtungen, die der Anschaltung von Übertragungseinrichtungen, von Steuereinrichtungen oder von Alarmierungseinrichtungen dienen.

Anwendungstemperatur, typische: Temperatur, der ein installierter Melder längere Zeit ausgesetzt sein kann, ohne dass ein Brand vorliegt.

Anwendungstemperatur, maximale: Maximale Temperatur, der ein installierter Melder, wenn auch nur kurzzeitig, ausgesetzt sein kann, ohne dass ein Brand vorliegt.

Anwendungstemperatur, statische: Temperatur, bei der ein Melder einen Alarm abgeben würde, wenn er einer verschwindend kleinen Temperaturanstiegsgeschwindigkeit ausgesetzt wird.

ausfallgefährdete Energiequelle: Energiequelle, die nur eingeschränkt verfügbar ist.

automatische Melder: Melder, die zur Bildung von Gefahrenmeldungen dienende physikalische Kenngrößen erfassen und auswerten.

automatische Wähl- und Übertragungsgeräte (AWÜG): Geräte, die Meldungen und Informationen mittels codierter Signale auf Übertragungswegen des öffentlichen Telekommunikationsnetzes zu beauftragten Stellen weiterleiten. Hierbei wird der Übertragungsweg von den AWÜG durch automatische Wahl aufgebaut.

beauftragte Stelle: Eine vom Betreiber beauftragte eingewiesene Person oder Leitstelle, die Meldungen annimmt und notwendige Maßnahmen veranlasst.

bedingt zugängliche Räume für GMA: Räume oder Orte, die in der Regel nur Elektrofachkräften und eingewiesenen Personen zugänglich sind.

Betreiber: Der für den Betrieb der GMA Verantwortliche.

betriebliche Störungen: Abweichungen vom Soll-Zustand.

Betriebsmittel, elektrische: Gegenstände zum Erzeugen, Fortleiten, Verteilen, Speichern, Messen und Umsetzen von elektrischer Energie.

Brandabschnitt: Teil einer baulichen Anlage, der gegenüber derselben und/oder einer anderen baulichen Anlage durch Brandwände und entsprechende Decken umschlossen ist.

Brandalarm: Warnung vor einer durch Brand bestehenden Gefahr für Personen und Sachen, um Maßnahmen zur Gefahrenabwehr einleiten zu können.

Brandkenngröße: Physikalische und/oder chemische Kenngröße, z.B. Rauch, Temperaturerhöhung, Flammenstrahlung, die in der Umgebung eines Brandes auftritt und deren messbare Veränderungen ausgewertet werden können.

Brandkenngrößen-Mustervergleich: Maßnahme zur Verifizierung des Alarmzustandes. Der Brandmeldezustand wird erst nach Übereinstimmung erkannter Muster mit vorgegebenen Mustern erreicht.

Brandmeldeanlagen (BMA): Gefahrenmeldeanlagen, die Personen zu direktem Hilferuf bei Brandgefahren dienen und/oder Brände zu einem frühen Zeitpunkt erkennen und melden.

Brandmeldekonzept: Beschreibt ausgehend vom Brandschutzkonzept des Gebäudes die Schutzziele, den Überwachungsumfang, die wesentlichen Bestandteile sowie Maßnahmen zur Falschalarmvermeidung, Alarmierung und Steuerung von Brandschutzeinrichtungen.

Brandschutzeinrichtung: Einrichtung, die der Brandbekämpfung oder der Verhinderung der Brandausbreitung dient.

eingewiesene Person: Person, die in die für den Betrieb einer GMA erforderlichen Aufgaben eingewiesen wurde und in der Lage ist, selbstständig die Bedienung der GMA vorzunehmen, Einflüsse auf die Überwachungsaufgaben, z.B. durch die Raumnutzung, die Raumgestaltung oder die Umgebungsbedingungen, bzw. Unregelmäßigkeiten zu erkennen und bei Beeinträchtigungen eigenverantwortlich Inspektionen und Störungsbeseitigungen zu veranlassen.

Einrichtungsschutz: Schutz einzelner technischer Einrichtungen durch von Brandmeldeanlagen angesteuerte Löschanlagen

Einrichtungsüberwachungsanlage: Brandmeldeanlage zum Erkennen von Entstehungsbränden in Einrichtungen.

Elektroakustische Anlage (ELA): Oberbegriff für Anlagen, mit denen Audiosignale (Sprache, Musik, Akustiksignale) elektrisch erfasst, abgespielt, bearbeitet, verstärkt, verteilt und ausgestrahlt werden. Sprachalarmsysteme bzw. elektroakustische Notfallwarnsysteme sind spezielle ELA für die interne Gefahrenmeldung.

Elektroakustisches Notfallwarnsystem (ENS): Siehe Sprachalarmsystem. Begriff wird noch in der VDE 0828 verwendet.

Elektrofachkraft für Gefahrenmeldeanlagen, kurz Elektrofachkraft: Person, die aufgrund der fachlichen Ausbildung, Kenntnisse und Erfahrung sowie Kenntnis der einschlägigen Normen und Bestimmungen die übertragenen Arbeiten beurteilen und mögliche Gefahren erkennen kann. Für den Bereich der Gefahrenmeldeanlagen wird eine Ausbildung aus dem Spektrum der Elektrotechnik auf dem Gebiet der Nachrichten-, Informations-, Mikroprozessor-, Mess- und Regel- oder allgemeinen Elektrotechnik vorausgesetzt und es sind Erfahrungen auf den jeweils anderen Gebieten sowie Systemkenntnisse der Gefahrenmeldetechnik nachzuweisen. Auch sind Kenntnisse für die Beurteilung der Objektvoraussetzungen, wie baulicher Brandschutz oder mechanische Sicherungstechnik, des Einflusses der Raumnutzung und der Einsatzgrenzen der Meldungserfassung erforderlich.

Energieversorgung (EV): Einrichtungen, die der Versorgung von Anlagen oder Teilen davon mit Elektroenergie dienen.

Externalarm: Alarm vor Ort, der sich an die anonyme Öffentlichkeit zum Herbeirufen von Hilfe zur Gefahrenabwehr richtet.

Externsignalgeber: Akustischer oder optischer Signalgeber zur Abgabe des Externalarms.

Falschalarm: Alarm, dem keine Gefahr zugrunde liegt.

Fernalarm: Alarm, der sich an eine nicht vor Ort befindliche, beauftragte Hilfe leistende Stelle richtet, z. B. Feuerwehr.

Gefahrenmeldeanlagen (GMA): Fernmeldeanlagen zum zuverlässigen Melden von Gefahren für Personen und Sachen. Sie bilden aus selbsttätig erfassten oder von Personen veranlassten Informationen Gefahrenmeldungen, geben diese aus und erfassen Störungen. Die Übertragungswege, die der Übertragung von Informationen und Gefahrenmeldungen dienen, sind überwacht. Ihr Versagen ist durch besondere Maßnahmen weitgehend verhindert. Sie können neben elektrischen auch andere Betriebsmittel aufweisen. Zu einer GMA gehören Einrichtungen für Eingabe, Übertragung (leitungsgeführt und nicht leitungsgeführt), Verarbeitung und Ausgabe von Meldungen, einschließlich zugehöriger Energieversorgung.

Gefahrenmeldeanlagen ist der Oberbegriff für Brandmeldeanlagen (BMA), Einbruchmeldeanlagen (EMA) und Überfallmeldeanlagen (ÜMA).

Hörbarkeit: Eigenschaft des Tons, die das Unterscheiden von anderen Tönen erlaubt.

Information: Jedes Sprach- oder beabsichtigte Tonsignal.

Inspektion: Maßnahmen zur Feststellung und Beurteilung des Ist-Zustandes von technischen Mitteln eines Systems.

Instandsetzung: Maßnahmen zur Wiederherstellung des Soll-Zustandes von technischen Mitteln eines Systems.

Internalarm: Alarm vor Ort, der sich an anwesende Personen zur Warnung vor einer Gefahr richtet.

Internsignalgeber: Akustischer oder optischer Signalgeber zur Abgabe des Internalarms.

Instandhaltung: Maßnahmen zur Bewahrung und Wiederherstellung des Soll-Zustandes sowie zur Feststellung und Beurteilung des Ist-Zustandes von technischen Mitteln eines Systems.

Ist-Zustand: Die zu einem gegebenen Zeitpunkt festgestellte Gesamtheit der Merkmalswerte.

Klarheit: Die Eigenschaft eines Tons, die es dem Zuhörer erlaubt, seine informationstragenden Komponenten zu unterscheiden. Sie hängt davon ab, ob der Ton frei von Verzerrungen jeglicher Art ist.

kritischer Signalpfad: Alle Teile und Verbindungen zwischen jedem Notfallalarm-Verbreitungspunkt und den Anschlussklemmen an oder in jedem Lautsprechergehäuse.

Lautsprecherbereich: Teilbereich des Wirkungsbereichs, in dem Informationen getrennt übermittelt werden können.

Linienförmiger Rauchmelder: Linienförmiger optischer Rauchmelder nach dem Durchlichtprinzip.

Meldebereiche: Abschnitte von Gebäuden (z. B. Räume, Geschosse) oder von Grundstücken (z. B. Höfe), die der eindeutigen Erkennung der Herkunft von Gefahrenmeldungen dienen.

Meldergruppe: Zusammenfassung von Meldern, für die an Anzeigeeinrichtungen eine eigene Anzeige für Meldungen und Störungen vorgesehen ist. Die Meldergruppe kann auch nur aus einem Melder bestehen.

nichtautomatische Melder: Melder, die von Personen mittelbar oder unmittelbar betätigt werden können.

Notfall: Erhebliche Gefahr oder schwere Bedrohung für Personen und Güter.

Notfallbereich: Ein Teil in den Gebäuden, in dem das Auftreten eines Notfalls getrennt von allen anderen Teilen angezeigt wird.

Primärleitungen: Überwachte Übertragungswege.

regenerierbare Energiequelle: Energiequelle, die nach Verbrauch der in ihr gespeicherten Energie durch Zuführen von Energie diese wiederholt speichern kann.

sachkundige Person für Gefahrenmeldeanlagen, kurz sachkundige Person: Person, die durch eine Elektrofachkraft für Gefahrenmeldeanlagen über die übertragenen Aufgaben und die möglichen Gefahren und

Folgen bei unsachgemäßem Verhalten unterrichtet wurde und der die erforderlichen Kenntnisse für die Beurteilung der Objektvoraussetzung, wie baulicher Brandschutz oder mechanische Sicherungstechnik, des Einflusses der Raumnutzung und der Einsatzgrenzen der Meldungserfassung, vermittelt wurden und die über durchzuführende Schutzmaßnahmen und weitere Maßnahmen zur Gefahrenabwehr bei Abschaltung oder Störung von Anlagenteilen sowie über das Sicherungskonzept belehrt wurde.

Schnittstelle: Gedachter oder tatsächlicher Übergang an der Grenze zwischen zwei Funktionseinheiten mit vereinbarten Regeln für die Übergabe von Daten und Signalen.

Sekundärleitungen: Nicht überwachte Übertragungswege.

Sicherungsbereich: Umfasst die Überwachung in sich abgeschlossener Objekte, abgeschlossener Teilbereiche von Objekten und abgegrenzten Räumen auf eine Gefahrenart, um bei Meldungen geeignete Maßnahmen treffen zu können.

Sicherungskonzept: Gesamtheit der festgelegten organisatorischen, personellen, technischen und baulichen Maßnahmen zur Sicherung eines Objektes und/oder zur Abwehr von Gefahren.

Signalgeber: Geräte, die optische oder akustische Signale erzeugen oder ausgeben.

Signalverarbeitungseinheit: In sich abgeschlossene Einheit, in der die Signale mehrerer Eingangskanäle, die von anderen Signalquellen kommen, derart verarbeitet werden, dass sie
– gesammelt über mindestens einen Ausgangskanal übergeben werden können,
– optional akustisch und/oder optisch zur Anzeige gebracht werden können.

Soll-Zustand: Die für den jeweiligen Fall festzulegende Gesamtheit der Merkmalswerte.

Sprachalarmsystem (SAS): Spezielle elektroakustische Anlage für die Ausstrahlung von Gefahrenmeldungen mit hohen Anforderungen an Zuverlässigkeit, Störfestigkeit und akustische Eigenschaften bei der Sprachübertragung.

Steuereinrichtungen: Einrichtungen, die der Auslösung von Vorrichtungen zur Gefahrenminderung oder -abwehr dienen. Sie können Teil oder Zusatzeinrichtung einer GMA sein.

ständig verfügbar: Ein Instandhaltungsdienst ist dann ständig verfügbar, wenn er auf Anforderung unverzüglich zum Einsatz kommt.

Störungsmeldung: Meldung, dass eine Abweichung von einem Soll-Zustand in der Anlage vorliegt.

Störungszustand: Zustand einer Brandmelde- oder Übertragungsanlage, der die bestimmungsgemäße Funktion der Anlage verhindern kann.

Täuschungsalarm: Falschalarm, der durch Vortäuschung einer Brandkenngröße entstanden ist.

Übertragungsanlagen für Gefahrenmeldungen (ÜAG): GMA, die dem Aufnehmen und Übertragen von Meldungen aus Brandmeldeanlagen (BMA), Einbruchmeldeanlagen (EMA) und Überfallmeldeanlagen (ÜMA) zu einer beauftragten Stelle dienen und von Personen zum Hilferuf genutzt werden können.

Übertragungseinrichtung (ÜE): Teile einer Übertragungsanlage für Gefahrenmeldungen (ÜAG), die der Weiterleitung von Meldungen dienen. Die Ansteuerung kann automatisch von einer GMA erfolgen. Der Übertragungsweg zwischen Übertragungseinrichtung (ÜE) und Ansteuereinrichtung wird überwacht (Primärleitung).

Übertragungswege: Äußere Verbindungen von Anlagenteilen, die der Übertragung von Informationen bzw. Meldungen in einer GMA dienen; diese können auch zur Energieversorgung genutzt werden.

Überwachungsbereich: Bereich, der von einem automatischen Melder erfasst oder von einer Person überwacht wird.

Unverzüglich: Eine Inspektion oder Instandsetzung wird dann unverzüglich vorgenommen, wenn sie ohne schuldhaftes Verzögern eingeleitet und durchgeführt wird.

Verständlichkeit: Maß für den richtig verstandenen Anteil des Inhaltes einer gesprochenen Mitteilung.

Warnung: Wichtige Nachricht über einen veränderten Zustand, der eine Aktivität oder erhöhte Aufmerksamkeit verlangt.

Wartung: Maßnahmen zur Bewahrung des Soll-Zustandes von technischen Mitteln eines Systems.

Wirkungsbereich des SAS: Bereich innerhalb und/oder außerhalb eines Gebäudes, in dem das System die Anforderungen erfüllt.

Zentrale: Gesamtheit der Einrichtungen, die Informationen der GMA erfassen und daraus Meldungen bilden.

Zweimelderabhängigkeit Typ A: Nach dem Empfang eines Erstalarmsignals von einem automatischen Brandmelder wird der Eintritt in den Brandmeldezustand so lange verhindert, bis ein Alarmbestätigungssignal vom selben Brandmelder oder von einem anderen Brandmelder derselben

Meldergruppe empfangen wird. (Das entspricht der bisherigen Bezeichnung Alarmzwischenspeicherung.)

Zweimelderabhängigkeit Typ B: Nach dem Empfang eines Erstalarmsignals von einem automatischen Brandmelder wird der Eintritt in den Brandmeldezustand so lange verhindert, bis ein Alarmbestätigungssignal vom selben Brandmelder oder von einem anderen Brandmelder derselben Meldergruppe empfangen wird. (Das entspricht der bisherigen Zweigruppen- bzw. Zweimelderabhängigkeit.)

Anhang 2 Auswahl von Regelwerken
A 2.1 Gesetze, Verordnungen, Richtlinien

Kurztitel	Ausgabe	Titel	Vollständige Bezeichnung/Bemerkung
HOAI	2009-02	Honorarordnung für Architekten und Ingenieure	
VOB	2012-09	Vergabe- und Vertragsordnung für Bauleistungen	
BetrSichVO	2011-11	Betriebssicherheitsverordnung	Verordnung über Sicherheit und Gesundheitsschutz bei der Bereitstellung von Arbeitsmitteln und deren Benutzung bei der Arbeit, über Sicherheit beim Betrieb überwachungspflichtiger Anlagen und über die Organisation des betrieblichen Arbeitsschutzes.
MLAR 2005	2005-11	Musterrichtlinie über brandschutztechnische Anforderungen an Leitungsanlagen	
StrlSchV	2001-07	Verordnung für die Umsetzung von EURATOM-Richtlinien zum Strahlenschutz	

A 2.2 Europäische Normen (deutsche Fassung)

Kurztitel	Ausgabe	Titel	Vollständige Bezeichnung/Bemerkung
EN 54-1	2011-06	Brandmeldeanlagen	Einleitung; Deutsche Fassung
EN 54-2	2012-02	Brandmeldeanlagen	Brandmeldezentralen
EN 54-2/A1	2007-01	Brandmeldeanlagen	Brandmeldezentralen
EN54/3	2009-04	Brandmeldeanlagen	Feueralarmeinrichtungen; Akustische Signalgeber
EN 54-4	1997-12	Brandmeldeanlagen	Energieversorgungseinrichtungen
EN 54-4/A1	2003-03	Brandmeldeanlagen	Energieversorgungseinrichtungen, Änderung A1
EN 54-4/A2	2007-01	Brandmeldeanlagen	Energieversorgungseinrichtungen, Änderung A2
EN 54-5	2001-03	Brandmeldeanlagen	Wärmemelder; Punktförmige Melder
EN 54-5/A1	2002-09	Brandmeldeanlagen	Wärmemelder; Punktförmige Melder, Änderung A1
EN 54-7	2006-09	Brandmeldeanlagen	Rauchmelder; Punktförmige Melder nach dem Streulicht-, Durchlicht- oder Ionisationsprinzip
EN 54-10	2002-05	Brandmeldeanlagen	Flammenmelder – Punktförmige Melder
EN 54-10/A1	2006-03	Brandmeldeanlagen	Flammenmelder – Punktförmige Melder, Änderung A1

A 2.2 Europäische Normen (deutsche Fassung) Fortsetzung

Kurztitel	Ausgabe	Titel	Vollständige Bezeichnung/Bemerkung
EN 54-11	2001-10	Brandmeldeanlagen	Handfeuermelder
EN 54-11/A1	2006-03	Brandmeldeanlagen	Handfeuermelder Änderung A1
EN 54-12	2003-03	Brandmeldeanlagen	Rauchmelder – Linienförmiger Melder nach dem Durchlichtprinzip
EN 54-13	2005-08	Brandmeldeanlagen	Bewertung der Kompatibilität von Systembestandteilen
EN 54-14	2011-09	Brandmeldeanlagen	Leitfaden für Planung, Projektierung, Montage, Inbetriebsetzung, Betrieb und Instandhaltung
EN 54-16	2008-06	Brandmeldeanlagen	Sprachalarmzentralen
EN 54-17	2006-03	Brandmeldeanlagen	Kurzschlussisolatoren
EN 54-18	2006-03	Brandmeldeanlagen	Eingangs- /Ausgangsgeräte
EN 54-18 Berichtigung 1	2007-05	Brandmeldeanlagen	
EN 54-20	2009-02	Brandmeldeanlagen	Ansaugrauchmelder
EN 54-21	2006-08	Brandmeldeanlagen	Übertragungseinrichtungen für Brand- und Störungsmeldungen
EN 54-22	2011-03	Brandmeldeanlagen	Linienförmige Wärmemelder
EN 54-23	2010-06	Brandmeldeanlagen	Feueralarmeinrichtungen: Optische Signalgeber
EN54-24	2008-06	Brandmeldeanlagen	Komponenten für Sprachalarmierungssysteme Lautsprecher
EN 54-25	2009-02	Brandmeldeanlagen	Bestandteile, die Hochfrequenzverbindungen nutzen
EN 54-25 Berichtigung 1	2012-09	Brandmeldeanlagen	
EN 54-26 (Entwurf)	2008-04	Brandmeldeanlagen	Punktförmige Melder mit Kohlenmonoxidsensoren
EN 54-27 (Entwurf)	2008-09	Brandmeldeanlagen	Rauchmelder für die Überwachung von Lüftungsleitungen
EN 54-28	2011-04	Brandmeldeanlagen	Nicht-rücksetzbare linienförmige Wärmemelder
EN 54-29	2009-10	Brandmeldeanlagen	Mehrfachsensor-Brandmelder – Punktförmige Melder mit kombinierten Rauch- und Wärmesensoren
EN 54-30 (Entwurf)	2009-04	Brandmeldeanlagen	Mehrfachsensor-Brandmelder – Punktförmige Melder mit kombinierten CO- und Wärmesensoren
EN 54-31 (Entwurf)	2012-04	Brandmeldeanlagen	Mehrfachsensor-Brandmelder – Punktförmige Melder mit kombinierten Rauch-, CO- und optionalen Wärmesensoren
EN 60849 VDE 0828	1999-05	Elektroakustische Notfallwarnsysteme	
DIN EN 60268-16	2012-05	Elektroakustische Geräte	Teil 16: Objektive Bewertung der Sprachverständlichkeit durch den Sprachübertragungsindex

A 2.3 DIN-Normen

Kurztitel	Ausgabe	Titel	Vollständige Bezeichnung/Bemerkung
DIN 1450	2013-04	Schriften Leserlichkeit	
DIN 4102-12	1998-11	Brandverhalten von Baustoffen und Bauteilen	Funktionserhalt von elektrischen Kabelanlagen; Anforderungen und Prüfungen
DIN 14623	2009-09	Orientierungsschilder für Brandmelder	
DIN 14661	2011-02	Feuerwehrwesen	Feuerwehrbedienfeld für Brandmeldeanlagen
DIN 14662	2010-01	Feuerwehrwesen	Feuerwehranzeigetableau für Brandmeldeanlagen
DIN 14675	2012-04	Brandmeldeanlagen	Aufbau und Betrieb
DIN 14676	2012-09	Rauchwarnmelder	Für Wohnhäuser, Wohnungen und Räume mit wohnungsähnlicher Nutzung
DIN 33404-3	1982-05	Gefahrensignale für Arbeitsstätten	Akustische Gefahrensignale

A 2.4 VDE-Bestimmungen

Kurztitel	Ausgabe	Titel	Vollständige Bezeichnung/Bemerkung
VDE 0100	Reihe	Starkstromanlagen bis 1000 V	
VDE 0165	Reihe	Errichten elektrischer Anlagen in explosionsgefährdeten Bereichen	
VDE 0170 Teil 7	2012-06	Elektrische Betriebsmittel für explosionsgefährdete Bereiche	Eigensicherheit „i"
VDE 0185-305-3	2011-10	Blitzschutz	Teil 3: Schutz von baulichen Anlagen und Personen
VDE 0185-305-4	2011-10	Blitzschutz	Teil 4: Elektrische und elektronische Systeme in baulichen Anlagen
VDE 0800-2-310	2011-05	Anwendung von Maßnahmen für Potentialausgleich und Erdung der Informationstechnik	in Gebäuden mit Einrichtungen
VDE 0833-1	2009-09	Gefahrenmeldeanlagen für Brand, Einbruch und Überfall	Allgemeine Festlegungen
VDE 0833-2	2009-06	Gefahrenmeldeanlagen für Brand, Einbruch und Überfall	Festlegungen für Brandmeldeanlagen (BMA)
VDE 0833-2 Berichtigung 1	2010-05		
VDE 0833-4	2007-09	Gefahrenmeldeanlagen für Brand, Einbruch und Überfall	Festlegungen für Anlagen zur Sprachalarmierung

A 2.5 VdS-Richtlinien

Kurztitel	Ausgabe	Titel	Vollständige Bezeichnung/Bemerkung
VdS 2095	2010-05	Richtlinien für automatische Brandmeldeanlagen	Planung und Einbau
VdS 2105	2005-11	Richtlinien für mechanische Sicherungseinrichtungen	Schlüsseldepots (SD); Anforderungen an Anlagenteile
VdS 2182	2010-06	VdS Schadenverhütung	Betriebsbuch für Brandmeldeanlagen
VdS 2266	2006-02	Richtlinien für Brandmeldeanlagen	Prüfungsfragen
VdS 2309	2010-11	Installationsattest für automatische Brandmeldeanlagen	
VdS 2350	2005-11	Richtlinien für mechanische Sicherungseinrichtungen	Schlüsseldepots (SD); Planung, Einbau und Instandhaltung
VdS 2463	1995-05	Richtlinien für Gefahrenmeldeanlagen – Übertragungsgeräte für Gefahrenmeldungen (ÜG)	Teil 1: Anforderungen
VdS 2465 S3	2008-10	Richtlinien für Gefahrenmeldeanlagen	Übertragungsprotokoll für Gefahrenmeldeanlagen; Version 2
VdS 2466	1996-04	Richtlinien für Gefahrenmeldeanlagen	Alarmempfangseinrichtungen für Gefahrenmeldungen (AE); Teil 1: Anforderungen
VdS 2471	2010-05	Richtlinien für Gefahrenmeldeanlagen	Übertragungswege in Alarmübertragungsanlagen
VdS 2496	2012-03	Richtlinien für die Ansteuerung von Feuerlöschanlagen	
VdS 2475	2013-04	Bauteile und Systeme für Brandmeldeanlagen	
VdS 2503	1996-12	Wärmemelder für BMA	Anforderungen und Prüfmethoden
VdS 2504	1996-12	Rauchmelder für BMA	Anforderungen und Prüfmethoden
VdS 2833	2003-11	Schutzmaßnahmen gegen Überspannung für Gefahrenmeldeanlagen	
VdS 2843	2012-04	Richtlinien für die Zertifizierung von Fachfirmen für Brandmeldeanlagen (BMA) gemäß DIN 14675	Verfahrensrichtlinien
VdS 2847-08	2004-02	Untersuchungen mit Gassensoren für den Einsatz in der Brandmeldetechnik	
VdS 2878	2004-06	Vernetzung (Zusammenschaltung) von Brandmelde-Alt- und Neuanlagen	Merkblatt
VdS 3435	2007-07	Projektierung von Ansaugbrandmeldern	Merkblatt
VdS 3515	2007-06	Rauchwarnmelder mit Funkvernetzung	Anforderungen und Prüfmethoden
VdS 5463	2009-03	Prüfung von Brandmeldeanlagen mittels Rauchgenerator	
VdS 5465	2009-03	Prüfung von Sprachalarmanlagen	
VdS CEA 4001	2010-11	Sprinkleranlagen	Planung und Einbau

Anhang 3 Arbeitshilfen

A 3.1 Brandlastberechnung für Zwischendecken und Zwischenböden

Für die Bewertung der Brandlast in Zwischendecken und Zwischenböden werden die Bereiche mit der höchsten Dichte an brennbaren Installationen ausgewählt.
Die Bezugsfläche darf höchstens 4 m x 4 m betragen.
Die begrenzenden Bauteile müssen nicht brennbar sein.

1. **Festlegung der Bezugsfläche (max. 4 m x 4 m)**

   Länge l: .... m
   Breite b: .... m
   Fläche $A = l \cdot b$ .... m^2

2. **Ermittlung der Brandlast**

[1] Typ	[2] Verbrennungswärme	[3] Länge	[4] Anzahl	[5] Brandlast = [2] x [3] x [4]
	kWh/m	m	Stück	kWh

2.1. *Kabel und Leitungen*

Typ	Verbrennungswärme	Länge	Anzahl	Brandlast
NYM 3x1,5	0,44	....	....	....
NYM 3x2,5	0,58	....	....	....
NYM 3x4	0,72	....	....	....
NYM 5x1,5	0,58	....	....	....
NYM 5x2,5	0,75	....	....	....
NYM 5x4	1,11	....	....	....
NYM 5x6	1,28	....	....	....
NYM 5x10	1,83	....	....	....
NYM 5x16	2,31	....	....	....
NYM 5x25	3,42	....	....	....
NYY 5x10	2,00	....	....	....
NYY 5x25	2,39	....	....	....
NHXHX 3x2,5	0,86	....	....	....
NHXHX 5x2,5	1,14	....	....	....
NHXCHX 5x4	1,31	....	....	....
NHXCHX 5x6	1,47	....	....	....

Brandlastberechnung für Zwischendecken und Zwischenböden
(Fortsetzung)

[1] Typ	[2] Verbrennungswärme kWh/m	[3] Länge m	[4] Anzahl Stück	[5] Brandlast = [2] x [3] x [4] kWh
NHXCHX 5x10	2,17	....	....	....
IE-Y(St)Y 2x2x0,8	0,19	....	....	....
IE-Y(St)Y 4x2x0,8	0,28	....	....	....
IE-Y(St)Y 20x2x0,8	0,83	....	....	....
....	......	....	....	....
....	......	....	....	....
....	......	....	....	....
2.2. Rohre				
Abwasserrohr, PVC hart nach DIN 19531				
DN 50	2,11	....	....	....
DN 70	3,21	....	....	....
DN 100	7,75	....	....	....
DN 125	9,00	....	....	....
DN 150	14,00	....	....	....
Rohrpost-Fahrrohr				
DN 55/4 mm	5,25	....	....	....
DN 100/6 mm	14,20	....	....	....
Trinkwasserrohr, PVC hart nach DIN 19532				
DN 15	0,69	....	....	....
DN 25	1,71	....	....	....
DN 32	2,63	....	....	....
....	......	....	....	....
....	......	....	....	....
....	......	....	....	....

Brandlastberechnung für Zwischendecken und Zwischenböden
(Fortsetzung)

[1] Typ	[2] Verbrennungswärme kWh/kg	[4] Masse kg	[5] Brandlast = [2] x [4] kWh
2.3. Sonstige Brandlasten			
Polyethylen (PE)	12,2	....	....
Polypropylen (PP)	12,8	....	....
Polvinylchlorid (PVC)	5,0	....	....
....	....	....	....
....	....	....	....
2.4. Brandlast, gesamt:			....

3. Auswertung

[1] Brandlast, gesamt Ergebnis aus Pkt. 2. kWh	[2] Bezugsfläche Ergebnis aus Pkt. 1. m^2	[3] höchste Brandlast je Fläche: = [1] : [2] kWh/m^2
....	....	....

Ergebnis ≥ 7 kWh/m^2: Überwachung mit automatischen Brandmeldern erforderlich.

Ergebnis < 7 kWh/m^2: Keine Überwachung erforderlich, wenn auch alle anderen Kriterien nach VDE 0833-2 Pkt. 6.1.3.2. erfüllt werden.

A 3.2 Übereinstimmungsbestätigung

Name und Anschrift des Unternehmens, das die Kabelabschottung(en) (Zulassungsgegenstand) hergestellt hat:

....

....

....

Baustelle bzw. Gebäude: ....

Datum der Herstellung: ....

Geforderte Feuerwiderstandsklasse der Kabelabschottung(en): S ....

Hiermit wird bestätigt, dass

- die Kabelabschottung(en) der Feuerwiderstandsklasse S ... zum Einbau in Wände*) und Decken*) der Feuerwiderstandsklasse F ... hinsichtlich aller Einzelheiten fachgerecht und unter Einhaltung aller Bestimmungen der allgemeinen bauaufsichtlichen Zulassung

    Nr.: Z-19.15-.....................

    des Deutschen Institutes für Bautechnik vom ....
    (und ggf. der Bestimmungen der Änderungs- und Ergänzungsbescheide vom ....) hergestellt und eingebaut wurde(n) und

- die für die Herstellung des Zulassungsgegenstands verwendeten Bauprodukte (z. B. Schottmassen, Mineralfasern, Rahmen, Rohrmanschette bzw. Einbausatz, Brandschutzeinlage) entsprechend den Bestimmungen der allgemeinen bauaufsichtlichen Zulassung gekennzeichnet waren.

    *) Nichtzutreffendes streichen

....
(Ort, Datum)   (Firma/Unterschrift)

(Diese Bescheinigung ist dem Bauherrn zur ggf. erforderlichen Weitergabe an die zuständige Bauaufsichtsbehörde auszuhändigen.)

Anhang 3 Arbeitshilfen

A 3.3 Inbetriebsetzungsprotokoll (Muster)

Anlagenbeschreibung mit Inbetriebsetzungs- und Abnahmeprotokoll	Nr. [1]:		Seite 1/4

A. Die Anlage entspricht folgenden Normen, Richtlinien, Vorschriften, Bestimmungen:

DIN VDE 0833	-Baugenehmigung vom:	von:
VdS 2095	-Brandschutzkonzept vom:	von:
DIN 14675	-TAB vom:	
	-Sicherungskonzept vom:	
	-LAR berücksichtigt	Bundesland:

Art des Projektes — BRAND

| Erstinbetriebnahme | Erweiterung | Kontraktnr.: |
| Verlegung | Änderung | Auftragsnr.: |

B. Objekt **C. Verantwortliche Fachfirma**

Betreiber: Name/Firma:, Straße, Nr.:, PLZ / Ort:, Telefon-Nr.:, Fax-Nr.:, E-Mail-Adr.:

Art des Objektes: -Industriebau, -Krankenhaus, -Beherbergungsstätte, -Verkaufsstätte, -Versammlungsstätte, -Hochhaus, -Garagenanlage [2]

Spalten Fachfirma: Planung [2], Projektierung, Installation, Inbetriebnahme, Abnahme, Instandhaltung — *Fachfirma* [3]

D. Projektierungsangaben

1. BMA-Zentrale — Fabrikat/Typ:
2. Energieversorgung — Std. — Überbrückungszeit bei Netzausfall
3. Meldergruppen für: — Anzahl:
   - Automatische Brandmelder
   - Handfeuermelder
   - Auslösung einer Löschanlage
   - Löschanlage ausgelöst
   - Technische Meldungen [7]
   - Überspannungsschutz nach VdS 2833:
     - berücksichtigt: ja / nein
4. Brandfallsteuerungen [2] — Anzahl:
   - Gas- oder Sprühwasserlöschanlage — Löschbereiche
   - Vorsteuerung einer Wasserlöschanlage — Löschbereiche
   - Rauch- und Wärmeabzugsanlage
   - Rauchschutzklappe
   - Feststellanlage
   - Fluchtwegöffnung
   - Fluchtweglenkung
   - Löschwasserrückhaltung
5. Schutzumfang — Anzahl:
   - Sicherungsbereiche
   - Meldebereiche
   - Meldergruppen [5]
   - Bemerkungen [4]:
   - Vollschutz
   - Teilschutz
   - Schutz der Fluchtwege
   - Einrichtungsschutz

Alarmierung

6. Alarmierung
6.1 Fernalarm — an: [6] — mittels:
   - ÜE mit stehender Verbindung
   - ÜE mit ISDN -D-Kanal (X.25-Netz) - Verbindung
   - ÜE mit bedarfsgesteuerter Verbindung
   - sonstige Verbindung:
   - mit folgendem Ersatzweg: an: [9] — mittels:
6.2 Externalarm — Anzahl:
   - akustische Signalgeber
   - optische Signalgeber
6.3 Internalarm — Anzahl:
   - Akustischer Internalarm (überwacht)
   - Akustischer Internalarm (nicht überwacht)
   - Alarm mit Sprachdurchsage
   - Stiller Alarm an [10]
6.4 Störungen der BMA werden übertragen — an: — mittels:
6.5 Zusätzliche Einrichtungen
   - Feuerwehrbedienfeld
   - Feuerwehranzeigetableau
   - Freischaltelement
   - Feuerwehrschlüsseldepot [11]
   - Sabotageüberwachung an:

7. Instandhaltung
   - Vertrag angeboten
   - Fernservice

8. Liste der Anlageteile / Objektskizze

Diese Liste kann aus dem Anlagenangebot oder einer beigefügten Unterlage entnommen werden. Bei einer notwendigen Überprüfung ist eine Objektskizze und eine Liste aller Anlageteile mit Anzahl, Hersteller, Bezeichnung, Anerkennungsnummer und Prüfinstitut vorzulegen. Diese Unterlagen sind durch die Fachfirma bereitzustellen.

Ausführhinweise siehe Rückseite

Anlagenbeschreibung nach DIN 14675

DIN14675_Anlagenbeschreibung-BMA_0104_V06.xls

A 3.4 Messprotokoll für SAS (Muster)

Messprotokoll zur Bestimmung der Schallpegel und Sprachverständlichkeit

Zusammenfassung:

Objekt:	Shopping-Center Regenbogen
Adresse:	00815 Pinkehausen, Kiesstraße 1
Bauteil:	Westflügel
Datum:	5.2.2013
Zeitraum:	8:00 – 14:00
Prüfer:	Gustav Gründlich
Messmethode:	Direkte Methode
Messgerät:	xL2
Hinweise/Anmerkungen:	Center in Betrieb, mäßiger Kundenverkehr, Lage der Messpunkte siehe Grundrisseintrag

Messpunkt		Umgebungs-schallpegel (Störgeräusch)	Alarm-schall-pegel	Abstand	Sprach-verständ-lichkeit	Ergebnis Pegel-messung	Ergebnis Sprach-verständlichkeit
		dB (A)	dB (A)	dB	CIS		
1	Mall Westeingang	43	79	36	0,72	i. O.	i. O.
2	Mall vor Laden 1	41	79	38	0,82	i. O.	i. O.
3	Eingang Spielothek	61	77	16	0,59	i. O.	unzureichend
4	Mall vor WC-Eingang						
5	WC-Damen						
6	WC-Herren						
7							
8							
9							
10							
11							

Empfehlungen:
Messpunkt 3: Spielothek: Stummschaltung der Spielautomaten im Alarmfall

Anhang 4 Nützliche Links

Firma/Organisation	Link	Interessante Inhalte
Organisationen		
Verband der Elektrotechnik Elektronik Informationstechnik	www.vde.de	u. a. Infos zur Normungsarbeit
VdS Schadenverhütung GmbH	www.VdS.de	Richtlinien der Versicherer, Liste zertifizierter Produkte und Errichter
ZVEI Zentralverband Elektrotechnik und Elektronikindustrie e.V.	www.zvei.de	u. a. Publikationen der Fachverbände
BHE Bundesverband der Hersteller- und Errichterfirmen von Sicherheitssystemen e.V.	www.bhe.de	aktuelle Informationen und Fachbeiträge zur Sicherheitstechnik
Informationssystem der Bauministerkonferenz	www.is-argebau.de	Musterbauordnung, Musterverordnungen, Links zu Landesbaurechtsseiten
Bundesministerium der Justiz	www.gesetze-im-internet.de	Gesetze und Verordnungen
UWS Umweltmanagement GmbH	www.umwelt-online.de	u. a. Verordnungen und Richtlinien aus dem Landesbaurecht
Sachverständige		
TeSiBau	www.tesibau.de	gewerkeübergreifende Prüfungen nach Baurecht und Sammlung der Technischen Prüfverordnungen
factum GmbH (Sachverständigenbüro des Autors)	www.factum-gmbh.com	aktuelle Themen, Prüfleistungsspektrum
Dipl.-Ing. Gero Gerber	www.gg-on.de	Infos zum Autor
Beratung/Zertifizierung		
DATech in der TGA GmbH	www.datech.de	Liste akkreditierter Stellen
Unternehmensberatung Wenzel	www.din-14675.de	Zertifizierung nach DIN 14675 große Sammlung von TAB der Feuerwehren
Verlage		
Beuth Verlag	www.beuth.de	Normenbezug
Hüthig & Pflaum Verlag	www.elektro.net	Fachbücher Elektrotechnik
VDE Verlag	www.vde-verlag.de	VDE-Normen
Hersteller von BMA-Systemen und Komponenten (Auswahl)		
BOSCH Sicherheitssysteme GmbH	ww.bosch-sicherheitssysteme.de	
CEAG Notlichtsysteme GmbH	www.ceag.de	Produktinformationen
detectomat GmbH	www.detectomat.de	
Fittich SA	www.fittich.ch	

Anhang 4   Nützliche Links (Fortsetzung)

Firma/Organisation	Link	Interessante Inhalte
GE Security	www.ge-security.de	Produktinformationen
Hekatron Vertriebs GmbH	www.hekatron.de/produkte/bma.php	
IFAM GmbH Erfurt	www.ifam-erfurt.de	
Labor Strauss Sicherungsanlagenbau GmbH	www.lst.at	
Minimax GmbH & Co. KG	www.minimax.de	
Notifier Sicherheitssysteme GmbH	www.notifier.de	
Novar GmbH Neuss	www.esser-systems.de	
NSC Sicherheitstechnik GmbH	www.nsc-sicherheit.de	
SCHRACK SECONET AG	www.schrack-seconet.at	
Schraner GmbH	www.schraner.com	
Securiton AG	www.securiton.com/de/ch/produkte/brandschutz.html	
Siemens Building Technologies Fire & Security Products GmbH & Co.	www.industry.siemens.de/buildingtechnologies/	
Telenot Electronic GmbH	www.telenot.de	
Total Walther GmbH Feuerschutz und Sicherheit	www.totalwalther.de/brandmeldetechnik	
Wagner	www.wagner.de	Komplettanbieter Brandschutz
VSK Electronics N.V.	www.vsk.be	Produktinformationen
Xtralis	www.xtralis.de	Brandfrühwarnsysteme
Hersteller von Installations- und Verlegematerial (Auswahl)		
OBO Bettermann GmbH & Co. KG	www.obo-bettermann.com/de	Kabelrinnen und Verlegesysteme
PUK Werke KG	www.puk-werke.de	
RICO GmbH & Co. KG	www.rico.de	
Niedax GmbH & Co. KG	www.niedax.de	
Dätwyler	www.daetwyler-cables.com	Kabel mit Funktionserhalt im Brandfall
Nexans	www.nexans.de	Kabel mit Funktionserhalt im Brandfall
Hilti Deutschland GmbH	www.hilti.de	Brandschutzmaterial
Promat GmbH	www.promat.de	
SVT	www.svt.de	

Ergänzende Literatur

Olenik, H.: Elektroinstallation und Betriebsmittel in explosionsgefährdeten Bereichen. München: Hüthig & Pflaum, 2000

Greiner, H. u. a.: Elektroinstallation und Betriebsmittel in explosionsgefährdeten Bereichen. München: Hüthig & Pflaum, 2006

Schliephacke, J.; Egyptien, H.-H.: Rechtssicherheit beim Errichten und Betreiben elektrischer Anlagen. Berlin: Verlag Technik, 1999

Derbel, F.: Smart-Sensor-System zur Brandfrüherkennung. München: Richard Pflaum Verlag, 2002

Lippe, M.; Wesche, J.; Rosenwirth, D.: Kommentar mit Anwendungsempfehlungen und Praxisbeispielen zu den baurechtlich eingeführten Leitungsanlagen-Richtlinien MLAR/LAR/RbALei. 2. Auflage. Winnenden: Heizungs-Journal Verlag, 2005

Schmolke, H.: Brandschutz in elektrischen Anlagen; Praxishandbuch für Planung, Errichtung, Prüfung und Betrieb, 3. Auflage. München: Hüthig & Pflaum, 2013

Kiefer, G.; Schmolke, H.: VDE 0100 und die Praxis; Wegweiser für Anfänger und Profis, 14. Auflage. Berlin: VDE-Verlag, 2011

Kupfer, H.: Bauaufsichtliche Anforderungen an BMA. Vortrag zur VdS-Fachtagung Brandmeldeanlagen 2002 (VdS 2787). Köln: VdS Schadenverhütung, 2002

Tigges, A.: Alarmierung auf neuen Leitungswegen. Vortrag zur VdS-Fachtagung Brandmeldeanlagen 2002 (VdS 2787). Köln: VdS Schadenverhütung, 2002

Berger, H.: Dokumentation von BMA nach DIN 14675. Vortrag zur VdS-Fachtagung Brandmeldeanlagen 2003 (VdS 2919). Köln: VdS Schadenverhütung, 2003

Kressel, G.: BMA in explosionsgefährdeten Bereichen. Vortrag zur VdS-Fachtagung Brandmeldeanlagen 2003 (VdS 2919). Köln: VdS Schadenverhütung, 2003

Schnitzler, G.: Planung und Projektierung von BMA mit Ansaugrauchmeldern. Vortrag zur VdS-Fachtagung Brandmeldeanlagen 2003 (VdS 2919). Köln: VdS Schadenverhütung, 2003

Melzener, C.: ISDN als Übertragungsweg von BMA. Vortrag zur VdS-Fachtagung Brandmeldeanlagen 2004 (VdS 2951). Köln: VdS Schadenverhütung, 2004

Herbster, H.: Instandhaltung von BMA. Vortrag zur VdS-Fachtagung Brandmeldeanlagen 2004 (VdS 2951). Köln: VdS Schadenverhütung, 2004

Gräfing, W.: Funkrauchmelder. Vortrag zur VdS-Fachtagung Brandmeldeanlagen 2004 (VdS 2951). Köln: VdS Schadenverhütung, 2004

Weiß, J.: Falschalarmstatistik. Vortrag zur VdS-Fachtagung Brandmeldeanlagen 2004 (VdS 2951). Köln: VdS Schadenverhütung, 2004

Messerer, J.: Gesundheitsgefahren durch Brandrauch. Vortrag zur VdS-Fachtagung Brandmeldeanlagen 2005 (VdS 2981). Köln: VdS Schadenverhütung, 2005

Melzener, C.: Die Standleitung (Festverbindung) im ISDN. Vortrag zur VdS-Fachtagung Brandmeldeanlagen 2005 (VdS 2981). Köln: VdS Schadenverhütung, 2005

Kupfer, H.: Vorstellung des Entwurfs der DIN VDE 0833 Teil 4 Festlegung für Anlagen zur Sprachalarmierung. Vortrag zur VdS-Fachtagung Brandmeldeanlagen 2005 (VdS 2981). Köln: VdS Schadenverhütung, 2005

Berger, H.: Neuerungen in den Regelwerken. Vortrag zur VdS-Fachtagung Brandmeldeanlagen 2005 (VdS 2981). Köln: VdS Schadenverhütung, 2005

ELA-Info: Grundlagen der Beschallungstechnik. Frankfurt/Main: Zentralverband Elektrotechnik und Elektronikindustrie, Leistungsgemeinschaft Beschallungstechnik des Fachverbandes Audio- und Videotechnik, 1992

Beschallungsanlagen: Hinweise zur Planung, Erstellung und Wartung von professionellen Beschallungsanlagen. Frankfurt/Main: Zentralverband Elektrotechnik und Elektronikindustrie, Leistungsgemeinschaft Beschallungstechnik des Fachverbandes Audio- und Videotechnik, 2000

Audio-Info: Merkblatt Elektroakustische Alarmierungseinrichtungen. Frankfurt/Main: Zentralverband Elektrotechnik und Elektronikindustrie, Leistungsgemeinschaft Beschallungstechnik des Fachverbandes Audio- und Videotechnik, 2000

Stichwortverzeichnis

A
abgesetzte Energieversorgung 243
Abhängehöhe 131
Abweichungen 97
Abweichungen von Normen 23
akustische Signalgeber 75
Alarmierung 95
Alarmierungsleitungen 240
Alarmorganisation 96
Alarmschallpegel 211
Alarmübertragung 190
Alarmzwischenspeicherung 173
anlagentechnischer Brandschutz 17
Anlagenverantwortlicher 297
Ansteuerung von Löschanlagen 176
Anwendungstemperatur 50
Aufgaben von Brandmeldeanlagen 19
Aufschaltbedingungen 30
Aufschaltvertrag 293
Auswerteeinheit 42

B
Batteriekapazität 188
Baugenehmigung 24
baulicher Brandschutz 17
Befestigungsabstände 231
Befestigungssystem 236
Bestandsschutz 305
Bestandteile der BMZ 65
Bestandteile des anlagentechnischen Brandschutzes 18
Betriebsarten 172
Betriebsart OM 172
Betriebsart PM 172
Betriebsart TM 172
Betriebssicherheitsverordnung (BetrSichV) 154
Biegeradius 231
Blitzschutzzonen 198

BMA 16
BMZ 65
Brandlast 248
Brandmeldekonzept 65
Brandmelderzentrale 99
Brandschott 252
Brandschutzkanäle 234
Brandschutzplatten 234
Brandursachen 81
Brandverlauf 103
brennbare Stäube 155

D
Dauerschallpegel 218
deckenbündige Unterzüge 120
D_H-Maß 110, 111
doppelt geschirmte Leitungen 200

E
ebene Decken 114
Einheitsschlüssel 92
Einrichtungsschutz 46
Einsatzfristen 302
Einzelraumerkennung 43
Elektrobrandabschnitt 240
Empfänger 42
energetische Verbrennungsprodukte 42
Entnahmesicherungen 29
Erkennungsgrößen 33
Errichternorm 187
Ersatzstromversorgung 154
explosionsgefährdete Bereiche 203

F
Fachkompetenz 28, 32
Falschalarm 37, 56
Falschalarmanfälligkeit 39
Falschalarmvermeidung 95
Farbcodes 189
Farbzuordnungen 64
faseroptische Sensoren 54
FAT 70
FBF 68
Fernalarm 203
Fernalarmierung 95

Feuerschutzabschlüsse 178
Feuerwehr-Anzeigetableau 70
Feuerwehr-Bedienfeld 68
Feuerwehrlaufkarten 72, 265
Feuerwehrschlüsseldepot 66
Feuerwiderstand 57
Feuerwiderstandsdauer 248
Flackerfrequenz 56
Flammenmelder 67
flash over 62
Freiblasvorrichtungen 164
Funktionserhalt 232

G
Gassensoren 57
Gefährdungsanalyse 90
Gefahrenverhütungsschau 88
Gefahrenzonen 154
Geräteanordnung 199
geringe Nutzung 249
Gesamtschadenrisiko 91
geschirmte Leitung 200
gestaffelte Alarmierung 137
Gewölbedecken 131
Gitterroste 132

H
halogenfreie Leitungen 235
Handfeuermelder 64
Hausalarmanlagen 84
Heime 219
hohe Hallen 164

I
Inbetriebsetzung 274
Infrarotlicht 40, 42
Integrierende Systeme 51
Internalarm 203
interne Alarmierung 95
IP-Code 229
IP-Netze 208
IP-Schutzarten 229

K
Kabelkanäle 163
Kaltdecken 258
Kapazität der Ersatzstromversorgung 216
Klassenindex 50
Klassenindex R 50
Klassenindex S 50
Klassifizierung von Feuerwehrschlüsseldepots 67
Kohlenmonoxid 37
Krankenhäuser 219
Kurzbedienungsanleitung 278
Kurzschlussüberwachung 53

L
Lageplantableau 72
Laserstrahl 44
laute Umgebung 218
leichte Zugänglichkeit 42
Leitungen auf den Rohdecken 233
Leitungsanlagen-Richtlinie 233, 247
Leitungsverlegung im Außenbereich 199
Leuchtdioden 40
linienförmige Melder 51
linienförmige Wärmemelder 50
Luftbewegung 106
Luftfeuchte 105

M
MBO 251
Mehrpunktmelder 51
Meldebereiche 141, 126
Melderabstände 127
Meldergruppen 168
Melder-Kombinationen 61
Messkammer 44
Messprotokolle 282
Metalloxidsensor 82
mobile Brandmeldesysteme 76
multifunktionaler Primärbus 76, 242
Multisensormelder 251

N
notwendiger Flur 249
notwendiges Treppenhaus 249

O
offene Verlegung 234
operative Schutzziele 89
optische Signalgeber 75
organisatorischer Brandschutz 17

P
Parametrierung 274
Personen 90
Personenschutz 88
Planungsphasen 225
Potentialausgleich 201
Probealarm 306
Produktnorm 34
Prüfsachverständige 36
punktförmige Melder 14

R
Rauchansaugsystem 44
Rauchstauflächen 258
Rauchwarnmelder 81
Raumtemperatur 48
Ringbustechnik 143

S
Sabotagesicherung 68
Sachschutz 90
Sachverständiger 34
SAS 211
SAZ 267
Schadenrisiken 91
Schadensverlauf 16
Schlüsselkonzept 68
Schlüsselschränke 68
Schnittstellen 272
Schriftgröße 256
Schutzarten 229
Schutz der Fluchtwege 92
Schutz der Sach- und Vermögenswerte 89
Schutzkategorien 92
Schutzziele 22, 90
Schwelbrandphase 58
Schwelphase 14
selektiver Kurzschlussschutz 241
Sender 42
Sheddächer 130
Sicherheitsbedürfnis 88
Sicherheitsstufen 79
Signalgeber 75
Sonderbauordnungen 88
Sonderbaurichtlinien 98
Sonderbauverordnungen 97
Spektralanalyse 44
spezielle Anwendungsfälle 139
Sprachalarmierung 30
Sprachalarmsysteme 76
Sprachalarmzentrale 267
Sprachübertragungsindex STI 268
Sprachverständlichkeit CIS 268
Standardschnittstelle 176
Staub 95
Steuerfunktionen 42
Steuerleitungen 243
Steuerverknüpfungen 223
Störungsanzeige 191

T
Täuschungsgrößen 95
Teilschutz 92
Temperatur 105
Temperaturkurve nach DIN 4102 14
Temperatursensoren 53
Terminabstimmungen 272
Thermodifferentialmelder 50
Trennelemente 184
Treppenhäuser 132

U
Überbrückungszeit 187
Überspannungsableiter 201
Überspannungsschutzgeräte 204
Übertragungseinrichtungen 114
Überwachungsquadrat 115
Überwachungsrechtecke 114
Überwachungsumfang 141
unwesentliche Änderungen 306

V
vagabundierende Ströme 196
VdS-Anerkennung 33
VdS-Richtlinien 31
Verbrennungsprodukte 102, 101
Vereisungsgefahr 42

Verkehrstunnel 161
Verlegung auf Rohdecken 234
Verlegung mit Schutzrohr 234
Verlegung von Alarmierungsleitungen 241
Versorgungsabschnitt 25
Vollschutz 92

W
Wärmepolster 129
Warntongeber 210
wesentliche Änderungen 305
Widerstandsüberwachung 51
wiederkehrende Prüfungen 307
Windenergieanlagen 167
Wirtschaftlichkeit einer Brandmeldeanlage 91

Z
Zeitspanne 16
zentraler Erdungspunkt 197
Zertifizierung 33
Zündschutzart 155
Zweigruppenabhängigkeit 111, 135, 173
Zweikammer-Ionisations-rauchmelder 41
Zweimelderabhängigkeit 107, 173
zweite Alarmmeldung 111
Zwischenböden 93, 141
Zwischendecken 93, 121, 141

Notizen

Notizen

Notizen